印刷工业出版社

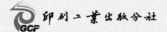

普通高等教育“十四五”包装本科规划教材
“十三五”江苏省高等学校重点教材

PACKAGING

# 包装概论

(第三版)

主　编｜张新昌
副主编｜赵吉敏　朱　霞　王利强　何邦贵
主　审｜屈凌波

BAOZHUANG GAILUN



文化发展出版社
Cultural Development Press

**图书在版编目（CIP）数据**

包装概论 / 张新昌主编. — 3版. — 北京 ：文化发展出版社，2019.12

ISBN 978-7-5142-2919-6

Ⅰ. ①包… Ⅱ. ①张… Ⅲ. ①包装－高等学校－教材 Ⅳ. ①TB48

中国版本图书馆CIP数据核字(2019)第278619号

**包装概论（第三版）**

主　　编：张新昌

副 主 编：赵吉敏　朱　霞　王利强　何邦贵

编　　者：黄俊彦　杨小俊　赵西友　王利婕　孟令东　王　鑫　钱　静　孙　昊　王天佑　武小琴　李　丹　孙剑桥　回成月

主　　审：屈凌波

---

责任编辑：李　毅　　　　责任校对：岳智勇

责任印制：邓辉明　　　　责任设计：侯　铮

出版发行：文化发展出版社（北京市翠微路2号　邮编：100036）

网　　址：www.wenhuafazhan.com

经　　销：各地新华书店

印　　刷：北京捷迅佳彩印刷有限公司

---

开　　本：787mm×1092mm　1/16

字　　数：360千字

印　　张：18.625

印　　次：2020年1月第3版　2021年1月第15次印刷

定　　价：65.00元

ISBN：978-7-5142-2919-6

---

◆ 如发现任何质量问题请与我社发行部联系。发行部电话：010-88275710

# 前言

PREFACE

本书第三版入选“十三五”江苏省高等学校重点教材。

本书自2011年8月第二版出版迄今，已累计发行逾23000册，重印超过10次，全国有40多所普通高等院校和高职高专院校选作教材或教学参考书。教材以内容丰富、观点新颖、叙述流畅、图文并茂、简洁易懂为特色，得到了广大读者的好评。

自2018年下半年以来，全球经济形势逆转，由上年的“同步复苏”转向“同步减速”，经贸摩擦此起彼伏，保护主义愈演愈烈，给全球经济带来了更大的风险和挑战。由于美国的极限施压，我国包装行业整体上面临出口减少、各种成本上涨和环保压力增大的挑战，包装主营收入增长有所下降。在这种经济形势下，全国包装行业积极应对市场变化，加快资源整合，抱团做大做强；行业龙头坚持科技创新，积极参与和主导标准制（修）订，争取行业发言权，树立中国品牌。为满足包装行业需求，响应教育主管部门和教材使用单位的呼吁，我们在广泛调研和征求意见的基础上，组织开展了本教材第三版的修订工作。

作为包装工程专业的入门教材和行业入门读物，本书第三版的修订紧密结合了经济发展和行业需求。全书一共十章。第一章针对我国包装行业发展现状进行了大幅更新；第二章摈弃了关于包装工程学科的生硬表述，融入最新的教改课改内容，从现代包装的研究对象、现代包装的技术体系到现代包装的知识体系，为读者构建了一个全新的包装工程学科概念；第三章强调了按纸、塑料、金属、玻璃陶瓷等不同专业领域进行包装材料与包装结构内容组织的观念，更加符合行业需求、符合专业要求，也符合教育教学规律；第四、第五和第七章侧重修订过时内容和勘误；第六章把原有“绿色包装”的技术范畴放大到“包装与环境”学科领域，修订了原有LCA应用的内容，不仅更新了视角，也更符合当前的行业需求和教材定位；第八章重点对过时内容进行修订；第九章简化和订正了章节内容，根据行业发展实际和包装教育实践，替换了基于包装整体解决方案的一个典型案例，更新了 CPSS 的内涵与应用模式及智能化包装设计的相关内容，并增加了“包装的协同设计”及其应用的相关内容。本次修订还根据包装行业发展的实际情况，新增“第十章 军品包装综述”，叙述了军品及军品包装的定义、作用及意义，军品包装领域军民融合发展的背景，军品包装的特点和要求，军品包装标准化的概念及要点，并介绍了几个典型的军品包装示例。增加这部分内容，是我国包装高等教育系列教材的一个创举，不仅有利于包装行业了解军品包装及其要求，也有利于推动包装领域军民融合战略的实施。

本书第三版在突出案例教学、优化教材结构等方面做了一些尝试；对随书附赠的电子教材的内容进行了大幅补充和更新，增加了大量来自物联网的视频资料，更新了配套电子教案，方便教师组织教学。

本书第三版由江南大学张新昌教授任主编，军事科学院系统工程研究院后勤科学与技术研究所赵吉敏高级工程师、陆军勤务学院朱霞教授、江南大学王利强教授、昆明理工大学何邦贵教授任副主编，参加编著和修订的还有大连工业大学黄俊彦教授、湖北工业大学杨小俊副教授、空降兵训练基地赵西友副教授、深圳职业技术学院王利婕教授、陆军装甲兵学院孟令东教授、江南大学钱静教授、孙昊副教授、江苏泰来包装工程集团有限公司 / 泰乐包装科技（无锡）有限公司王天佑工程师、陆军勤务学院武小琴副教授、航天十二院系统工程研究所王鑫主任、海军特色医学中心李丹、军事科学院系统工程研究院后勤科学与技术研究所孙剑桥、回成月等。书中部分实例参考了江南大学包装工程专业历届毕业生荆强、李洪贵、严家驹、李萌、卜杨、邓志辉和王涛等的研究课题，浙江奥迪斯丹科技有限公司、无锡睿隆智能科技有限公司、泰乐包装科技（无锡）有限公司和无锡鸿太阳印刷有限公司为本书的再版修订提供了大力帮助，在此一并致谢。

敬请读者批评指正。

编　者

2019 年 12 月

# 目录

CONTENTS

# 第1章 绪 论

## 第一节 包装的基本概念

但凡商品，皆须包装。作为商品的主要组成部分，产品包装已成为保护产品、刺激消费、扩大销售、使产品增值的重要手段。

### 一、包装的定义与功能

我国国家标准《包装术语　第一部分：基础》（GB/T 4122.1—2008）指出：“包装是为在流通中保护产品，方便储运，促进销售，按一定技术方法而采用的容器、材料及辅助物等的总称。也指为了达到上述目的而采用容器、材料和辅助物的过程中施加一定技术方法等的操作活动。”

从包装的定义可以看出，包装的目的性很强，它是为产品的储运和销售而做的一系列准备工作，目的是保护产品、方便储运及促进产品销售。

下面举例说明。

实例 1：饼干的包装

饼干是一种特殊的食品类商品，需要根据其自身的特点，选择合适的包装方法来满足其防潮、防破损、防污染及方便使用的要求。如图 1-1 所示的饼干包装，直接包裹饼干的独立塑料枕形小包装既能达到防潮、防污染的作用，又方便消费者使用；枕形外包装袋不仅方便货架展示和销售，也方便装箱和储运。

从这个实例可以看出，饼干包装的要素包括产品——饼干和包装材料——包装袋，还包括为促进销售而进行的包装装潢设计等。而饼干包装的目的则是为了防潮、防破损、防污染、方便使用及促进销售。

实例 2：微波炉的包装

微波炉最重要的部分是微波组件，它很容易在仓储及搬运中由于跌落冲击而被损坏。由于微波炉产品多带有转盘等附件，为方便销售和搬运，需要将其组合起来进行包装。因此对微波炉产品来说，防振、组合包装是需要重点考虑的，如图 1-2 所示。

图 1-1　饼干的包装

图 1-2　微波炉的包装

在这个实例中，包装的要素同样包括产品——微波炉及其附件，包装材料——外包装纸箱及发泡缓冲衬垫、纸箱的装潢设计等。其主要包装目的则是保护微波炉不致因跌落冲击而损坏，并将微波炉及其附件装在一个箱子里方便搬运，通过在外包装箱上设计醒目的标识说明产品的品牌、特点等以实现促销的目的。

由上述两个实例也可以看出，产品必须经过包装成为商品，才能进入流通领域。换句话说，产品＋包装＝商品。商品是为消费者生产的，所以，在着手产品设计时，也必须同时考虑包装设计。从广义上来说，没有包装的商品是不存在的。因此，包装是商品生产的必要条件之一，没有包装就意味着没有完成商品生产任务。

综上所述，包装的好坏，关系到商品能否完好无损地到达消费者手中；包装的装潢和造型设计水平，影响到商品的竞争力。归根结底，产品包装的作用（或功能）可概括为以下几点。

### （一）保护产品

保护产品是包装的最基本功能，即保护产品不受各种外界因素影响而损坏。

产品在流通过程中，可能会遇到各种严酷的气候条件、物理条件、生物条件和化学条件而受到损坏。包装最主要的作用之一就是保护产品、减少损失。例如，防潮包装可以使产品在潮湿的大气环境中不会受潮、霉变和腐蚀；缓冲包装可以保护产品在运输装卸过程中，不会因振动和冲击而损坏。图 1-2 就是使用 EPS 缓冲衬垫的微波炉产品包装。

### （二）方便使用

绝大多数商品只有在进行合适的包装（如将产品使用纸箱包装、托盘集装和集装箱装载等）之后，才能便于装卸、运输、堆码和储存。图 1-25 ～图 1-27 为纸箱、集装箱和托盘包装的例子。

现代包装还需满足便于使用和消费的要求，故其方便性如下所示。

（1）形态上便于销售、观察内装物或使用等。例如，可挂式（图 1-3）、透明式（图 1-4）、开窗式和自立式包装等。图 1-5 的开窗式月饼包装使消费者在购买产品时，能观察到内装物的形态；图 1-6 的自立袋包装可方便销售展示及使用。

图 1-3　可挂式包装

图 1-4　透明式包装

图 1-5　开窗式包装

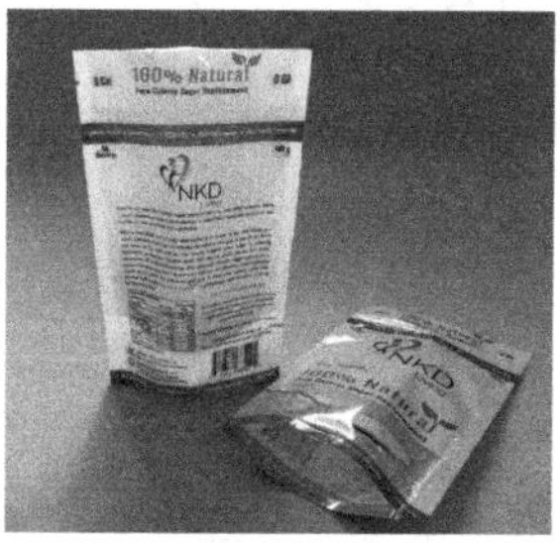


图 1-6　自立袋包装

（2）包装物易开启、易拆解、可折叠，也是现代包装方便性的体现。图 1-7 为一种一次性使用的撕开式包装箱（一撕得），其无须胶带封箱，沿撕拉线撕开即可开启包装箱；图 1-8 为一款免胶带可循环复用包装箱，它不仅不需要胶带封口，还可以方便地拆解并折叠成平板状，利于循环和周转复用。

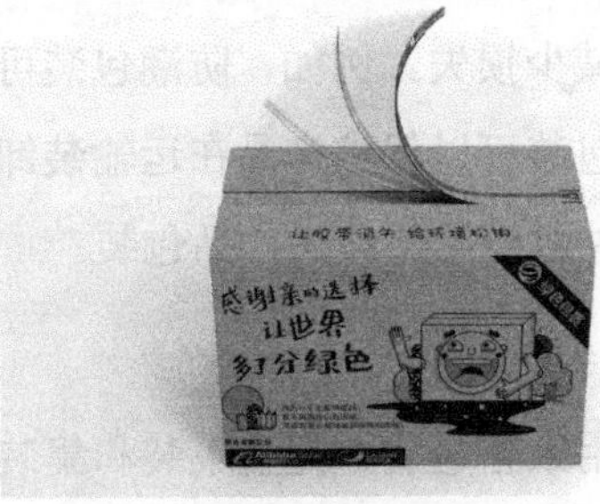

图 1-7　撕开式包装箱

图 1-8　免胶带可循环复用包装箱

（图片来源：无锡睿隆智能科技有限公司）

（3）对销售场所的适应性（如可自动售货等）。图 1-9 带展示架的包装（POP 包装）即可满足自动售货的需要，不仅节省了货架空间，更节省了将产品摆放到货架上的人力与时间。

（4）包装物数量上采用适宜使用量或装卸量等。典型的例子是图 1-10 所示的装量不同的系列化包装。市场上常见的屋顶包牛奶产品，家庭装一般采用 500mL 或 1L 的容量，适合一家人早餐的总食用量，因此方便家庭购买；容量为 250mL 的利乐枕式袋包装（图 1-11）或重量为 227g 的百利包装等（图 1-12），则基本上是消费者单人一次饮用的量，适于单身客户购买。

图 1-9　POP 包装

图 1-10　装量不同的系列化包装

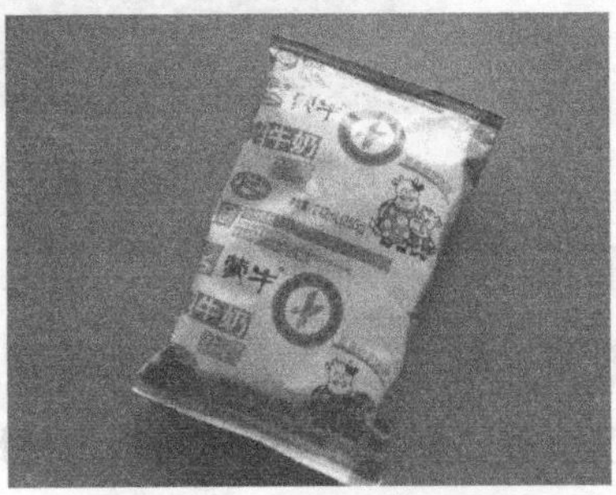


图 1-11　利乐枕式袋包装

图 1-12　百利包袋

（5）根据容器的使用次数选用不同的容器。普通的桶装水（图 1-13），由于内装物（水）的保护要求较低、价值不高，包装容器往往采用价廉的聚酯（PET）材料吹塑而成，为一次性使用；如图 1-14 所示的啤酒包装多采用玻璃瓶（含气产品的保护要求高），由于玻璃瓶的成本较高，同时，玻璃瓶的外观一般不致因使用而受损，因而往往是重复使用的。

图 1-13 桶装水包装

图 1-14 啤酒包装

（6）实现消费准备（如速热、制冷、蒸煮和即用包装等）。例如，特殊工作环境下的食品包装和饮料包装，可以通过包装结构及工艺措施等实现方便加热、方便制冷或其他消费准备。图 1-15 是一种即溶式洗涤剂的包装，干粉洗涤剂和去油剂分别装在水溶性的薄膜袋内，使用时直接按需丢入洗衣机里即可。图 1-16 是一种水泥砂浆搅拌套袋。拧开盖子灌入水，再拧紧后捏合，水泥即搅拌完成。沿着撕裂线撕开包装袋，即可成为一个装满可即时使用砂浆的杯子，里面还有一把铲刀。这两种包装都为使用者提供了很大的方便。

图 1-15 即溶式洗涤剂包装

图 1-16 方便使用的水泥砂浆包装

（7）组合的方便性。现代包装更加注重人性化设计、促销设计和方便设计。将系列产品按不同需要进行组合包装，不仅能达到促销的目的，更能提高产品的档次，图 1-17 是牙膏的组合包装，它将牙膏、弹开式盖子和牙线配装器等口腔护理用品组合在一个包装中，其牙线容器就固定在牙膏管盖上。图 1-18 是一种组合式纸盒包装，可以很方便地将产品拆开分成四份。这些包装不仅形式新颖、成本低廉，而且方便、卫生。

图 1-17　牙膏的一种组合包装形式

图 1-18　四件组合式纸盒包装

（8）自动操作的方便性，如云南白药的包装。云南白药是我国知名的治疗出血性创伤的中药品种，传统包装是粉剂形式，使用时需将药粉洒在伤口上。采用酊剂便于口服，用于治疗跌打损伤、风湿麻木、筋骨及关节疼痛、肌肉酸痛等；采用气雾剂包装，便于喷涂外用，使用十分方便，而且用量易于控制、药品不易产生二次污染。如图 1-19 所示，左为酊剂，右为气雾剂。

（a）酊剂包装　　（b）气雾剂包装

图 1-19　云南白药的两种包装

## （三）促进销售

包装是提高商品竞争能力、促进销售的重要手段。我们可以通过形状、颜色、材料、重量及能刺激消费者视觉的包装设计元素和别具一格的包装设计来影响消费者，刺激其购买欲望，最终使消费者下决心购买。许多促销活动都可以通过包装来实现。同样，良好的保护性能、方便适用的结构形式也是使产品赢得消费者的重要因素。因此，产品包装的促销功能在现代商品社会里越来越重要。图 1-20～图 1-23 是几种获得国际包装设计大奖的包装形式。

图 1-20 是一种典型的组合促销包装形式，它不需要额外的生产代码，而且便于消费者理解和购买产品。图 1-21 是带小镜子的防晒膏促销包装。

图 1-20 组合式促销包装

图 1-21 带镜子的防晒膏包装

图 1-22 刨花引火柴包装

图 1-23 瓶杯式包装

图 1-22 是刨花引火柴的包装。简单的易撕开结构可以根据需要容易地将其分成几份；盒底附带的火柴方便使用；从整体设计来说，它选用了可以与刨花一同烧掉的纸盒结构，图案则强调了引火柴的材质，而不是气势汹汹的火苗形象；图案和外形有很好的货架展示效果。图 1-23 的瓶杯形式使其便于成型、灌装和封口，特别适合于包装酸奶、饮料、酱汁等，不仅易于展示商品，也十分方便消费者饮用。

有的参考书指出包装还有其他一些功能，如信息传达功能、盛装与划分功能、促销增值等，从本质上讲，它们都可以用上述三个功能来概括。

## 二、包装的分类

当今产品琳琅满目，用途多种多样，性质也千差万别，而产品的包装是综合了各种技术和艺术手段、包含了不同材料和工艺的集合体。将产品包装进行科学分类，对包装的设计、生产、应用和管理都具有重要意义。

包装的分类是按一定目的，选择适合的标准，将包装总体逐一划分为若干个特征更趋一致的部分。所以根据包装所选的标准不同，可将包装按以下方法加以分类。

### （一）按包装形态、顺序分类

按商品包装的形态和包装物与内装物的顺序，一般可把包装分为内包装（小包装）、中包装和外包装。这对应于日本的内包装、外包装和个体包装。美国则把包装分为原包装、二次包装和三次包装。

内包装指直接与商品接触的包装，起保护商品的作用。图 1-24 所示的香肠包装［图 1-24（a）］和酒类包装［图 1-24（b）］就属于内包装。一般也叫销售包装。

中包装是将一定数量的内包装或小包装进行集装。在流通过程中主要起方便搬运、计量、陈列和销售的作用。

图 1-25 的饮料包装，易拉罐与产品直接接触，因而是内包装，而 12 罐饮料装的纸箱就是中包装。

（a）（b）

图 1-24　内包装

图 1-25　中包装

外包装是以运输、储存为目的的包装，它能容纳一定数量的中包装或小包装。外包装对外观设计要求不高，但必须有清晰的产品标识。如图 1-26 所示的集装箱可用来装载使用纸箱盛装的物品，以保护产品、方便装载；如图 1-27 所示的托盘包装装载了 6 卷塑料薄膜，可以用叉车方便地装卸、短距离运输。外包装一般又叫大包装，有的场合也称为运输包装。

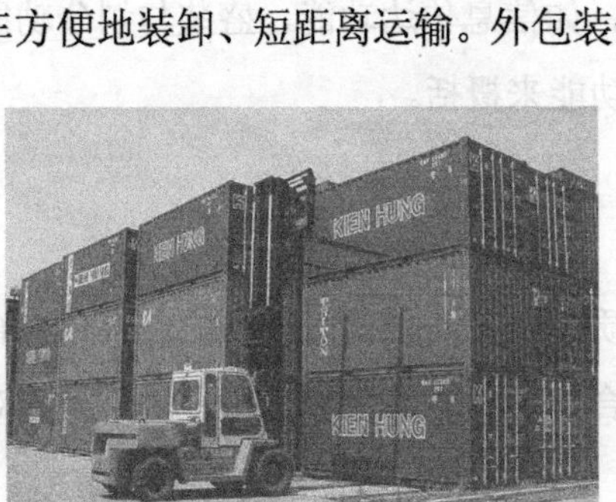


图 1-26　集装箱

图 1-27　托盘集装多卷薄膜

### （二）按用途分类

按用途可将包装分为内销包装、外销（出口）包装和特殊包装。由于产品包装在国内外的运输条件、储藏条件及技术要求不同，所以内销与外销包装在材料种类、质量等级、包装形式等方面都有所不同。

由于产品的用途是多方面的，还可分为透明式包装（图1-4）、易开可携带包装（如铝质罐装的可乐、啤酒等，由于较玻璃瓶罐装质量轻且不易碎，便于携带，如图1-28所示）、可挂式包装（图1-3）、开窗式包装（图1-5）和多用途包装等。

图1-28 饮料的易拉罐包装

### （三）按使用次数分类

按使用次数可分为一次性使用和多次使用包装。

一次性使用包装：包装内物品数量较少，仅供一次使用。例如，软袋包装的饮料，喝完即将包装抛掉；一次用量的药品、汤料、调味品等商品的包装等。

多次使用包装：指回收后经清洗、消毒等过程，可再次使用的包装。例如，啤酒瓶、酱油瓶、醋瓶和酸奶瓶等。多次使用包装又叫复用包装或可回收使用包装。

### （四）按包装技术方法分类

根据包装技术方法可分为充气、无菌、真空、条形、防水、防振、防尘、防爆、防燃、保鲜和速冷速热等包装。如图1-29所示的充气包装，可以防止内装物的挤压变形和破碎；控制充入包装内部的气体成分，还可以防止内装物的变质，排除包装内的氧气，从而延长保质期。常用于包装薯片、糕点等含油脂的产品。图1-30的真空包装，由于避免了产品与氧气的接触，有利于食品类产品的长期储存。

### （五）按运输方式分类

按运输方式可分为铁路运输包装、公路运输包装、船舶运输包装、航空运输包装四大类。分类的主要依据是各种运输条件下不同的冲击加速度、振动频率和振幅等特征参数。因此，这也是进行产品运输包装设计的基本条件之一。

图 1-29　充气包装

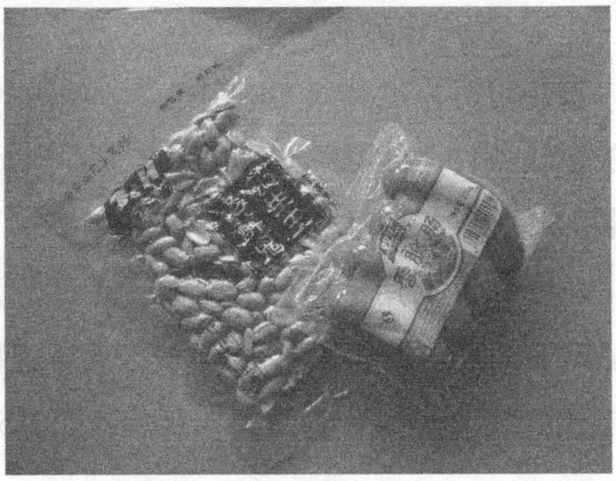

图 1-30　真空包装

### （六）按包装目的分类

按包装目的可分为销售包装和运输包装两大类。这两类包装在设计时的侧重点不一样，前者以满足卖场销售的促销效果为主要目的，侧重于产品包装的外观设计，具有保护、美化、宣传产品、促进销售的作用。又叫商业包装。后者以满足物流储运的安全性为主要目的，侧重于解决产品在运输过程中的冲击、振动防护问题，具有保障产品的安全、方便储运装卸、加速交接、点验等作用。又叫工业包装。

有的包装院校把这种分类方法作为划分专业方向的依据。

### （七）按包装材料分类

按产品包装使用的材料，可分为纸包装、塑料包装、金属包装、玻璃包装、陶瓷包装、木材包装和复合材料包装七大类。其中前四种常被称为“纸、塑、金、玻（陶）四大包装材料”。在包装工程学科里，包装材料与结构等课程就是以包装材料的分类作为课程的主线。

包装的分类方法还有很多，其他的还有以下几种。

（1）按包装材料的柔软性，可分为软包装、硬包装。软塑、纸包装多属前者，玻璃、金属、硬塑、纸板包装等为后者。

（2）按使用对象不同，可分为军用包装、民用包装等。

（3）按包装容器的结构形态分类，常分为箱、桶、筐、篓、缸、袋、瓶、罐及盒等包装，图 1-31 ～图 1-36 是一些典型的包装容器。

在生产应用中，“包装”的内涵要远远超过上述的范围。欧盟《修正的包装指令》（2004/12/EC）明确指出，“包装”是指“一切用来盛装、保护（握持）、运送及展示货品的消耗性资源”。按这一定义，包装是指以下几点。

（1）包装盒、包装袋、包装箱及直接与商品系在一起的标签等；

（2）具有包装的作用同时具有其他功能的物品（如糖盒、CD 盒上的包装薄膜等）；

图1-31 箱

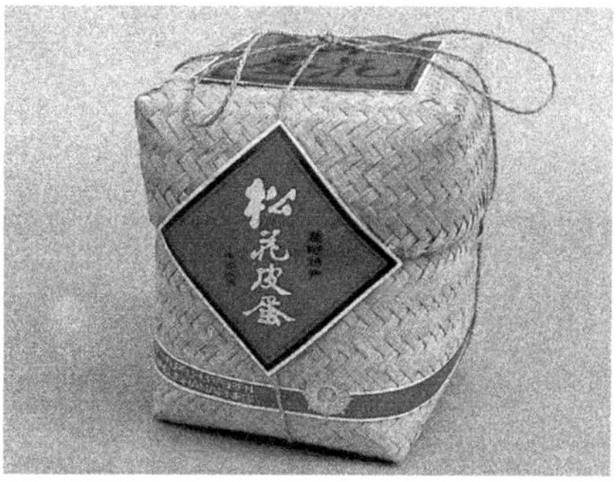


图1-32 篓

图1-33 袋

图1-34 瓶

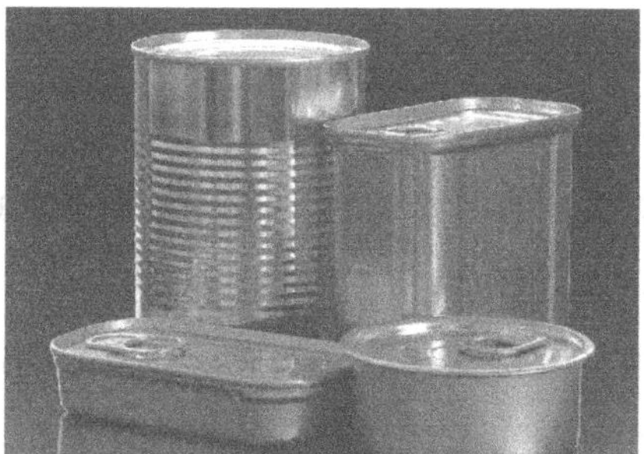

图1-35 罐

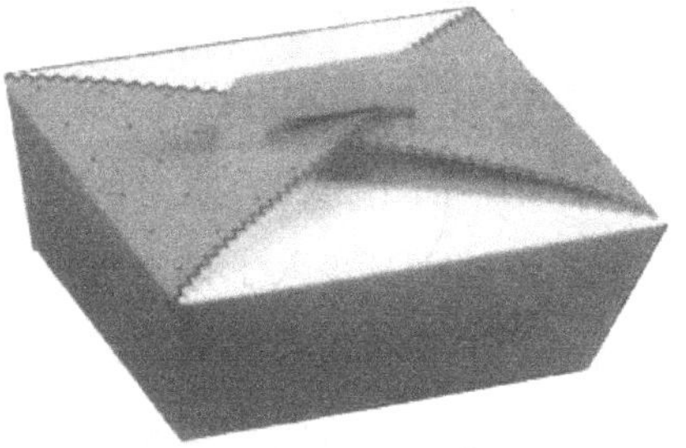

图1-36 盒

（图片来源：www.donsin.com）

（3）现场包装的物品（如纸质或塑料包装袋、一次性餐茶具等）；

（4）包装的组成和辅助部分（如标签、包装上的装订钉等）。

我国包装行业的情况也与此类似。例如，在我国，纸杯及纸杯设备生产企业、BOPP薄膜及其设备生产企业等都被归类为包装企业。

## 第二节　包装的起源和发展

包装是人类生活和生产物资交流中不可缺少的技术手段。包装的产生与发展，同人类历史发展的过程密不可分。随着人类社会的演变、生产力水平的提高、科学技术的进步和文化艺术的发展，在漫长的历史长河中，包装也经历了从包装意识的萌芽到运用各种科学技术的现代包装科学的发展过程。

包装发展的历史，大致可分为原始包装的萌芽、古代包装、近代包装和现代包装四个基本阶段。

### 一、原始包装萌芽阶段

原始包装的萌芽阶段主要是指原始社会的旧石器时代。在旧石器时代，原始人的生产能力十分低下，由于环境险恶，生活艰难，人们收获甚少，不得不共同劳动，平均分配。但生活必需的食物和饮水等需要容器盛装，以便储存、转移、分发和食用。这就是包装思想萌发的动因。也就是说，包装的起源，是来自原始人便于容纳和转移生活资料的需要。这一时期包装的功能仅仅是保护和盛装。因而，我们常常说保护产品是包装的基本功能。

这一时期包装的特征主要表现在各类天然材料的使用：用柔软的茎条进行捆扎，使用现成的叶子、果壳、葫芦、竹筒、兽皮、膀胱、贝壳、龟壳等盛装、转移食物和饮水。

### 二、古代包装阶段

古代包装阶段时间最长，纵跨原始社会后期、奴隶社会和封建社会。

在这一时期，由于生产力水平的提高，人类文明有了多方面的进步，生产工具从石器发展到铜器，随后又步入了铁器时代。这期间先后经历了三次社会大分工：畜牧业和农业的分离；手工业和农业的分离；商业成为独立的特殊行业。人们从群体劳动逐步转变为个体劳动，出现了阶级和国家，城市也开始兴起。于是，产品的剩余越来越多，交易活动逐步发展起来。各种产品不仅需要就地盛装，就近转移，还需要经过包装捆扎送往远方的集市。

这一时期包装的特征表现在开始以手工制作包装：如截竹为筒；用植物枝条编成篮、筐、篓、席，用麻、线、畜毛等纤维编织成袋、兜等。随后，出现了陶器、玻璃、青铜等人工材料制作的包装容器。在包装技术和形式方面，已逐步采用了透明、遮光、透气、密封、防潮、防腐、防虫、防振等技术，以及便于封启、携带、搬运、陈列和使用等结构形式。在造型设计和装潢艺术设计方面，已开始运用对称、对等、比例、均衡、整齐、参差和变化等形式美的规律，并出现了采用镂空、镶嵌、堆雕、染色和涂漆等装饰工艺制成的各种极具民族风格的包装容器。但此时的包装操作仍以手工为主。

古代包装的产生和发展年代悠久，其中有些包装形式已被带入现代社会，如腌制蔬菜用的陶瓷坛子（图 1-37）、盛装农产品的筐（图 1-38）等。现代使用的这些包装虽然在材料或制造工艺上有所不同，但还是保留着原来的基本形态和特点，并继续在社会生活中发挥着作用。因此，又称它们为传统包装。

图 1-37 陶瓷坛子图

（图片来源：www.xushitrade.com）

图 1-38 藤条编制的筐

## 三、近代包装阶段

近代包装阶段是指公元 16 ～ 19 世纪，在近代科学技术建立和发展的推动下，包装发展的一个时期。在这一时期，我国还处在封建社会后期，西方各国已相继进入了资本主义社会，其中一些发达国家在 19 世纪 70 年代后走向了垄断资本主义。

这期间，经济的迅猛发展使得产品生产、流通和消费的国际性越来越普遍。在此条件下，各个国家内外贸易所交换的原料和产品都要经过包装，才能顺利地进行储运和销售。而消费者对产品质量和包装质量的要求也在不断提高。同时，近代科技的进步，也给包装的发展创造了有利的条件，使包装进入了一个新的发展阶段，主要表现在以下几个方面。

### （一）在包装材料方面

包装材料是包装的基础。在近代包装中，除了木材、藤条等天然材料外，玻璃（图 1-39）、金属、陶瓷和纸等都已广泛应用。18 世纪发明了马粪纸和纸板制造工艺，出现了纸质容器；1818 年出现了包装用镀锡钢板；1871 年美国人 A.L. 琼斯发明了瓦楞纸。

### （二）在包装技术和容器方面

包装技术和包装容器是包装发展的中心内容。18世纪末法国人阿贝尔发明了加热灭菌方法，为罐头工业的发展奠定了基础；机制木箱于1800年问世；1842年H. 本杰明取得了冷冻食品的第一个专利；1882年世界上第一台制罐机械在美国诞生；1889年美国人发明了喷雾罐技术；1890年美国铁路货物运输委员会批准瓦楞纸箱正式作为运输包装容器；1892年W. 潘恩特发明的皇冠盖，至今仍在玻璃瓶的封口中广泛使用（图1-40）。

图1-39　由传统陶坛演变而来的玻璃坛

（图片来源：www.dahengcy.com.cnmenumenu.htm）

图1-40　皇冠盖

（图片来源：无锡华鹏嘉多宝瓶盖有限公司）

### （三）包装装潢思想的萌芽

这一时期，人类的审美情趣和欣赏水平随着经济、社会的进步产生了巨大的变化。进入18世纪后，欧美国家的商品经济发展很快，产品日益丰富，文化教育逐渐普及。为了吸引顾客、扩大销售，商家们开始重视产品标识、标记的作用。但当时由于印刷条件的限制，标记和印刷标签都发展缓慢。直到20世纪后，随着印刷技术的进步，才在其内容、形式、工艺和使用范围上发生了显著变化。

### （四）包装机械的出现和应用

近代包装的进步与包装机械的发展密切相关。特别是在16世纪到19世纪，与包装相关的印刷、造纸、玻璃及金属容器制造的生产机械发展较快。这大大提高了包装工业的生产技术水平和包装产业的劳动生产率。

## 四、现代包装阶段

现代包装是在近代包装的基础上发展起来的。包装发展的高速时期是在进入20世纪以后，在现代科学技术的支持下，包装进入了全面发展的新的阶段。以材料科学、电子技术和信息技术为代表的现代科学技术的发展为包装技术的进步奠定了坚实基础，使包装不仅在质量和数量上有了飞快的发展，在功能上也发生了显著变化。包装的三大功能正是在这一时期逐步完善并为各行各业所普遍认同。这一时期，包装行业也已经发展成为庞大的工业体系，在国民经济和国家建设中发挥着重要作用。因此，相对传统和近代包装而言，现代包装已发生了根本改变，主要表现在以下几个方面。

### （一）包装材料和容器的发展

利用新技术、新方法，改变原有材料的组成和结构，制成了具有新功能和新性质的材料和容器，使它们更加科学化、系统化，从而更加充实了包装材料和容器构成的内容。尤其是塑料包装材料的出现和工业化生产，更是使包装的工艺、结构发生了根本性的变化。包装容器由传统的盛装功能已越来越多地被赋予方便、促销功能。

从1904年到1980年，酚醛、苯胺甲醛、醋酸纤维、聚苯乙烯、脲醛、聚氯乙烯、低密度聚乙烯、氯化橡胶膜、聚偏二氯乙烯、涂蜡防潮玻璃纸、聚苯乙烯泡沫、丙酸纤维、环氧树脂、ABS（丙烯腈－丁二烯－苯乙烯共聚物）、聚三氟氯乙烯、聚碳酸酯、高密度聚乙烯、聚丙烯薄膜、定向拉伸薄膜、非定向薄膜、涂布聚丙烯薄膜、复合薄膜、合成纸（图1-41）、异分同晶聚合物、聚砜、聚酯等现代塑料包装材料相继开发成功并投入工业化生产，为产品包装提供了大量重量轻、适用性好、性能优异的材料。

同一时期，双面衬纸的瓦楞纸板箱、防盗铝质滚压螺纹盖、铝罐、压敏标签、金属喷雾罐、蒸煮食品袋、聚酯中空吹塑瓶（图1-42）、多层共挤吹塑瓶（图1-43采用两片复合式瓶盖、七色凹印全收缩套标）、自热和自冷罐头等包装容器也相继开发成功，使包装容器对于产品保护的科学性和适用性有了更大的提高。

图1-41 用来包汉堡包的合成纸

图1-42 聚酯（PET）中空吹塑瓶

（图片来源：广东国珠集团）

由于包装材料和容器的不断发展，多件集合包装、收缩塑料薄膜包装、真空包装、自立袋、拉伸包装、食品换气包装、无菌包装、脱氧包装技术等包装方法也逐步应用于各类产品的包装并成为现代包装工艺的主流。

图 1-43　六层共挤吹塑瓶

### （二）包装机械的多样化、自动化

进入 20 世纪以后，能适应多种产品和多种要求的包装机械大量出现。尤其是计算机技术在工程控制和企业管理中的应用，已出现了许多产品的包装自动化生产线。

### （三）包装印刷技术的飞速发展

包装印刷是一种复印技术。由于现代科技成果向印刷技术领域的渗透，在油墨、制版、印刷材料和工艺设备上都有很大的进步，使各种包装印刷都能够更好地再现原稿设计的艺术效果。

### （四）包装设计进一步科学化、艺术化

20 世纪以来，包装科学研究、包装高等教育逐渐兴起。1952 年，世界上第一个包装工程专业在美国密歇根州立大学开办；1963 年，无锡轻工业学院（江南大学前身）在我国第一个设立了包装机械专业方向；1984 年，国家教育主管部门将包装工程专业第一次列入本科教育专业目录；2003 年，江南大学、天津科技大学有了国内第一批包装工程专业博士点。目前，世界许多国家都开办了各个层次的包装教育。在这种氛围下，包装设计理论进一步完善与发展，同包装新材料、新技术的不断出新相结合，使产品包装设计逐步走向科学化、系统化和艺术化。

## 第三节　包装在现代经济活动中的作用与影响

### 一、包装在现代经济活动中的作用

前已述及，包装的主要功能是保护产品、方便使用和促进销售；而包装又是伴随着人

类社会的进步、生产力水平的提高、科学技术的进步和文化艺术的发展而发展起来的，越是经济发达的国家或地区，包装的需求就越旺盛，因此人们往往把它称为“富贵”行业。包装在现代经济活动中的作用主要有以下几点。

（1）能有效地保护产品，减少损失；

（2）能促进商品流通；

（3）能促进和扩大商品的销售；

（4）能方便与指导消费；

（5）能够对自然资源的利用、防止环境污染和保持生态平衡起重要作用；

（6）现代包装技术与装备可以大幅提高劳动生产率、提高产品质量；

（7）包装是经济发展水平的重要标志之一。

我国实行的是社会主义市场经济体制。市场经济提倡竞争，企业生产的商品一进入市场，就必然遇到竞争。商品生产者生产的商品大都是用于交换的，商品进入市场后相互比较，相互争夺购买者，以求得消费者和社会的认可，从而实现商品的价值。由于包装在保护产品、方便储运和消费及促进销售等方面所起的作用，它与商品的品质、价格和销售都有着直接的关系。

包装对经济的影响可以从以下两方面进行分析。

### （一）包装策略的应用与影响

现代工业各领域的发展突飞猛进，包装工业也在迅速发展。作为生产企业，可以通过包装策略的运用减少流通中的损失，促进销售，降低流通成本，以谋求增加利润、提高经济效益。以下是一些企业使用的包装策略。

（1）产品设计策略。市场经济中的经营活动是以市场为中心、以顾客为中心，因而要从经营观点和销售观点出发来对待包装，将包装看成商品的重要组成部分，甚至按包装技术的应用要求对产品进行改进设计。基于这种理念，有些厂家改变了过去先生产产品，后设计包装的做法，提出产品设计必须符合包装要求的设计理念。

（2）成本控制策略。企业为了适应复杂的市场环境，可以制定相应的包装策略，如运用计算机 CAD/CAE/CAM 技术等，在产品包装的省料、节能、省力和降低成本等方面不断努力，以满足节材降耗和消费者多样化的要求。例如，日本有一家奶品公司开发了成本较低的包装材料，10 年中降低包装材料费用十几亿日元；仅把牛奶瓶的罩盖减薄 3μm 一项措施，1 年就可节约 500 万日元以上。

（3）科学化包装设计策略。一些著名的跨国电器公司，为实现包装设计精确化、降低包装成本、减少产品损坏而花费大量资金进行缓冲包装试验，以求准确全面地掌握包装设计的相关数据。

（4）包装新材料新技术应用策略。我国70年代以前精装卷烟用的内衬包装主要采用进口压延铝箔，随着香烟产量的增大，铝箔供不应求。原轻工业部食品局烟草处组织研制了卷烟用镀铝纸，到80年代形成批量生产能力。由于镀铝产品用铝量少，色泽鲜艳夺目，可印刷、着色，且对红外光、紫外光有良好的反射能力，加之具有阻湿、隔氧、避光等特性，在香烟、食品、医药、商标、印刷、包装、装潢等领域，真空镀铝纸均被广泛应用。而镀铝纸的用铝量仅为压延铝箔的1/20，大大降低了铝材用量，也降低了铝材加工的能源消耗。

以上所述包装策略的成功例子说明包装在企业经营战略中占有很重要的地位。同时说明，在企业经营中，包装的比重在不断增大，对包装设计和包装管理人员素质的要求也在不断提高，所以，近年来各类产品制造企业对包装专业技术人才的需求也越来越旺盛。

### （二）现代包装管理的理念

物流学的倡导者，美国华盛顿大学教授斯坦利·布鲁尔指出："工业革命后，人们每年都在降低产品的生产成本，但流通成本丝毫没有降下来，反而年年上升并导致物价上涨。这说明，靠大生产方式、运用新技术和科学管理降低生产成本是成功的。与此相反，流通成本却未能降下来。尽管可举出各种理由，但是最重要的原因是对流通成本认识不足，且未能对此实施足够的专门技术和科学管理所致。"在我国，目前许多企业的包装管理仍是凭经验和直觉。

物流费用包括包装费、运输费、保管费和装卸费等。据日本通产省发表的资料，物流费平均为销售价的13.52%，包装费则在物流费中平均占到31.07%。由此可以看出，降低包装费用是降低物流费的重要方面。降低包装费用可以从改进包装设计、更新包装材料、分析包装工艺的各个环节、实现机械化自动化作用及加强包装管理等几个方面入手，而这正是包装工程专业研究的主要问题。

目前，现代管理方法不仅在工业生产领域，在流通和包装领域也开始应用，并且已在包装科学化、合理化等方面取得很大进展。这里，计算机技术的普遍应用功不可没。

现代包装管理包括包装标准化、质量管理与规范、工业管理学和包装经济学等内容。

## 二、合理包装及其原则

随着国民经济的高速增长，包装材料的生产和消耗也在急剧增长。同时，由于商品市场日益活跃，商品竞争越来越激烈，包装已成为竞争的重要手段。不适当的包装手段也随之出现，主要表现为以下几个方面。

### （一）夸张包装

夸张包装是一种欺骗性的包装，也叫过度包装，是生产者有意而为。通过使用过多的包装材料，设计上采用高底、凸缘和增大包装层的造型及夸大的包装装潢，对商品进行夸张，使消费者误认为产品质量高、数量多，以达到欺骗消费者的目的（图1-44）。

### （二）过分包装

过分包装也称过大包装或多余包装，属生产者无意而为。是由于不了解对产品保护的要求，不懂得科学包装的道理而设计的包装。这种包装不论从产品的防护要求，还是从流通过程中可能遇到的环境条件来看都是过于保险，超过实际的需要。

### （三）过弱包装或缺陷包装

过弱包装或缺陷包装是指由于设计不当，不具备足够的包装强度，当商品在流通中受到外力或环境的影响时，不能保护产品而使商品受到损坏或造成破损的包装（图1-45）。

图1-44 保健品的夸张包装

（图片来源：新华网）

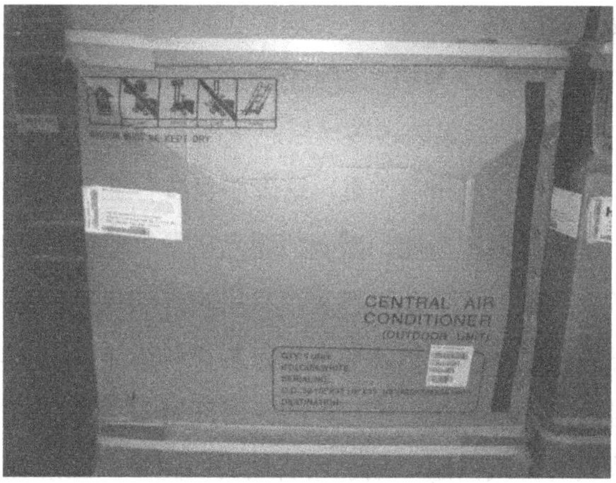


图1-45 过弱（缺陷）包装

针对以上情况，人们提出了合理包装的概念。通常，合理的包装应满足以下几项基本要求。

（1）对内装物的保护或质量保证要恰当；

（2）包装材料及容器无论对内装物还是使用者都要安全；

（3）内装要适当，零售单元要方便；

（4）内装物的标记、说明要确切；

（5）包装内产品以外的空间容积不要过大（一般不超出20%）；

（6）包装费用与内装物价值相适应（通常应为商品售价的15%以下）；

（7）节材省料，容器或材料可循环使用；

（8）包装废弃物易于处理，且不会对环境产生危害。

由此可见，合理的包装必须进行科学的设计才能实现。

## 三、节约型社会与包装

20世纪70年代以来，节约资源、节约能源已成为世界性的课题，近年来我国更提出了建设节约型社会的构想。在2009年的哥本哈根气候变化会议上，时任总理温家宝代表中国政府宣布，到2020年时，我国的单位GDP碳排放将比2005年下降40%～45%。在各行各业实行节材减碳发展战略是立足当前、着眼未来的重大选择，它有助于提高能源安全和保障能力，保护和改善生态环境，实现可持续发展，并且有助于增强我国的国际竞争力。

包装行业是一个关系到众多产业领域的半服务性的重要的制造行业，它对实现节材减碳战略影响深远。一方面，由于传统包装多属一次性使用，在使用以后会产生大量的包装废弃物；另一方面，不合理的包装设计造成包装材料用量过多、材料种类选择不当。以美国的包装行业为例，用于包装的纸和纸板占纸制品总量的50%，包装铝箔占铝箔总量的90%，玻璃纸包装占玻璃纸总量的99%，塑料包装材料占塑料树脂总产量的20%，各类包装材料都占有相当比重，这表明包装行业消耗着相当数量的资源。

从省料、节能、减碳的观点出发，包装改进的途径有很多。省料的极端是裸装，但大多数产品不能不使用包装。常用的方法包括包装材料轻量化或减量化、使用替代包装材料等。即在不改变包装形态或包装材料本质情况下，探索薄壁设计、省料设计和寻求代用材料的方法。例如，用较薄的高密度聚乙烯薄膜取代低密度聚乙烯薄膜；用纸或塑料容器代替玻璃瓶或铁罐；减小包装纸板的定量，三层瓦楞纸板的定量1966年为760.6g/m$^2$，1982年已经降到668.0g/m$^2$。2002年，欧洲各国的瓦楞纸板定量平均已降到550～570g/m$^2$。又如，2009年国家工业和信息化部、财政部等七部委联合下发的《关于印发机电产品包装节材代木工作方案的通知》（工信部联节〔2009〕416号文），提出要通过开展节材代木包装试点、建设节材代木专用包装材料制造基地、积极筹建国家工程技术中心、建立相关标准和行业评价体系、开展包装箱回收利用等工作，力争到2011年年底前，实现机电行业节材代木包装比例较大提高、质量和技术水平大幅提高，开发出一批节材代木新材料、新技术、新工艺，并逐步建立相关法规、标准、政策体系和信息服务体系等工作目标，这对于节约木材资源、解决生态与环境硬约束、转变发展方式及快速实现节材减碳目标都具有重要意义。此外，通过改进包装结构，实现包装机械化、自动化，加强标准化和质量管理等也可以达到省料、节能的目的。

## 四、包装安全和卫生

包装的首要功能是保护产品。包装应使内装物不会因受到冲击振动等因素而损坏，不会受到潮湿或干燥环境的危害，不会因氧化等化学反应而引起质量变化，不会因受到微生物、昆虫或其他动物的侵害和污染而变质。总之必须保证内装物在流通过程中质量稳定和安全。同时，它不能对使用者有任何危害。此外，包装废弃物的回收与处理也应是安全的。

特别是食品、药品、化妆品等关系到人身健康的商品，内装物的卫生自不待言，对其包装的安全和卫生问题也要引起足够重视。就包装而言，一方面应确切标明品名、成分、含量、数量、使用量、使用注意事项等内容；另一方面对包装材料、容器和辅助物等应有明确的安全和卫生要求。

包装材料的安全性，可从三个方面去考察，即包装材料本身的安全性、包装后对内装物的安全性及包装废弃物的安全性。包装材料本身的安全性体现在阻隔性、材料成分的转移性等方面，主要是防止水、气、尘埃、微生物、虫害等外界物质的侵入；对内装物的安全包括包装材料与内装物发生物理的、化学的和微生物的质变及机械损伤；包装废弃物的安全指废弃物的处理要防止对人产生危害及防止发生环境污染。

## 五、包装与环境

包装对环境的影响很大。当前，世界各国都十分关注城市固体废弃物，特别是包装固体废弃物的处理问题。

### （一）包装带来的环境污染问题

包装工业的发展，使包装材料从天然材料、陶瓷等演变成以纸、塑料、玻璃、金属四大类材料为主体的格局，包装形式也日趋丰富和多样化。然而伴随着商品的繁荣和包装工业的迅速崛起，包装废弃物也与日俱增。一些包装材料难以回收和处理，或回收管理措施不到位，加上目前人们的环境意识还很差，随意丢弃废弃物等，这不仅造成了严重的环境污染，也造成了资源的大量浪费。

包装废弃物很早就已成为社会问题。城市垃圾的中心问题往往需要考虑包装废弃物处理。由于包装物大部分是一次性使用，完成容装、储运和消费使用后即成为包装废弃物，这些废弃物收集时体积庞大，燃烧会引起环境污染，掩埋却不易腐化。为减少包装废弃物，人们提出了各种方法，包括循环包装、回收再利用等，针对不易处理的塑料包装也开展了针对性的研究。

## （二）循环包装及包装废弃物处理

### 1. 循环复用包装

包装制品的循环使用是解决包装废弃物体量大、处理难的重要方法之一。以电子商务发展背景下的快递包装为例，有人提出了基于快递物流体系和快递驿站的包装物料循环方法。其主要解决以下问题。

（1）开发可实现完全循环、复用的包装产品；

（2）建立循环复用包装体系参与各方的成本与利益平衡机制；

（3）可循环复用绿色环保包装产品的防伪追溯与智能管理技术；

（4）可循环复用绿色环保包装产品的标准、检验及认证体系。

除此以外，托盘的循环使用、木质循环包装箱、可重复利用的家电包装箱等都已推广应用。可以预见，循环复用包装必将成为降低包装成本，减少包装废弃物体量的重要手段。

### 2. 回收再利用

与系统地进行包装物料循环复用不同，从回收的包装废弃物中提取有用部分加以再利用，这叫包装物的回收再利用。例如，以下几点。

（1）啤酒瓶、牛奶瓶之类，可回收后经洗涤、杀菌后加以利用；

（2）铁罐、铝罐、碎玻璃等，可回收后经再熔制、再加工加以利用；

（3）不便于直接回收利用的包装废弃物，可进行资源转变后再加以利用，如进行垃圾焚烧、热分解等转换成热能加以利用；或将垃圾混合堆肥，或烧结成其他材料加以利用；或将废旧塑料裂解成燃油加以利用等。

### 3. 易处理高分子树脂材料的研究

为了解决塑料包装废弃物带来的环境污染及难以处理的问题，人们已从多方面研究其处理技术。

塑料包装废弃物和含废旧塑料的垃圾难以处理的原因在于：体积较大；燃烧时发热量高，容易损坏焚烧炉；燃烧时熔融滴落，降低焚烧效率；燃烧时会产生黑烟和有害气体等。针对这些问题，技术人员提出了不同的解决思路。

（1）易焚烧树脂。

研究易焚烧树脂的目的是能将废旧塑料进行无公害焚烧。即在主体树脂（HDPE、LDPE、PP 等）中添加无机填料（如碳酸钙滑石粉、黏土、氢氧化铝等），以改进它们的焚烧特性。这样，在对废旧塑料进行焚烧处理时由于发热量低，熔融滴落减少而变得容易处理。然而，随着无机填料充填量的增加，易焚烧树脂的主要机械性能，如拉伸强度、撕裂强度等均要降低。因此，目前仅在某些特殊场合使用。

（2）易分解型树脂（降解塑料）。

易分解型树脂的研究目标是当废旧塑料长期存放或掩埋在地下时，能在自然条件下分解。较为成熟的材料包括光降解、生物降解和水溶型树脂。光降解树脂中加入了一定量的光敏剂，这是一类可以促进或引发聚合物发生光降解反应的物质。紫外光照射时被聚合物链所吸收，从而导致共价键断裂和自由基产生，最终引起聚合物破坏、分解；生物降解树脂包括破坏性生物降解塑料和完全生物降解塑料两类。前者包括淀粉改性（或填充）聚乙烯、聚丙烯、聚氯乙烯、聚苯乙烯等。后者由天然高分子（如淀粉、纤维素、甲壳质）或农副产品经微生物发酵或合成具有生物降解性的高分子制得，如热塑性淀粉塑料、脂肪族聚酯、聚乳酸、淀粉 / 聚乙烯醇等。它们都能在自然条件下被微生物分解。

目前，降解塑料产业还面临着不少难题，包括技术尚不成熟、成本偏高等。同时，由于包装件的特殊性，在许多场合下，降解型包装材料的使用并不经济。因此，这一领域的研究、应用和推广还有待于进一步探讨。

## 第四节　我国包装行业简况

作为国民经济的配套行业，随着我国经济实力不断壮大，国际国内贸易不断扩大，包装行业也得以迅速发展，已经形成了一个以纸、塑料、金属、玻璃、印刷包装和包装机械为主要专业领域，拥有一定现代化技术与装备，门类较齐全的现代工业体系。

### 一、我国包装行业现状

据《中国包装行业发展报告》（2017年度）（编制、发布单位：中国包装联合会），我国包装行业的总体发展情况如下。

1. 我国包装行业在全国工业的地位

2017年，我国包装行业完成主营业务收入11719.01亿元，占全国工业的1.01%，比前一年度减少0.01%；对全国工业主营业务收入增长的贡献率为0.87%。包装行业出口总额287.50亿元，占全国工业出口总额的1.27%，比前一年度增加0.02%；累计进口总额133.10亿元，占全国工业进口总额的0.72%，比前一年度下降0.06%。

2. 我国包装行业的企业规模结构

按企业数量计算，2017 年我国包装行业规上企业共 7650 家。其中，塑料包装企业 3296 家，纸包装企业 2312 家，金属包装企业 755 家，竹木包装企业 554 家，包装机械企业 402 家，玻璃包装企业 331 家。

3. 我国各区域包装行业发展格局

目前，我国包装工业的发展态势依然是东强西弱，南强北弱。以主要包装产品计算，格局如下。

（1）塑料薄膜。东部占 70.65%，中部占 15.02%，西部占 11.68%，东北占 2.65%。

（2）瓦楞纸箱。东部占 53.64%，中部占 24.36%，西部占 19.82%，东北占 2.18%。

（3）塑料加工专用设备。东部占 88.89%，中部占 10.39%，西部占 0.71%，东北占 0.01%。

（4）包装专用设备。东部占 74.01%，中部占 18.66%，西部占 2.96%，东北占 4.37%。

（5）玻璃包装容器。东部占 35.95%，中部占 20.20%，西部占 37.45%，东北占 6.40%。

4. 各专业门类对包装工业总产值的贡献率

2017 年，我国包装工业各专业门类对工业总产值的贡献率排位与之前相比有所变化。塑料包装行业占比明显超过纸包装行业。按 2017 年数据，我国包装行业完成主营业务收入 11719.01 亿元，其中，塑料包装业占据首位，达到 41.75%；纸包装业次之，达到 28.25%；金属包装占 11.03%；玻璃包装占 6.82%；竹木包装占 6.43%；包装机械占 5.72%。

## 二、我国的包装教育情况

改革开放促进了包装行业、包装工业也包括包装教育的兴起和发展。而在这以前中国几乎没有包装工业，更谈不上包装教育。1980 年中国包装技术协会成立，1982 年中包协包装教育委员会设立，接着教育部于 1984 年将包装工程专业列入本科专业目录（试办），在 1985 年正式列入国家高等教育本科专业目录。截至 2019 年，全国已有近 70 所高等学校设有包装工程专业，且大多数为普通本科教育。经过 20 多年的发展，包装工程专业教学环节逐渐规范，教学资源与硬软件条件初具规模，设立包装工程专业的各所院校，专业条件与办学基础虽各不相同，但都形成了各自的特色。与此同时，天津职业大学、深圳职业技术学院等近 50 所高职高专院校开设了包装设计与技术、印刷技术、印刷图文信息处理等应用型高职专业。近年来，江南大学、天津科技大学等高校经教育部批准，在轻工科学与技术一级博士点下设立了包装工程博士点和硕士点，西安理工大学、上海大学、北京印刷学院、陕西科技大学等高校在相近专业以学科方向形式开展包装工程专业硕士研究生教育。目前，我国包装高等教育的发展规模已居世界首位，多数院校办学状况稳定，生源充足，毕业生社会反映良好。多层次、多方向的包装高等教育为国家培养了大量的高等技术人才，促进了我国包装行业的发展。

## 三、我国的包装行业管理

与国民经济其他行业类似，我国的包装行业实行自律性协会管理体制。目前，行使行业管理职能并代表我国政府参加相关国际包装组织、机构的是中国包装联合会。20世纪80年代成立的中国包装总公司（现中国包装有限责任公司）也曾行使一定范围内的包装企业管理职能。迄今，一些国家级的包装科研、检测与新闻传媒机构仍属该公司管理。

### 1. 中国包装联合会

中国包装联合会是经国务院批准成立的国家级行业协会之一，其前身中国包装技术协会成立于1980年，经民政部批准于2004年9月2日正式更名为“中国包装联合会”。

中国包装联合会是中国包装行业的自律性行业组织，属国务院国有资产监督管理委员会直接领导，其职责是围绕国家经济建设中心，本着服务企业、服务行业、服务政府的“三服务”原则，依托全国地方包装技术协会和包装企业，促进中国包装行业的持续、快速、健康、协调发展。

中国包装联合会下设22个专业委员会，拥有近2000个各级会员。其中，还有代表我国各专业领域企业规模和技术水平的近30个包装产业基地、20多个包装行业研发中心。

中国包装联合会与世界上20多个国家和地区的包装组织建立了联系与合作关系，并代表中华人民共和国参加了世界包装组织、国际瓦楞纸箱协会、亚洲包装联合会、亚洲瓦楞纸箱协会、欧洲气雾剂联盟等国际包装组织。

### 2. 中国包装有限责任公司

中国包装有限责任公司（原中国包装总公司）于1981年经国务院批准成立。20多年来，已发展成为一家具有比较完整的包装工业体系和国内外贸易服务体系的大型企业集团，并且拥有国家级研发、新闻传媒等机构，原由国务院国有资产监督管理委员会直接监管。2009年2月，经国务院批准，中国包装总公司并入中国诚通控股集团有限公司，成为其全资子企业。2017年企业名称变更为中国包装有限责任公司。

## 四、我国包装工业与国际先进水平的差距

我国包装工业与国际水平还有一定的差距，主要体现在以下几个方面。

（1）包装企业综合竞争力弱。我国包装企业整体规模偏小，技术水平偏低，产业集中度较低，大多数包装企业仍然是中小规模的加工型企业。在国际上有一定影响力的包装企

业集团很少，大量低水平重复建设的包装企业往往造成行业的无序竞争。

（2）包装企业资金、技术投入不足。不少企业长期处于生产力水平低下、产品技术含量不高、规模过小、游离分散生产、企业管理水平一般、国家投入不足的状况，因此企业结构调整、技术升级、产品换代、规模效益及布局合理化、经营体制的转换等，都是包装企业面临的突出问题。

（3）包装装备水平差。尤其是大型包装机械装备，其自动化、可靠性、控制技术、新技术应用等方面与世界先进国家产品都有较大差距。

（4）包装科技水平和创新能力有待进一步提高。由于包装行业的技术、资金和人才门槛普遍偏低，我国众多中小包装企业都是由家族企业或作坊发展而来，缺乏现代化的管理和技术人才；部分企业对包装的认识不足，在人才培养、科技研发、企业软实力等方面投入严重不足，导致企业自主创新能力差，整体竞争力弱。

## 本章思考题

（1）根据包装的定义和分类方法，说明纸箱装牙膏产品的包装要素及其包装类型。

（2）用实例说明合理包装的意义（提示：到超市选一种产品，按合理包装的八个原则进行分析）。

# 第2章 现代包装工程学科

现代包装是以产品防护和物流过程中的包装件（产品和包装）及其包装系统为研究对象，研究产品防护理论和方法、包装材料与包装容器及信息的功能组合、功能形成与功能发挥的规律，是融现代自然科学和社会科学为一体的综合性、交叉性和应用性学科。本章在分析现代产品包装研究对象和需要解决的复杂问题的基础上，梳理产品包装的构成及其包装知识体系，简述产品包装的主要基础知识和核心技术。需要指出的是，包装工程是一门新兴的学科，其理论基础和学科体系还处于发展和完善之中，本章叙述的内容仅代表了一部分学者的认识。

## 第一节　现代包装的研究对象

从包装的定义可知，现代包装既可表示一种物质及其形态，又可表示一个操作过程，还是一个行业（产业）的名称。要了解包装的研究对象，就必须从包装的产业定位入手，熟悉包装的属性和内涵。

## 一、现代包装的产业定位

包装是工农业等制造型企业生产的产品自生产完成到消费者使用之间的一个服务型制造环节（图 2-1）。由图 2-1 可以看出，包装是为产品服务的，它的功用是将产品与包装物通过包装过程形成的包装件完好、安全地通过流通过程抵达消费者（用户）手中。不仅如此，由于大部分产品的包装是一次性使用，包装废弃物的循环复用对环境的影响也十分重要。因此，包装是材料技术、装备技术、物流技术、安全技术、环境技术和信息传播技术等技术融合和交叉所形成的，具有技术属性和社会属性的一种复合型、服务型、应用型技术。大部分场合下，它是产品的附属物。

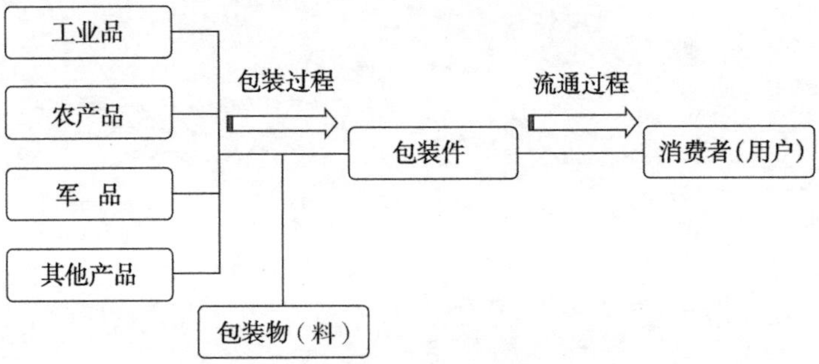


**图 2-1　包装在产业体系中的定位**

## 二、包装件的构成

产品经过包装所形成的总体称为包装件。如图 2-2 所示，通常，包装件包括产品（内装物，此处为打印机）、外包装（纸箱）、内包装（塑料袋，图中未示出）、缓冲防护结构（EPE 泡沫）四个部分。

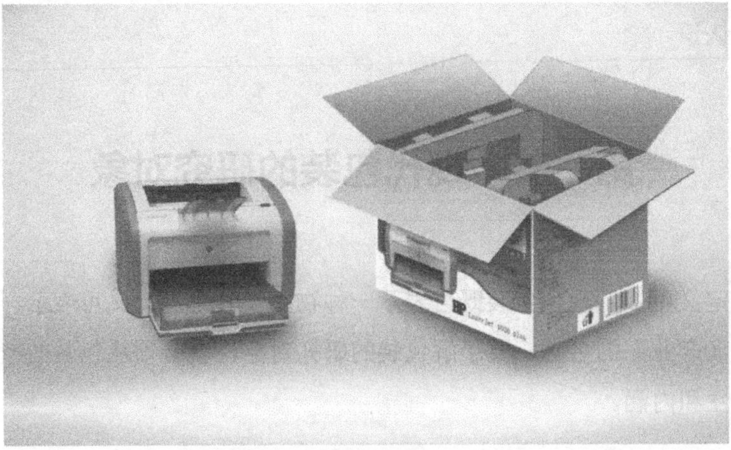

**图 2-2　包装件的结构组成**

产品的种类不同，其物理特性、化学特性、生物特性和其他特性也不同，流通过程中可能出现的破坏因素和结果也会不同。根据大量数据统计和实验验证，首先可以确定导致不同产品损坏的特征参数及其特征值（如易碎怕摔产品的冲击脆值、新鲜果蔬的表面损伤及腐败等），以此为基础，通过设计确定合适的防护材料和防护结构（如缓冲材料和缓冲保护结构、阻隔材料及包装形式等），结合相应的安全防护技术（如防潮、防尘、防静电、防腐蚀等），设计产品的内包装结构和形式；其次，考虑流通和销售过程产品的外观和信息传递要求，设计产品的造型与装潢效果和便携（方便装卸）结构，形成产品的外包装；最后，考虑到外包装打开以后可能存在的重复使用，设计外包装的重复封缄或者重复启闭结构，形成可重复使用的外包装容器。因此，产品、内包装、防护结构、外包装容器等形成的包装件，以及形成包装件过程中施加的技术方法，就是现代包装的研究对象，也是整个包装理论和技术实施的阵地。

## 三、包装的研究对象

如图2-1所示，包装的研究对象包括了包装产业链上的所有环节。

1. *产品*

产品即包装对象。我国的产品分类对应于不同领域，有不同的规定。就包装行业来说，一般按用户和消费对象不同，大体上分为以下几类。

（1）工业品。包括工业中间品如阀门、管件、仪表、工具等，以及最终工业品如机械设备、电动工具、电动自行车等固体产品；天然气、煤气、喷雾剂等气体产品；汽油、煤油、溶剂、酒精等液体产品；精矿、水泥、白糖、煤灰等粉末状产品。

（2）农产品。包括大米、小麦、玉米等颗粒产品，苹果、香蕉、梨、萝卜、白菜等生鲜果蔬产品；茶叶、卷烟、香精等具有气味挥发性的产品；鱼、虾、猪、牛、羊等鲜活或冷冻的动物产品。

（3）军用品。包括军事装备和军用物资等。

（4）其他产品。

①消费品。根据购买行为和购买习惯，分为便利品、选购品、特殊品和非渴求品；根据使用时限，分快速消费品、普通消费品和耐用消费品等；根据需求层次，分为生存资料（如衣、食、住、用方面的基本消费品）、发展资料（如用于发展体力、智力的体育、文化用品等）、享受资料（如高级营养品、华丽服饰、艺术珍藏品等）。

②商用产品。如医疗用品（药品、医用器械等）、消防用品等。

不同产品有不同的物理机械特性和生物化学特性，其防护要求也不同；同时，为了较好地实现包装，还可以从包装角度对产品的特性提出要求。这是包装研究的重要对象。

2. 包装物（料）

包装物包括包装材料和容器。包装材料是构成包装的主要材料及其辅助材料的总称，容器则是它们的构成形态。包装中的材料研究包括选用满足包装功能要求的包装材料、创造新性能包装材料及复合材料（二次材料）等。

3. 包装过程

包装过程包括包装技术方案和包装技术装备。前者如缓冲包装、保鲜包装、防锈包装、真空及充气包装技术等，后者包括各类包装过程机械和包装物料加工机械。

4. 物流环境

主要研究包装件在一定物流环境下承受的外力，包括仓储运输和消费过程中的堆码、跌落、冲击、振动等对包装件的影响。

5. 用户及消费者

包装的属性决定了其技术方案的设计和实施必须考虑到用户和消费者需求。主要研究在产品不同应用场景下，用户和消费者的使用要求、消费方式、消费习惯、消费环境等。

6. 相关因素

除直接要素外，包装的研究对象还必须包括造型与装潢设计、环境政策、社会文化要求及经济技术分析等。这形成了包装知识体系的综合特色。

## 第二节　现代包装的技术体系

包装件是产品包装设计、制造、储运和使用的基本单元，研究和构建以包装件为核心的包装技术体系，分析包装件设计和研究的全过程，梳理其所需知识要点和技术体系，可形成科学的包装学习、研究与应用的逻辑思路。

### 一、现代包装技术体系

前已述及，形成完整的包装件需要多个工艺环节和技术支撑（图 2-3），除了传统的工科基础（后面叙述）外，包装学科还有自己独有的技术体系。本书试图结合包装件的形成过程对相关的技术进行梳理，便于读者在后续的学习和研读中有针对性地进行理解和掌握，并从中找到感兴趣的研究方向。

1. 产品包装需求分析

产品包装的首要环节是对被包装的产品进行分析，对产品的物理特性进行统计和计算分析，包括形状、尺寸、外观、重心等，以确定包装的基本形式；对产品的化学特性分析，包括化学稳定性、腐蚀性、危险性、成分迁移性、安全性等，以确定产品内包装的技术需求；对产品的表面及内部薄弱环节进行分析，以确定产品防护的表面防护技术和冲击跌落的破损边界条件，确定产品的脆值和缓冲结构；利用现代测试与信息处理技术，分析产品的脆值和破损要素是一个非常有研究价值的领域。

2. 产品防护与安全技术

产品在流通过程的破损和功能损伤可能是多种因素导致。产品在流通过程的破损有很多种：有产品的表面擦伤和形变、产品的结构损伤和断裂、产品的氧化和腐烂、产品仓储中的虫害、产品的污染和变质、产品的功能损伤等。针对不同因素导致的产品破损，提出相应的安全防护技术和措施，构建产品的安全防护结构和装置，确保产品在流通过程中的安全。研究不同类型的产品的破损机理和破损变化的过程，特别是生鲜食品（新鲜水果、鲜肉等）、熟食品、药品、军品等的破损破坏机理、包装安全和防护技术是包装研究的热点领域。

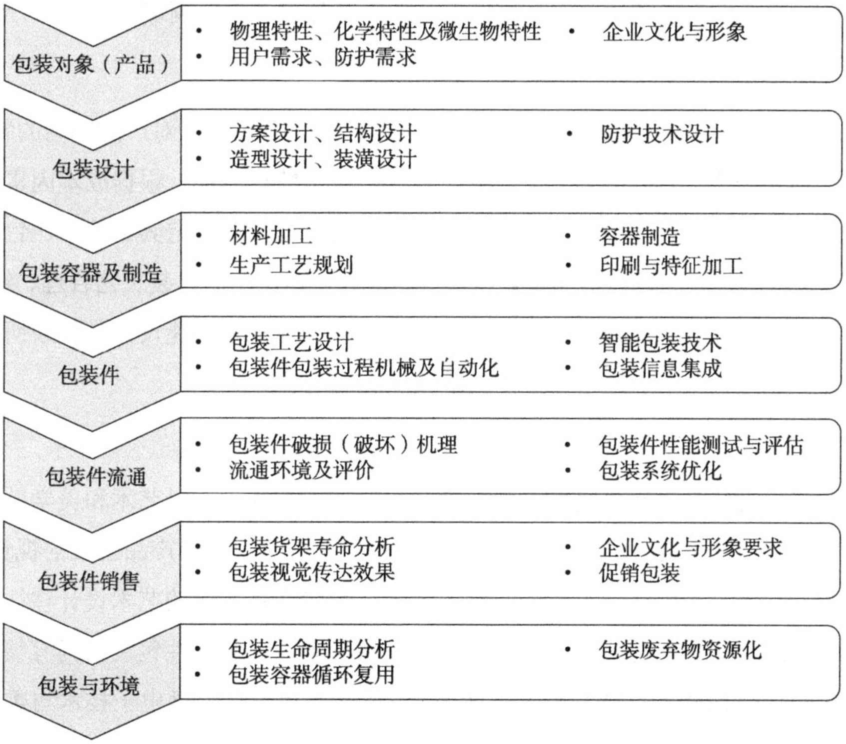


图2-3 包装件的形成及相关技术

3. 包装信息传达

包装具有明显的社会属性。通常，包装结构形式和外观设计都带有显著的民族、宗教或国家特色，包装的外观设计将清晰地体现出产品的社会属性信息，并通过相关的文字、图案、色彩、构成（布局）等方式进行表达。好的包装外观设计不仅能传达出产品的基本信息和功能，还可对产品生产企业的定位和企业文化进行传达，树立企业的社会形象和市场定位。基于5G和人工智能技术将改变传统的产品包装和信息传达模式，如利用微电子技术和柔性电子技术传达动态可变信息，将传统的、独立的包装件与物联网系统相融合，形成现代产品生产、储运和消费系统的一个信息采集和传输节点，产生更加丰富多彩的新的产品包装服务功能，更好地服务社会、满足人民群众的需求。这是未来包装技术研究的前沿领域。

4. 包装材料及制备技术

包装材料是产品包装的基础。包装材料需要满足多样性、环保性、可成型性、功能性等需求；围绕产品包装的材料主要有内包装材料（柔性包装材料、阻隔性包装材料、单向透气性包装材料、防潮包装材料、防静电包装材料等）、缓冲包装材料（塑料类缓冲包装材料和纸质缓冲包装材料）、外包装材料（纸质类、金属类、塑料类和其他类）。材料的性能要求不同、种类不同，其生产工艺和设备都不一样，因此，包装材料在不断创新和发展。包装材料及其生产工艺的创新是包装研究的主要领域、传统领域。

5. 包装制品及其结构设计

产品的包装结构设计一般包括：基于产品防护理论和方法，针对产品不同的物理特性、化学特性、生物特性、安全需求、破损特性等提出包装整体方案；根据成本因素和制造因素，选择合适的包装材料（内包装、缓冲结构、外包装等）并确定其工艺；在包装设计理论的支撑下，确定相应的包装结构要素、形状和尺寸，确保产品包装工艺合理、结构可靠、安全有效，以实现包装的保护功能。包装结构的创新设计和多功能设计是包装研究的传统领域，同时，它也是微电子技术和柔性电子技术实现的载体。

6. 包装艺术设计与防伪设计

包装的艺术设计是以现代美学原理和视觉传达理论为基础，以艺术和美学的观点对产品的外包装进行设计，运用色彩、图案、文字、构成等要素，形成产品包装的视觉吸引力，吸引消费者的注意力和关注力，促进产品的销售。现代产品包装的艺术设计往往还与产品的防伪技术相结合，采用烫金、激光全息图案、隐形图案、破坏性包装结构等技术手段，提升产品包装的防伪能力。特别是，在现代5G技术支撑下，将微电子技术与柔性电子技术相结合，进行动态信息防伪技术创新，以实现产品的信息追溯和动态交互。这是产品防伪技术的创新发展方向之一。

7. 包装容器制造工艺与设备

包装材料不同，包装容器的生产制造工艺也不同，其制造设备也各不相同。塑料包装容器采用吹塑、注塑等工艺生产；纸质包装容器可以采用瓦楞纸板、蜂窝纸板、纸箱、纸袋等形式，采用相应制造工艺生产；金属类包装容器可以采用剪切、弯曲、拉伸、焊接、卷边等工艺进行加工。基于先进制造技术和数字化制造进行传统包装容器生产工艺和设备技术的改造和创新，是包装结构设计与装备设计相结合的研究领域。例如，硬质粘贴纸盒、木质包装制品等产品大部分还采用手工或半自动化工艺制造，进行产品结构创新、实现加工制造自动化智能化，是这一领域亟待解决的问题。

8. 智能化包装技术

随着科学技术发展带来的生产生活方式的变化，传统包装也在发生着变化。在满足包装基本功能的前提下，充分体现个性化消费需求、彰显人文关怀和拓展产品功能的智能化包装逐步兴起。这类包装建立在综合运用现代智能材料、智能技术、智能结构等先进设计元素的基础上，增强包装的保护功能、适应物联网时代的销售消费环境和最大限度地满足与便利消费者的特殊需求。这是包装学科中发展迅速的一个技术领域。

9. 包装印刷与特种加工

包装的艺术设计主要通过多色高精度印刷技术实现对色彩、图案、文字和构成的重现。常用的包装印刷技术有胶印工艺、凹印工艺、柔印工艺、丝网工艺、UV 工艺等，采用水性油墨和水性溶剂是减少和控制重金属和 VOCs 残留的主要手段。采用印刷工艺和特殊加工技术相结合，进行烫金、激光全息图案、隐形图案等加工，增加产品外观防伪功能。这都是包装印刷领域的主要研究内容。

10. 包装过程机械及自动化

目前，许多产品的包装工艺和设备已实现机械化、自动化。但仍有一些产品，如普洱茶饼茶、试卷、中药饮片、粽子、袜子等外观异型的产品，硬质粘贴酒盒、手机盒、大宗电器等产品的包装，仍采用手工包装或大部分是手工包装。研究产品的包装形式、包装工艺和流程，创新包装结构形式和包装容器，创新产品的包装执行机构和控制系统，开发对不规则产品和大批量生产产品的全自动包装生产线，是包装学科的主要研究内容之一。特别是，由于产品包装具有动作多、配合多、机构多、精度高、速度快等特点，需要研发基于自动控制技术和智能化技术的产品包装机械，实现包装件成型过程的机械化和自动化，提高产品生产和包装的效率与质量。

11. 包装测试与评价技术

包装测试技术是基于现代测试技术和信号分析及数据处理技术，对包装件的运输安全性进行测试和分析。主要包括振动测试、跌落冲击测试、运输模拟测试、滚翻测试、环境测试等。包装测试技术还包括测试系统的构建、传感器的选择、数据采集、信号分析与数据处理等技术；包括对包装材料特性、包装容器质量、包装安全的检测等。包装性能测试与评估技术是预防包装件发生破损（破坏）、评估破损（破坏）的程度及查找破损（破坏）影响因素的重要方法，其结果可以用来评估包装件的防护程度，判断产品包装是欠防护、过度包装还是适度包装。

12. 包装的环境效应与生命周期分析

对产品进行包装是产品流通过程的必要环节。在大多数情况下，产品包装的生命周期相对产品而言很短暂，提供绿色环保的产品包装是现代包装的重要任务，需要从包装材料、包装结构设计、生产工艺、产品流通和销售过程等多方面进行绿色包装创新和实践，降低包装对产品和环境的影响，实现绿色包装。这是当前包装学科普遍关注的问题之一。

13. 包装资源的再生与循环利用

包括包装物的循环复用技术与包装废弃物的资源化利用技术等。包装容器和缓冲结构件，在产品的流通和销售环节完成后，其功能和价值就结束了，包装物就成了废弃物。设计和选用绿色环保和可再生利用的包装材料，设计可循环利用的包装容器，减少资源的浪费；高效实现包装废弃物的资源化利用等，都是包装研究的重要课题。

14. 包装标准化技术

产品包装标准化是包装融入现代制造和流通体系的必然。包装材料生产、包装容器制造、包装工艺设计、包装系统集成等，都必须融入现代制造技术、物流技术、销售环境等标准化领域，构建产品生产的标准化并与国际标准化相衔接，是包装发展的前提，也是当前我国包装的薄弱环节。

上面简单叙述了包装学科技术体系的主要内容。正如第一章所说，随着社会的不断发展、生产力水平的提高、科学技术的进步和文化艺术的发展，这一体系也会不断有所发展和变化。

## 二、包装学科发展的相关理论

除了上述从包装件的形成与销售乃至废弃的全生命周期引出的包装技术体系，包装学科的发展还依赖于与包装属性有关的若干重要理论，包括包装动力学、货架寿命理论和生命周期理论等。其中包装动力学是产品运输包装研究、设计的重要基础，我们将在第四章讲到；生命周期理论则用来探讨包装这种特殊产品对环境影响的评价，用以指导包装材料的选择和包装产品的设计，这一内容将在第六章里叙述。本章简要介绍货架寿命理论及其对学科发展的作用。

### （一）货架寿命的概念

货架寿命，又称包装有效期，或称保质期，是对商品流通期内质量功效的保证与承诺。尤其对食品和药品来说，包装有效保质期是消费者决定购买前必须弄清的数据，也是包装的质量指标之一。

货架寿命的定义是：商品在出厂以后，经过各流通环节到消费者手中，能保持质量完好的时间。

货架寿命一般可表达成以下几种方式。

（1）生产日期：×××× 年 ×× 月 ×× 日。

（2）失效日期：×××× 年 ×× 月 ×× 日；请在 ×××× 年 ×× 月 ×× 日前使用。

（3）生产日期：×××× 年 ×× 月 ×× 日，保质期 ×× 个月。

此外，也有的产品附带规定合适的流通和储藏条件，如温度、湿度等。

### （二）货架寿命的主要影响因素

货架寿命的长短受多种因素的影响。

#### 1. 包装材料

如果使用非渗透性材料（如玻璃、金属）包装，产品在一般情况下主要由于本身的化学变化而变质，包装对商品的有效保质期影响不大。但也有产品因包装而导致质量降低的情况，如玻璃容器透光可加速产品的氧化，又如金属罐装食品可能会与产品质量不好的内涂层甚至金属本体材料发生反应。如果用半渗透性材料和可渗透性材料，则包装方式对产品的货架寿命影响极大。包装材料是包装工程专业的基础研究内容之一。

#### 2. 产品的变质特性

产品会因各种因素影响而变质，不同产品的变质特性差别很大，这往往表现为产品对某些影响因素的敏感性。例如，松脆食品会因湿度增大而变软、失去松脆性；烟草会因存储时间过长或包装不良导致湿度降低而改变其燃烧性和香烟口味；油炸食品及带脂肉制品会因油脂氧化而产生哈喇味；熟食快餐食品则会随储运时间的增加而发馊等。

包装材料的保护性能与产品的变质特性之间应做科学的匹配，以保证产品的包装有效期。这也是包装工程专业研究的重要内容。

#### 3. 产品质量判别标准

通过产品的变质特性，可以制定出合格产品的判别标准。这一标准是以产品中某些关键成分的变化情况为依据，通过分析与测试获得的反映产品质量的指标。任何产品的合格判别标准都直接影响到包装有效期或货架寿命的确定。有些消费性产品既需要数据化的合格标准，又需要消费者认同的某些感官标准，如前述的香烟产品。

表示包装形式和包装材料对产品保护能力的关键性指标一般有以下几点。

（1）水蒸气透过率——对湿度敏感的产品；

（2）氧气透过率——对氧敏感的产品；

（3）香味透过率——对需要保香的产品。

一般可应用气体色谱分析、质谱分析、红外光谱分析或其他技术手段来确定包装对特定要素的阻隔性能，如氧气、水汽、二氧化碳气体等。

4. 包装尺寸大小

包装件的几何尺寸对货架寿命也有影响。

尺寸越大，包装面积与包装容积之比越小。影响货架寿命的渗透物的透过量按包装尺寸的平方数增加，吸收渗透物的产品体积则按包装尺寸的立方数增加。这表明，在其他条件相同的情况下，对包装材料阻隔性的要求将随着包装尺寸的增大而降低。

5. 环境条件

要确定产品的包装有效期，首先要弄清产品流通中的主要问题：即产品的变质特性和产品储运、销售过程所经历的环境条件，如温度、湿度和日照等。

对一些产品而言，包装有效期及其影响因素就是包装设计的主要内容。它们对建立这些产品的流通体系也起着重要作用。

### （三）货架寿命的预测

货架寿命常常需要通过试验分析的手段加以确定。一般有以下几种。

1. 运输试验法

运输是产品流通环节中的一个方面。运输试验法作为一项辅助性试验，是在规定的运输包装试验条件下，检验包装好的产品是否经受得起运输过程中冲击振动的考验，同时考察包装的其他性能指标在该运输条件下的变化情况。

2. 储存试验法

在静止条件下保存产品，并评估其质量随时间的变化情况。储存条件分为可控制型（如可调节温度、湿度的仓库，可人为地控制试验的速度）和非可控制型。

一种典型的外界环境条件为温度23℃，相对湿度（RH）50%。加速试验的条件则为温度35℃，相对湿度（RH）80%；也可以不改变产品储存环境条件，有目的地引进已知数量及其影响的关键介质，促使产品变质过程加快。

3. 计算机模拟试验法

上述试验都需要一定的试验条件和较长的试验时间。计算机模拟试验则可以在实验室里很方便地研究产品的货架寿命。对典型的食品包装而言，先构造出产品的变质模型，并对模型中影响因素的变化情况进行分析，然后就包装材料的属性对上述影响因素的阻隔性能做分析，最后利用计算机根据上述模型进行运算并给出结论。改变储存条件的模拟试验可以用同样的方法进行。

以常见的食品为例，其变质现象有产品吸潮、变干、氧化、二氧化碳含量降低，失去香味、失去营养物质等。人们已经对这些现象进行了大量的研究，构造了许多模型来表征各种食品的变质过程，从而可以较为方便地使用计算机模拟试验来分析产品的货架寿命。

### （四）延长货架寿命的方法

1. 改进加工、包装和储藏方法

以食品包装为例。食品的变质主要是微生物造成的，为消灭或抑制变质诱因的微生物，可以使用诸如加热、灭菌、熏蒸及腌渍等物理或化学手段加以处理。

2. 正确选择和发展优良阻隔性能包装材料

不同产品的包装材料选择标准应有所不同。例如，生鲜食品需要维持呼吸，选用阻隔性较大的包装材料往往会使呼吸受阻，组织坏死。选择具有合适的水蒸气透过性能的微孔薄膜或防湿玻璃纸则较好。经过加工处理的食品，其组织不再存活，为防止干化、吸湿、氧化和腐败等，必须选用对氧气和水蒸气阻隔性高的材料。

3. 改善包装生产体系和流通管理

包装生产体系包括产品计量、充填、密封、再计量、检验和外包装等，各个环节必须有助于延长产品的货架寿命。例如，开发一种新的食品时，必须由食品设计与生产、包装设计与生产两方面的技术人员共同探讨能保证产品质量、延长货架寿命的产品及包装生产体系。

流通管理是指流通环节和各销售点的储存条件，如温度、湿度等因素条件的控制管理。

以上通过产品货架寿命理论的简单描述，说明了包装工程相关技术及理论在学科应用领域的作用。在专业学习中，需要用产品包装系统的思想，分层次地了解、熟悉和掌握这些知识，提出和解决实际的包装工程问题。

## 第三节　现代包装工程知识体系

目前，国内开办包装工程及相近专业的院校包括普通高等学校和高等职业学校，大体涵盖了从专科、本科、硕士研究生到博士研究生的各个层次，培养人数最多的是本科和高职层次。以下简述现代包装工程学科的知识体系。

## 一、包装工程知识的特征

包装件本身技术综合的复杂性及它在储运、销售中广泛的社会性，使得现代包装工程研究既有工程性又有社会性，因而它是一门工程技术－社会科学相结合的综合性科学。按许多学者的说法，除了工程基础知识，包装学科知识体系由两个分支构成，即包装自然科学和包装社会科学。

### （一）包装自然科学

所谓包装自然科学是研究实现包装功能的技术规律的科学。包括包装材料与结构、包装工艺与机械、运输包装理论与设计、包装测试技术、包装印刷技术、包装 CAD 等知识。这其中几乎每一类知识都是相对独立的学科内容面向包装件这一对象进行的重构和细化，其核心问题是实现包装的功能。

### （二）包装社会科学

所谓包装社会科学是研究发挥包装功能的社会规律的科学。包括包装造型与装潢设计、包装标准和法规、包装技术经济学、包装与环境和包装管理等知识。与包装自然科学的相关知识一样，包装社会科学知识也几乎都对应着相对独立的学科内容。

包装件通过一定技术方法形成的包装功能，是否能在商品流通、储运、消费的过程中有效地发挥作用，不仅是一个技术问题，也是一个社会问题。包装功能的发挥体现了包装的价值。无形的包装价值，特别是包装物本身的附加值，需要用政治经济学观点去研究，包装的使用价值则需要用商品学观点去探讨；包装件、包装产品本身及内装物都必须有科学的分类；包装件的流通、消费涉及消费者的喜好，国际贸易中则涉及各国各民族的文化、习俗、社会制度和环境保护要求。因此，为了使包装功能有效地发挥作用，必须研究包装产品的生产、流通与消费所涉及的社会科学领域。与其他工程学科不同，这形成了独特的包装社会科学特性。

## 二、现代包装工程知识体系

根据我国专业教育设置和规划，目前我国的包装工程教育涵盖了博士、硕士、本科和专科各个层次。其中，博士和硕士均在其他相关学科下分设。本书简述全日制本科和全日制专科的包装教育知识体系。

### （一）全日制包装工程本科专业

目前，国内开办包装工程本科专业的高校有近 70 所。各校优势专业和服务行业不同，包装工程专业的开办背景亦不同，大体有机械工程类、材料类、食品工程类和艺术设计类背景几大类，各校的专业培养方案各有特色、各有倚重。下面以国内某知名高校的机械工程类背景为例进行叙述。

该校培养方案明确的培养目的是：强调从包装工程专业基础理论、专业知识和工程实践三方面来系统培养学生的专业技能。经过学习，毕业生将成为适应现代包装科技发展需求的创新型、复合型高级工程技术人才；将具有丰富的专业知识、扎实的理论基础和较强的创新实践能力、终身学习能力、团队合作和领导能力、社会责任感及一定的创业意识；将能够胜任在包装及相关企业、科研机构、贸易、物流和商品检验等单位从事包装系统设计、包装产品制造、包装生产管理、包装质量检测、科学技术研究与应用等工作。从上述培养目的出发，按照工程教育认证标准，提出了毕业生的培养目标是：毕业生应能熟练掌握产品包装的技术开发技能，能够根据常见产品包装需求提出包装整体解决方案及改进措施；能够作为成员或者领导，在团队中独立承担某项专业领域的工作；能够有效进行合作与交流；有良好的修养和道德水准；在包装工程专业领域具有就业竞争力，或有能力进入研究生阶段学习，能够通过继续教育或其他学习途径拓展自己的知识和能力；有意愿、有能力服务地区、国家和社会。将这一培养目标分解为 12 个毕业要求，由相应的课程体系加以支撑，如图 2-4 所示。

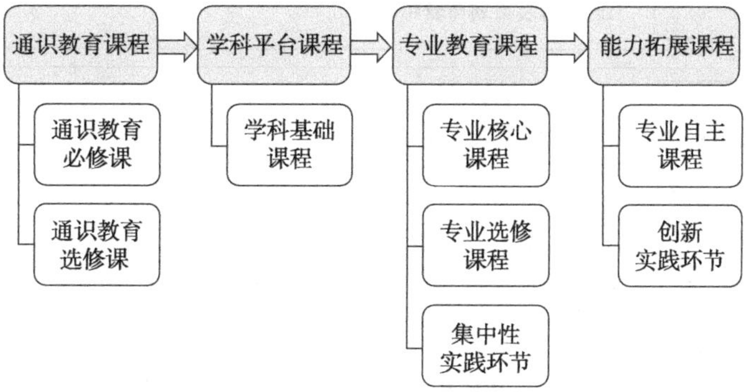


**图 2-4　某高校包装工程专业课程体系**

在图 2-4 中，通识教育课程工科类专业一致；学科平台课程与机械工程专业一致；包装工程专业核心课程确定为包装材料与结构Ⅰ（含纸、木、金属、复合和功能性包装材料及结构等）、包装材料与结构Ⅱ（含塑料、玻璃、陶瓷及辅助包装材料及结构等）、包装工艺与机械Ⅰ（即通用包装工艺及机械部分）、包装工艺与机械Ⅱ（即专用包装工艺及机械部分）、运输包装、包装应用力学和包装系统设计；能力拓展课程中的创新实践模块与全校一致；通识、学科平台、专业教育和能力拓展课程分别为 41、49.5、54.5 和 20 学分。

### （二）全日制高职高专

目前，国内开办包装相关专业的高职高专学校有近30所。由于培养的都是行业急需的高技能人才，高职院校的专业设置往往随需要而变化。现有院校开设的相关专业本科包装设计与技术和包装策划与设计两个专业。下面以国内某知名高职院校的包装策划与设计专业为例进行叙述。

该校培养方案明确的培养目标是：培养理想信念坚定，德、智、体、美、劳全面发展，具有一定的科学文化水平，良好的人文素养、职业道德和创新意识，精益求精的工匠精神，较强的就业能力和可持续发展的能力；掌握本专业知识和技术技能，面向包装、广告、食品、医药、化妆品、海关等行业的包装创意设计、包装策划与营销、包装策划与管理、包装材料与检测、包装业务与营销等职业群，能够从事包装策划、品牌营销、包装设计、包装管理、业务与营销、结构设计、造型与外观设计、包装检测、包装印刷及整饰等工作的复合式创新型高素质技术技能人才。其相应的课程体系如图2-5所示。

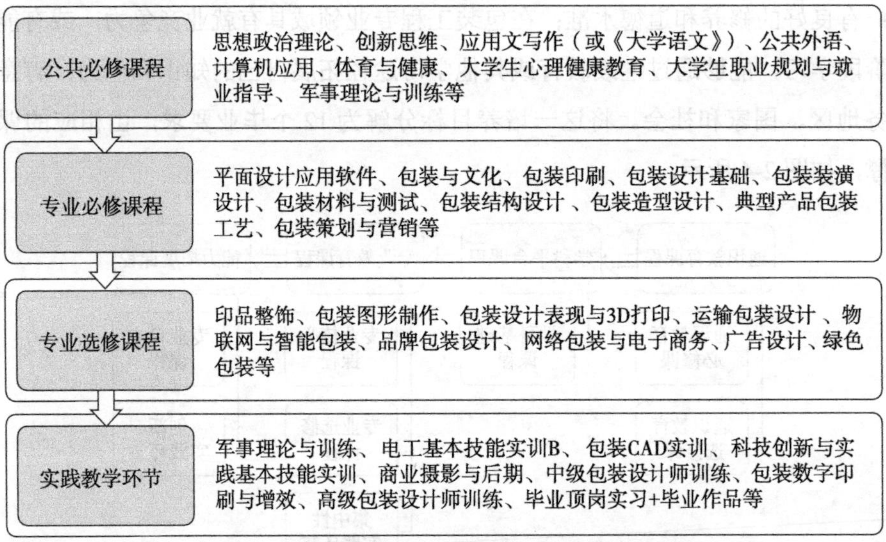


**图2-5　某高职院校包装策划与设计专业课程体系**

在图2-5中，各类课程的学分分别为33、38、21、16学分，突出了专业必修、专业选修和实训课程。

从上述两种专业课程设置方案可以看出包装工程专业的综合性、交叉性、应用性学科特点，这是读者在学习、认识包装工程专业时所必须注意的。

## 本章思考题

（1）你对包装知识体系中最感兴趣的知识点是什么？你希望研究哪种包装技术？

（2）学习了第一、第二章，初步谈谈你对自己未来的规划。

# 第3章 包装材料及其制品

包装材料用来制造满足内容物盛装、储运和防护等要求的包装容器及其他包装制品。针对不同的包装要求对包装材料进行合理选择、研究新型包装材料、设计符合要求的包装制品并进行结构创新等，是包装工程学科的重要内容，也是包装形式创新的重要内容。

## 第一节　包装材料的概念和分类

### 一、包装材料的定义与性能要求

包装材料是指用于包括包装容器在内的构成产品包装的材料总称。通常所说的包装材料既包括纸、金属、塑料，玻璃陶瓷、竹木等主要包装材料，还包括缓冲材料、涂料、黏合剂、装潢与印刷材料等辅助包装材料等。

为了实现包装的功能，包装材料根据使用要求，通常需具有以下性能。

（1）机械性能和机械加工性能：包括拉伸强度、抗压强度、耐撕裂强度、耐戳穿强度、硬度等；

（2）物理性能：包括耐热性或耐寒性、透气性或阻气性、对香气或其他气味的阻隔性、透光性或遮光性、对电磁辐射的稳定性或对电磁辐射的屏蔽性等；

（3）化学性能：包括耐化学药品性、耐腐蚀性及在特殊环境中的稳定性等；

（4）包装要求的其他特殊性能，如封合性、印刷适性等。

了解包装材料的性质，选择适当的包装用材，是设计合理包装，实现科学防护等包装功能的重要一环。开展包装材料的性能研究，是推动包装技术进步的基础。研发可食性、耐蒸煮等新型的包装材料，以满足现代包装的种种需求，已成为当前包装材料研究的热点。

值得关注的是，传统包装材料采用纳米技术改性后可具有高强度或高硬度、高韧性、高阻隔性、高降解性及高抗菌能力等性能。这种材料的使用，既可以节约资源，又有利于保护环境。因此，纳米包装材料的研发越来越受到人们的重视。

## 二、包装材料的分类

包装材料可以从不同的角度进行分类。按照包装材料的作用，可分为主要包装材料和辅助包装材料两大类。主要包装材料是指用来制造包装容器的本体或包装物结构主体的材料；辅助包装材料是指装潢材料、黏合剂、封闭物和包装辅助物、封缄材和捆扎材等材料。而在实践中，常常是按照原材料种类不同或材料功能不同进行分类。

### 1. 按原材料种类不同分

按照原材料种类不同，包装材料可分为以下几种。

（1）纸质材料：包括纸、纸板、瓦楞纸板、蜂窝纸板和纸浆模塑制品等；

（2）合成高分子材料：包括塑料、橡胶、黏合剂和涂料等；

（3）金属材料：包括钢铁、铝、锡和铅等；

（4）玻璃与陶瓷材料；

（5）木材；

（6）复合材料；

（7）纤维材料；

（8）其他材料。

按照原材料种类进行分类是包装行业普遍采用的方法。由于上述材料中第 1 ～ 4 类使用量最大，因而常常将纸、塑、金、玻称为四大包装材料。这些材料的性质及用途将在以后的章节中适当介绍。

### 2. 按包装材料的功能不同分

按照包装材料的功能不同，包装材料可以分为以下几种。

（1）阻隔性包装材料：包括气体阻隔型、湿气（水蒸气）阻隔型、香味阻隔型和光阻隔型等；

（2）耐热包装材料：包括微波炉用包装材料、耐蒸煮塑料材料等；

（3）选择渗透性包装材料：包括氧气选择渗透、二氧化碳气选择渗透、水蒸气选择渗透、挥发性气体选择渗透等功能；

（4）保鲜性包装材料：包括既有缓熟保鲜功能又有抑菌功能的材料等；

（5）导电性包装材料：包括抗静电包装材料、抗电磁波干扰包装材料等；

（6）分解性包装材料：包括生物分解型、光分解型、热分解型包装材料等；

（7）其他功能性包装材料。

近年来，随着产品包装要求的不断提高，人们对包装材料的功能要求也越来越高。除了上述一些功能外，根据学者对“功能”材料的定义，还包括防锈蚀包装材料、可食性包装材料、水溶性包装材料、环保性包装材料、绝缘性包装材料、阻燃性包装材料、无声性（静音性）包装材料；耐化学药品性包装材料、热敏性包装材料、吸水保水性包装材料、吸油性包装材料、抗菌防虫性包装材料、生物适应性包装材料等。

上述材料又称为功能性包装材料。它们的研究涉及多种学科，大多数属于高新技术开发的新材料领域，也代表了当前新型包装材料的发展方向。

## 第二节　纸包装材料及其制品

纸包装材料及其制品是指以造纸纤维为主要原料制成的包装用纸、纸板，纸包装容器及其他制品，统称为纸质包装。纸包装容器包括纸板箱、瓦楞纸箱、蜂窝状瓦楞纸板箱、蜂窝纸板箱、纸盒、纸袋、纸管和纸桶等，纸浆模塑餐盒和工业包装件、植物纤维托盘或底盘及纸质缓冲包装结构件等也属于纸质包装制品。

纸包装材料具有其他材料无法比拟的独特优点，具体体现在：原料充沛、价格低廉，易进行大批量生产；折叠性能优异，便于机械化生产或手工生产；纸包装容器具有一定的弹性，尤其是瓦楞纸箱；可以根据需要设计出不同的箱型，并且卫生、无毒、无污染；纸包装材料能吸收油墨和涂料，具有良好的印刷性能，字迹、图案清晰牢固；可以被回收利用，没有废弃物，不会造成环境污染。因此，纸制包装应用十分广泛，不仅用于百货、纺织、五金、电信器材、家用电器等商品的包装，还适用于食品、医药、军工产品等商品的包装。

### 一、包装用纸、纸板及其分类

纸和纸板是按定量（指单位面积的重量，以每平方米的克数表示）或厚度来区分的。一般地，定量 $<200g/m^2$ 或厚度 $<0.1$ mm 的统称为纸；定量 $>200g/m^2$ 或厚度 $>0.1mm$ 的称为纸板或叫卡纸（有些产品定量虽达 200~250g/m²，习惯上仍称为纸，如白卡纸、绘图纸等）。

用于包装的纸和纸板常称为包装用纸与纸板。包装用纸主要用作包装商品、制作纸袋和印刷装潢商标等，包装用纸板则主要用于生产纸箱、纸盒、纸桶等包装容器。

1. 纸

包装用纸一般有以下三类。

（1）包装用纸：包括牛皮纸、纸袋纸、包装纸、包裹纸等；

（2）特殊包装纸：包括邮封纸、鸡皮纸、羊皮纸、上蜡纸、透明纸、半透明纸、沥青纸、油纸、耐酸纸、抗碱纸、防水带胶纸、防锈纸等；

（3）包装装潢纸：包括书写纸、胶版纸、铜版纸、凸版纸、压花纸等。

2. 纸板

（1）普通纸板：包括箱板纸、黄板纸、白板纸、卡纸等；

（2）加工纸板：包括瓦楞纸板、蜂窝纸板等。

## 二、常用包装用纸与纸板

常用包装用纸有纸袋纸、牛皮纸、中性包装纸、食品包装纸、鸡皮纸、羊皮纸、玻璃纸、胶版纸、有光纸、防潮纸、防锈纸、瓦楞原纸等；包装用纸板主要有箱纸板、牛皮箱纸板、草纸板、单面白纸板、灰纸板、瓦楞纸板和蜂窝纸板等。

1. 纸袋纸

纸袋纸一般用本色硫酸盐针叶木浆为原料，长网多缸造纸机或圆网多缸造纸机抄造。常称作水泥袋纸，供水泥、化肥、农药等包装之用，如图 3-1 所示。

2. 牛皮纸

牛皮纸为硫酸盐针叶木浆纤维或掺一定比例纸浆制成。多用于包裹纺织品、用具及各种小商品。牛皮纸可分为单面牛皮纸、双面牛皮纸及条纹牛皮纸三种，双面牛皮纸又分压光和不压光两种。

牛皮纸表面涂树脂，强度特别高，表面光滑，纸面可以做透明花纹、条纹或磨光，表面适于印刷。未漂浆牛皮纸为浅棕色，即纸浆本色。如图 3-2 所示的牛皮纸袋表面光滑，具有一定的亮度。

3. 中性包装纸

中性包装纸用未漂 100％硫酸盐木浆或 100％硫酸盐竹浆制造。这种纸张不腐蚀金属，主要用于军工产品和其他专用产品的包装。中性包装纸分为包装纸与纸板两种。

图 3-1　化工原料纸袋

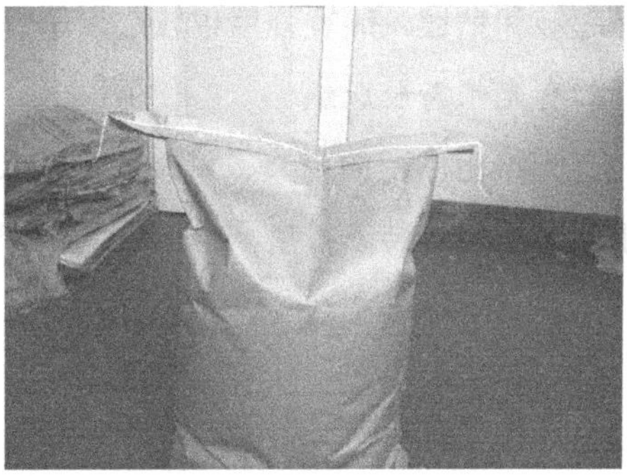

图 3-2　牛皮纸包装袋

4. 普通食品包装纸

普通食品包装纸是一种不经涂蜡加工可直接包装入口食品的包装纸。它是以 60% 漂白化学木浆和 40% 的漂白化学草浆为原料，加入 5% 填料，采用圆网造纸机制造而成的。

食品包装纸应符合 QB1014—1991 规定的卫生指标；不得采用回收废纸做原料，不得使用荧光增白剂等有害助剂，纸张纤维组织应均匀，纸面应平整，不许有褶子、皱纹、破损裂口等纸病。

5. 鸡皮纸

鸡皮纸又称白牛皮纸，是一种单面光泽度很高、强度较好的包装用纸，主要供工业品和食品包装用。以漂白硫酸盐木浆为主要原料，或掺用部分漂白草浆或白纸边废纸浆。其施胶度和耐折度较好，纸面光泽良好并有油腻感，纤维分布均匀。

6. 羊皮纸

羊皮纸又叫植物羊皮纸或硫酸纸，是一种半透明的高级包装纸，其工艺较为复杂，价格也稍高（图 3-3）。羊皮纸用 100% 未漂亚硫酸盐木浆抄制成原纸，再用一定浓度（72%）的硫酸浸渍 10 秒钟左右，经清水冲洗，再用甘油浸渍，使纸形固定，然后烘干而成。

羊皮纸具有高度的抗水和不透水、不透气、不透油等特性，且经硫酸处理，已无细菌，适宜于长期保存的油脂、茶叶及药品的包装用纸。防潮性能好，适用于包装精密仪器和机构零件。羊皮纸的色泽为金黄、橙色、红褐色、粉红、蓝色、土黄、浅黄、浅棕等；纸面上斑驳的色纹和轻微的透明感是自然形成的，具有较好的装饰效果。

7. 玻璃纸

玻璃纸又称透明纸，是一种透明度最高的高级包装用纸。用它包装产品，包装物清晰可见，常以开窗方式包装化妆品、药品、糖果、糕点及针织品。玻璃纸是用高级漂白硫酸盐木浆，并由较复杂的工艺制成。其质地柔软、厚薄均匀，具有伸缩性和不透气、不透油等阻隔性，还具有耐热、不易带静电等优良性能。但其缺点是吸湿性大、防潮性差、遇潮后易起皱和粘连。撕裂强度也较小，干燥后易脆，无热封性。

8. 有光纸与胶版纸

有光纸用漂白的苇浆、草浆、蔗渣浆、竹浆和废纸等原料制成，如图 3-4 所示，主要用于商品里层包装或衬垫，也可作为裱糊纸盒用纸。

图 3-3　羊皮纸

图 3-4　有光纸

胶版纸是专供印刷包装装潢、商标、标签和裱糊盒面的双面印刷纸。胶版纸纤维紧密、均匀、洁白，施胶度高、不脱粉，伸缩率小，抗张力、耐折度好，适用于多色套印。

9. 防潮纸

为减少纸的吸湿量，常采用油脂、蜡等对纸进行表面处理或采用沥青涂料进行涂布加工成石蜡纸、沥青纸、油纸等，统称为防潮纸。它主要用于食品内包装材料、武器弹药包装、卷烟包装、水果包装等。

10. 防锈纸

为了使包装金属制品不生锈，可以利用各种防锈剂对包装纸进行处理，一般是将防锈剂溶液涂布或浸涂在包装纸上，干燥后即成为防锈纸。防锈剂一般有挥发性。为延长其防锈时间，将涂有防锈剂的一面直接包装金属制品，而反面涂石蜡、硬脂酸铝或再用石蜡纸包装，如图 3-5 所示。

11. 瓦楞原纸

瓦楞原纸是一种低重量的薄纸板。瓦楞原纸与箱纸板贴合制造瓦楞纸板，再制成各类纸箱。按原料不同，可分为半化学木浆、草浆和废纸浆瓦楞原纸三种。它们在高温下，经机器滚压，成为波纹形的楞纸，与箱纸板黏合成单楞或双楞的纸板，可制作瓦楞纸箱、盒、衬垫和格架。图 3-6 为高强度瓦楞原纸在加工瓦楞纸板。

瓦楞原纸的纤维组织应均匀，厚薄一致，无突出纸面的硬块，纸质坚韧，具有一定的耐压、抗张、抗戳穿、耐折叠的性能。

图3-5　防锈纸袋

图3-6　高强度瓦楞原纸

（图片来源：浙江景兴纸业股份有限公司）

12. 箱纸板

箱纸板专门用于和瓦楞原纸裱合后制成瓦楞纸盒或瓦楞纸箱。供做日用百货等商品外包装和个别配套的小包装使用。箱纸板的颜色为原料本色，表面平整，适于印刷上油。

13. 牛皮箱纸板

牛皮箱纸板见图3-7，适用于制造外贸包装纸箱，内销高档商品包装纸箱及军需物品包装纸箱。在国外，牛皮箱纸板几乎全部用100％的硫酸盐木浆制造，国内是用40％～50％的硫酸盐木浆和50％～60％的废纸浆、废麻浆、半化学木浆抄制。

14. 草纸板

草纸板又称黄纸板、马粪纸。草纸板主要用于各式商品内外包装的纸盒或纸箱，也可用作精装书籍等的封面衬垫。其成本很低，用途极为广泛。草纸板是用稻草、麦草等草料经石灰法或烧碱法制浆后用多圆网、多烘缸生产线抄制得到（目前也使用混合废纸做原料）。这种纸板吸湿性很强，在使用时要严格控制含水量。

15. 单面白纸板

单面白纸板适用于经单面彩色印刷后制盒，供包装用。单面白纸板是一种白色挂面纸板，如图3-8所示，一般用化学热磨机械浆、脱墨废纸浆或混合废纸浆做底（里），用漂白化学木浆挂面，采用多圆网和长圆网混合纸扳机抄制而成。

16. 灰纸板

灰纸板又叫青灰纸板，如图3-9所示。青灰纸板的面浆，一般采用20%～50%漂白化学木浆，其余为漂白化学草浆和白纸边等，芯浆用混合废纸，底浆是废新闻纸脱墨浆。灰纸板的质量低于白纸板，主要用于各种商品的中小包装，即制纸板盒用纸板。

**图 3-7　牛皮箱纸板**

（图片来源：浙江景兴纸业股份有限公司）

**图 3-8　单面灰底涂布白纸板**

（图片来源：金捷纸业股份有限公司）

**图 3-9　灰纸板**

（图片来源：金捷纸业股份有限公司）

17. 瓦楞纸板

瓦楞纸板由瓦楞原纸加工而成，是二次加工纸板。先将瓦楞原纸压成瓦楞状，再用黏合剂将两面粘上纸板，使纸板中间呈空心结构。瓦楞的波纹就像一个个拱形门，如图 3-10 所示，相互支撑，形成三角形空腔结构，能够承受一定的平面压力，且富有弹性、缓冲性能好，能起到防振和保护商品的作用。

按结构分，常用的瓦楞纸板分为 5 种。

（1）两层瓦楞纸板：用一层箱纸板（面纸）与瓦楞芯纸黏合而成，一般用于制作包装衬垫。又叫单面瓦楞纸板。

（2）三层瓦楞纸板：用两层箱纸板（面纸和里纸）与一层瓦楞芯纸黏合而成，常用于中包装或外包装用的小型纸箱。又称双面瓦楞纸板或单瓦楞纸板。

（3）五层瓦楞纸板：用三层箱纸板（面、里及芯纸）和两层瓦楞芯纸黏合而成，一般用于运输包装纸箱。又称为复双面瓦楞纸板或双面双瓦楞纸板。

（4）七层瓦楞纸板：用四层箱纸板（面、里及两层芯纸）和三层瓦楞芯纸黏合而成，用于大型或负载特重的运输包装用纸箱。又叫双面三瓦楞纸板。图 3-11 所示即为七层瓦楞纸板。

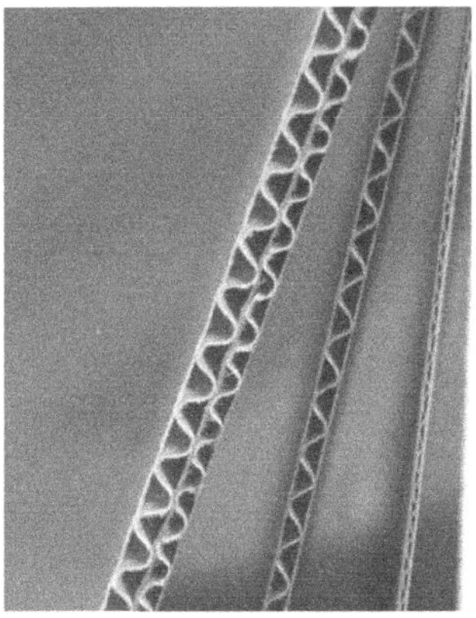

图 3-10 瓦楞纸板

图 3-11 瓦楞纸板的楞型与层数比较

（5）其他瓦楞纸板：包括 X-PLY 型（瓦楞方向交错排列）、双拱形瓦楞纸板（一次成型高低不一的两层瓦楞）等。但由于制造工艺、批量和成本问题，应用都不多。

瓦楞纸板的规格还与瓦楞规格有关。目前，世界各国的瓦楞规格主要有 A、B、C、E 四种，生产瓦楞纸箱（盒）用的以 A、B、C 型居多。其楞型大小排列为 A、C、B、E。瓦楞的楞型由楞高和单位长度内的瓦楞数确定。一般瓦楞越大，则瓦楞纸板越厚，强度越高。最近国内外瓦楞行业又发展了特大瓦楞（称为 K 型瓦楞）和微瓦楞（F 型、G 型、H 型及 O 型瓦楞，其楞高越来越小，一般用作包装内托）等，以适应不同需要。

18. 蜂窝纸板

蜂窝结构材料是人类仿效自然界蜜蜂筑建的六角形蜂巢的原理研究出来的。最早应用于军事和航空业的铝蜂窝板材，“二战”以后转向民用，生产出纸蜂窝结构材料。

普通蜂窝纸板是一种由上下两层面纸、中间夹六边形的纸蜂窝芯、黏结而成的轻质复合纸板，如图 3-12 所示。

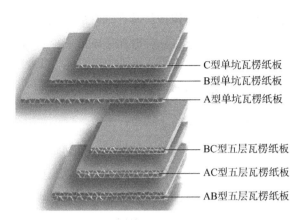

图 3-12 蜂窝纸板

蜂窝纸板特殊的结构使其具有独特的性能。

（1）其材料消耗少，比强度和比刚度高，重量轻；

（2）有良好的平面抗压性能；

（3）有较好的隔振、隔音功能；

（4）其强度、刚度易于调节；

（5）由于易于进行特殊工艺处理，可获得独特的性能；

（6）蜂窝纸板制品出口无须熏蒸，可以免检疫；

（7）属于环保产品，不污染环境。

然而，作为包装材料，蜂窝纸板也有许多不足之处。

（1）由于其特殊的内部结构，包装件的加工、成型及成型机械化都比较困难；

（2）蜂窝纸板的制造工艺较为复杂，成本高；

（3）一般蜂窝纸板的面纸只有一层，故其耐戳穿性较低；

（4）蜂窝板的缓冲性能劣于发泡聚苯乙烯材料（EPS），因而在直接取代EPS用作缓冲材料时，其效果不理想；

（5）蜂窝纸板虽然也可以用作衬垫充填物，但不能任意造型，故使用有一定的局限性。

蜂窝纸板可用来制作多种用途的包装制品，如缓冲衬垫、纸托盘、蜂窝复合托盘、角撑与护棱、蜂窝纸箱等，还可制成其他缓冲构件，如运输包装件或托盘包装单元的垫层、夹层、挡板及直接成型的缓冲结构件等。

## 三、常见纸质包装制品

纸质包装制品又称纸包装制品，包括纸盒、纸箱、纸筒、纸袋、纸浆模塑制品和纸托盘等。

### （一）纸盒

按纸盒成型后能否折叠成平板状储运，可分为折叠纸盒和固定纸盒。从造型上看，常规纸盒通常是指长（正）方体状的纸盒，其他造型的纸盒称为异形盒。

#### 1. 折叠纸盒

把较薄（通常是0.3～1mm）的纸板经裁切和模切加工后，主要以折叠组合方式成型的纸盒。按照折叠成型的不同特点，可分为管式、盘式、管盘式、非管非盘式几种。

图3-13为管式折叠纸盒，管式盒的展开图及其盒体成型后的形状如图3-14所示。图3-15为盘式折叠纸盒实例，盘式盒的展开图及其盒体成型后的情形如图3-16所示。

图 3-13　管式折叠纸盒

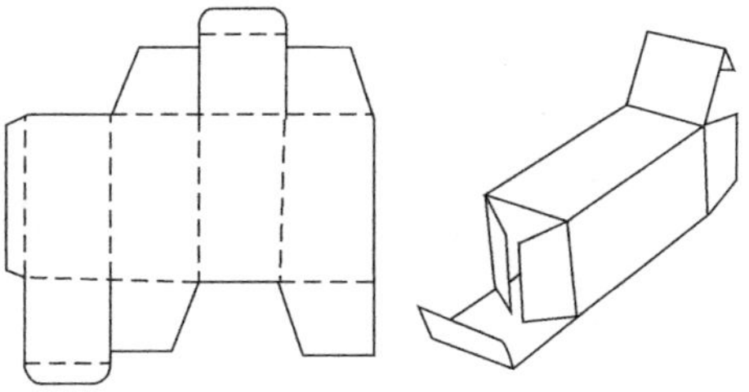

图 3-14　管式盒平面展开图

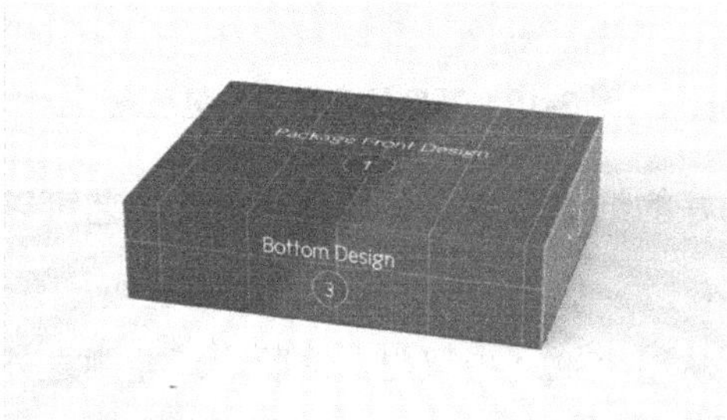


图 3-15　盘式折叠纸盒

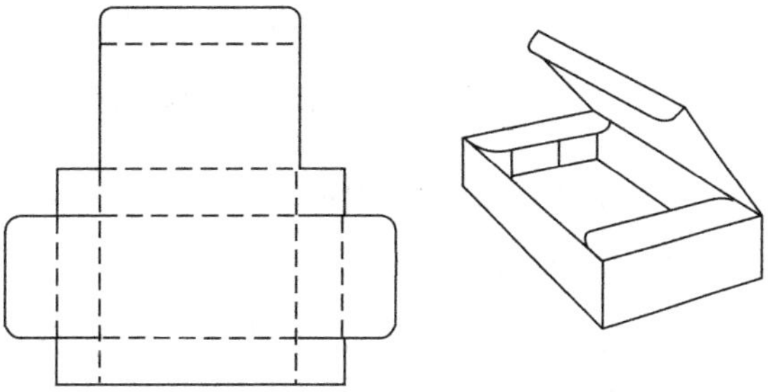

图 3-16　盘式盒平面展开图

折叠纸盒生产成本低，流通费用低，生产效率高，结构变化多，适于中、大批量及机械化生产，所以应用相当广泛。但是折叠纸盒的强度较低，一般只适宜包装 1 ～ 2.5kg 以下的商品，其外观及质地也不够高雅。这些已成为制约其发展的因素。

目前，关于折叠纸盒功能结构的创新、强度分析及异形盒的开发等方面的研究是业内关注的热点。

图 3-17 所示的食品包装盒为一种新颖的折叠纸盒。除了设计有使用方便的倒出口外，其后板是带有撕裂线的印有烹调方法的纸板，可以撕下以便保存；其侧面设计有方便计量的窗口；前面为开窗结构，可以较好地展示内装物。

图 3-18 所示的儿童食品包装盒，是在研究城堡结构的基础上构思而成的。把三个小盒组合成一个城堡的造型，通过小盒和附件的不同组合还可以构建不同形式的城堡，兼有玩具的功能。上述都是折叠纸盒创新设计的例子。在包装的创新设计中，包装造型结构的创新尤为重要，需要认真研究并掌握纸盒的结构特点及其构造方法，才能提出新颖的设计方案。

普通折叠纸盒的生产工序一般包括以下几点。

（1）开切（亦称开料）：即将原材料按盒坯的大小和尺寸裁切成一定大小的纸坯。

（2）印刷：将纸盒表面的装潢图文通过印刷工艺呈现出来。

（3）表面加工：纸板印刷后，一般都要在印刷后或冲切后再进行一次表面加工，以提高其表面的耐摩擦性、耐油性、耐水性和装饰性。

图 3-17　新颖的食品包装盒

图 3-18　新颖的儿童食品包装盒

（4）模切：模切是由模切版直接把开切、印刷好的纸坯切成盒坯。使用模切工艺可以轧切普通切纸机无法裁切的圆弧或更加复杂的形状。

（5）落料：模切之后，应把盒坯（也称纸芯）从整个纸坯中取出，清除盒坯轮廓之外的废纸边料及中间的所有废料。

（6）成盒：将盒坯折叠、黏结或钉合成盒。

2. 粘贴纸盒

用贴面材料将基材纸板粘贴、裱合而成的纸盒，如图 3-19 所示。粘贴纸盒又称为固定纸盒、手工纸盒或精裱盒。

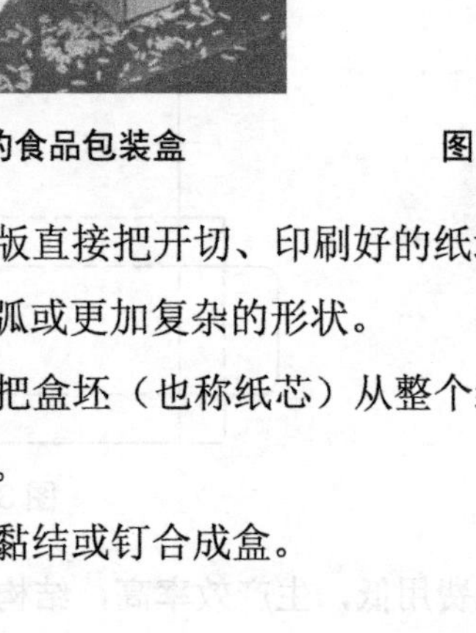

图 3-19　粘贴纸盒

粘贴纸盒的原材料有基材和贴面材料两类。基材主要是非耐折纸板（如草板纸等），贴面材料又有内衬和贴面两种。

粘贴纸盒可选择多种贴面材料，用途广泛；刚性较好，抗冲击能力强；堆码强度高；小批量生产时，设备投资少，经济性好；具有良好的展示、促销功能。它的缺点是不适宜机械化生产，因而也不适于大批量生产；不能折叠堆码，因而流通成本高（仓储运输占空间大）。

粘贴纸盒一般采用手工生产，不过，近年来市场上已经有一些自动化糊盒设备。

### （二）纸箱

#### 1. 瓦楞纸箱

瓦楞纸箱是运输包装中最重要、应用最广泛的包装容器，其主要箱型已形成标准。现行的标准是由欧洲瓦楞纸箱制造商联合会和瑞士纸板协会（FEFCO/ASSCO）制定、国际瓦楞纸箱协会（ICCA）推荐的国际箱型。其箱型代号由两部分组成，前两位表示纸箱类型，后两位是箱型序号，表示同一类箱型中的不同结构形式，如 0201 型纸箱表示是 02 类纸箱中的第一种结构形式。

（1）02 型——开槽型纸箱（图 3-20）。

这种箱型最为常用。特点是：一页成型；无独立分离的上下摇盖，接头由生产厂家通过钉合、黏合或胶纸黏合，运输时呈平板状。

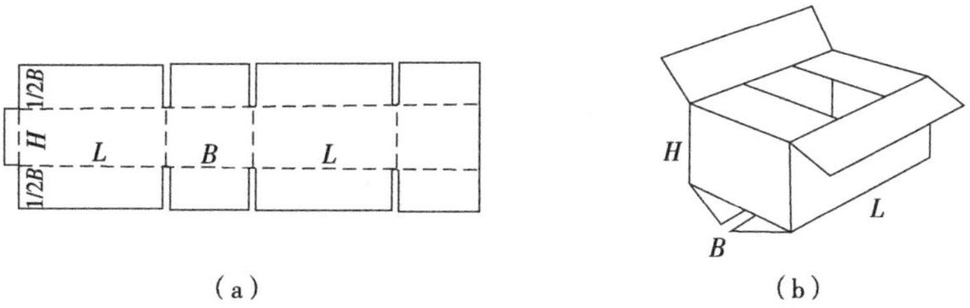


**图 3-20　开槽型纸箱**

（2）03 型——套合型纸箱（图 3-21）。

即罩盖型。由箱体、箱盖两个独立的部分组成。正放时箱盖或箱底可以全部或部分盖住箱体。

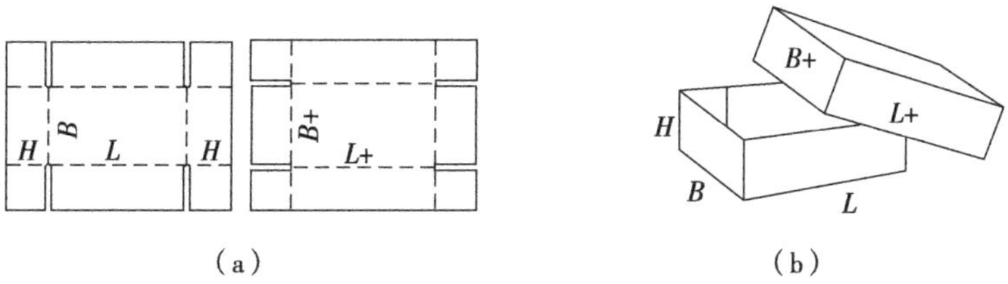


**图 3-21　套合型纸箱**

（3）04 型——折叠型纸箱（类似折叠纸盒结构，图 3-22）。

一般为一页纸板组成，无须钉合或黏合，部分箱型还需黏合，只要折叠即可成型，还可以设计锁口、提手、展示牌等。

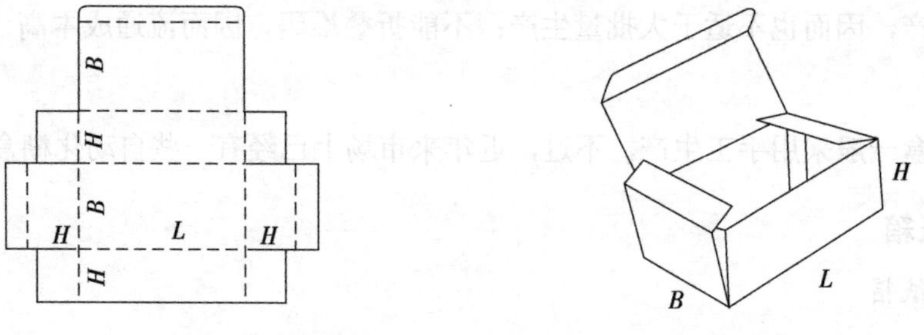


（a）　　（b）

图 3-22　折叠型纸箱

（4）05 型——滑盖型纸箱（图 3-23）。

由数个内装箱或框架及外箱组成，内箱与外箱以相对方向运动套入（类似抽屉），其部分箱型还可以作为其他类型纸箱的外箱。

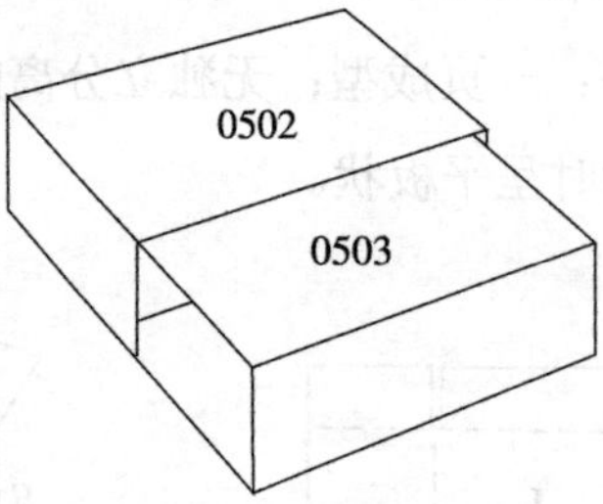


图 3-23　滑盖型纸箱

（5）06 型——固定型纸箱（图 3-24）。

由两个分离的端面和连接这两个端面的箱体组成，使用前用钉合、黏合或胶带纸黏合将端面和箱体连接起来。俗称 Bliss 箱。

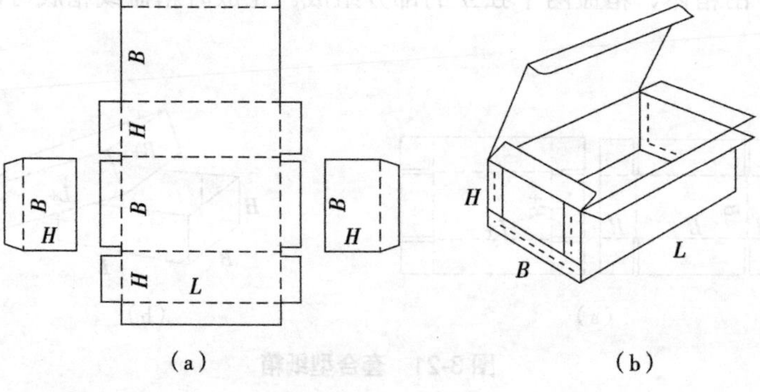


（a）　　（b）

图 3-24　固定型纸箱

（6）07 型——自动型纸箱（图 3-25）。

用一页纸板成型，采用局部黏合。运输时呈平板状。使用时只要打开箱体即可自动固定成型。其结构与管式、盘式折叠纸盒中的自动折叠纸盒相同。

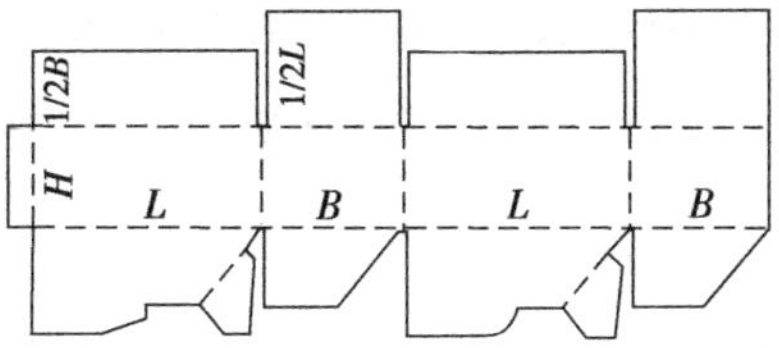

(a)

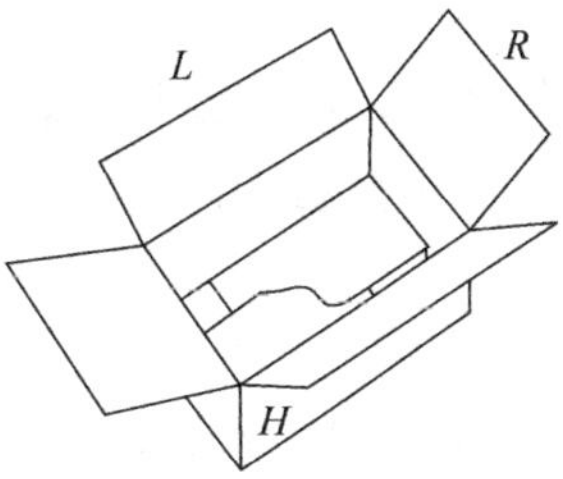

(b)

**图3-25 自动型纸箱**

(7) 09型——内衬件(又叫附件,图3-26)。

09型内衬件又包括以下几类。

① 平板型:将内装物分隔为两部分,有上下、左右、前后三种形式(序号为00-03);

② 平套型:起加强作用,增加抗压强度(序号为04-10);

③ 直套型:起分隔、加强作用(序号为13-29);

④ 隔板型:分隔内装物(序号为30-35);

⑤ 填充型:填充纸箱上端空间,避免内装物跳动(序号为40-67);

⑥ 角型:填充纸箱上四角以固定内装物(序号为70-76)。

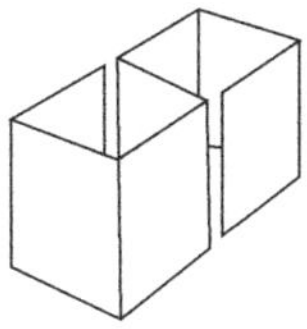
0921
(a)

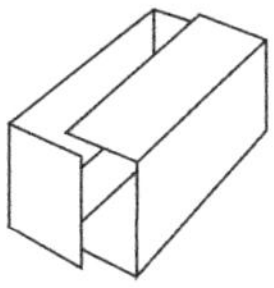
0929
(b)

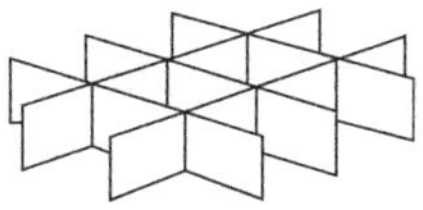
0933
(c)

**图3-26 内衬件(纸箱附件)**

国家标准GB6543/T—2008参考国际箱型规定了我国瓦楞纸箱的基本箱型,这一标准中只包括以上02型、03型、04型、09型四类。

组合型纸箱是基本箱型的组合,即由两种或两种以上的基本箱型组成,用多组四位数字或代号表示。例如:瓦楞纸箱上摇盖用0204型,下摇盖用0215型时,表示为上摇盖/下摇盖,即0204/0215。

自20世纪80年代后期以来,为了适应商品市场的需求,很多具有时代特点、结构新颖的非标准瓦楞纸箱不断涌现。其中包括包卷式纸箱、分离式纸箱、三角柱型纸箱、大型纸箱等。

从本质上讲,瓦楞纸箱的设计、模切版制作工序虽然与普通纸盒基本相同,但其制作过程却有自己的特点,表现在印刷开槽和制箱工艺上。

2. 蜂窝纸箱

利用蜂窝纸板制作的蜂窝纸箱（图3-27），因具有纸板厚度易于控制、平压强度和抗弯强度都很高等特点，故在某些包装领域，可替代木箱、重型瓦楞纸箱等来包装产品，以求节约资源，如用于包装自行车、摩托车、电冰箱、大屏幕电视机及大型空调器等。

（三）纸罐、纸桶、纸杯

以包装纸为主要材料制成圆筒状并配有纸盖或其他材质的底盖，这种容器统称为“纸罐”（图3-28）。较大的纸罐也称纸桶。由于纸罐（桶）重量轻、不生锈、价格便宜，常被用来代替马口铁罐做粉状、晶粒状物体和糕点、干果等物品的销售包装；在纸罐（桶）内壁涂覆防水材料后也可用作液体物料的包装。无底无盖的纸管主要用于印染、纺织、造纸、塑料、化工等行业，作为带状材料的卷轴等。

纸杯一般为盛装冷饮的小型容器，如图3-29所示。通常口大底小，可一只只套叠起来，以便储运和取用。制作纸杯的纸板通常要用石蜡进行表面涂布或进行浸蜡处理。

图3-27　蜂窝纸箱

图3-28　纸罐

图3-29　纸杯

（四）纸袋

纸袋是纸质包装容器中使用量仅次于瓦楞纸箱的一大类纸制包装容器，用途甚广，种类繁多。根据纸袋形状可将其分为信封式、方底式、携带式、M形折式、阀式等，见图3-30～图3-34。

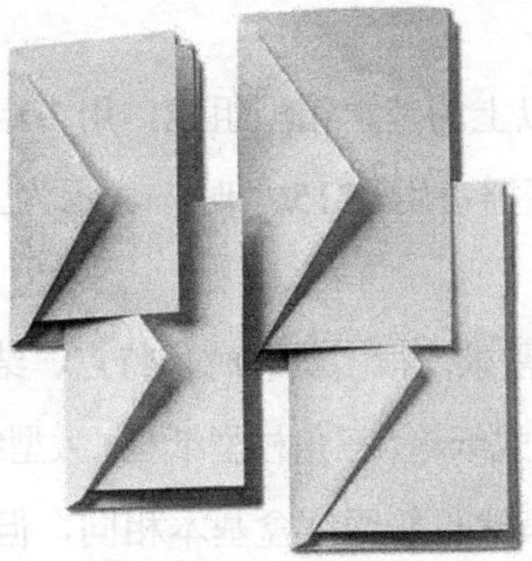
图3-30　信封式纸袋

图3-31　方底式纸袋

图3-32　携带式纸袋

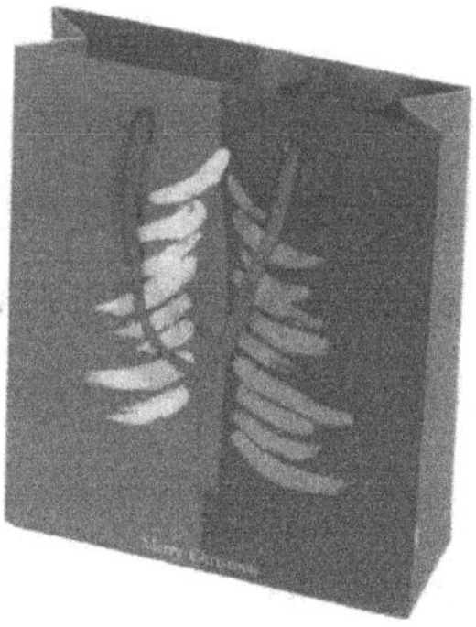

图3-33　M形折式纸袋

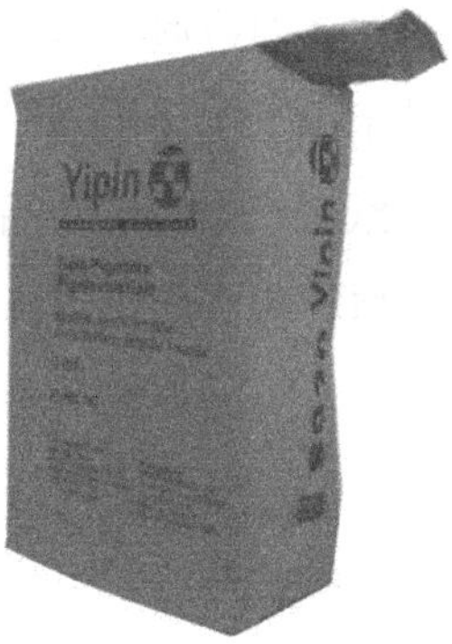


图3-34　阀式纸袋

### （五）纸浆模塑制品

“纸浆模塑”，是以纸浆为原料，用带滤网的立体模具，在一定压力（负压或正压）、时间等条件下，使纸浆脱水、纤维成型而生产出所需产品的加工方法。与造纸的原理基本相同，因而又有人称它为“立体造纸”。

与其他纸质包装制品一样，纸浆模塑制品也是一种环保包装产品，近年来在包装中的应用已越来越广泛。

1. 纸浆模塑制品的应用领域

（1）电器产品包装内衬（图3-35）；

（2）食（药）品包装（图3-36）；

（3）种植育苗；

（4）医用器具；

（5）易碎品隔离；

（6）军品专用包装；

（7）其他（一次性卫生用品、模特等）。

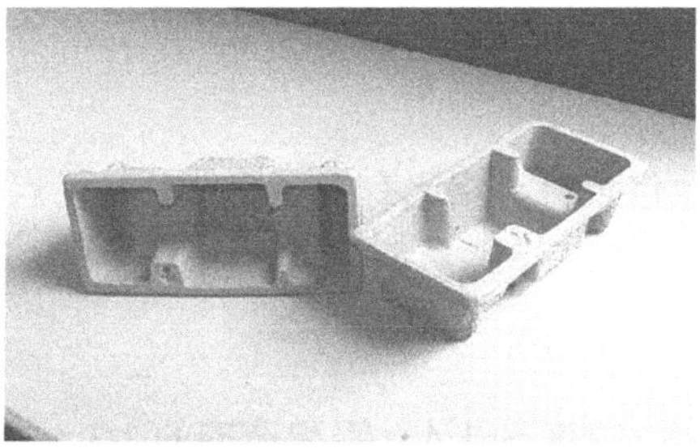

图3-35　纸浆模塑电器产品包装衬垫

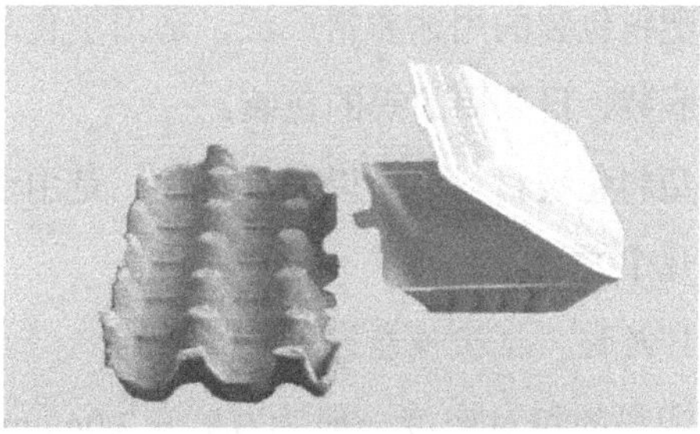

图3-36　纸浆模塑蛋托和餐盒

2. 纸浆模塑技术及其制品的特点

纸浆模塑包装技术是近十几年来才发展起来的。它具有以下优点。

（1）选材广泛。纸浆模塑包装制品多数以废旧纸品、天然植物（秸秆、芦苇、竹子、甘蔗、植物果壳）为原材料制成，资源广泛，可节省大量天然木材，降低生产成本。

（2）制品可通过模具实现各种不同的造型，从而使造型单调的纸包装得以丰富、改善，提高市场适应能力。

（3）制品质轻、防护性能好，可作为缓冲、防振内衬。

（4）通过添加各种助剂，可以制成耐水、耐热、耐油的包装容器。

（5）纸浆模塑制品可回收利用，重复进行生产。包装废弃物可自行降解、掩埋或焚烧，无有害气体产生。

但纸浆模塑制品也存在明显的缺点，制品受潮后会很快变形，强度也随之下降，采用废纸时，制品外观颜色明度低，略显灰、黄色。表面也较粗糙，一般不适合包装中高档产品。采用原浆板原料，并运用模内干燥、特种浆内浆外助剂及特殊模具等，可以制造外观精致、形状别致的纸浆模塑制品并应用于高档产品的包装。这是近几年纸浆模塑行业发展的重要方向之一。

此外，纸包装制品中还有纸托盘、纸板展示架、纸板缓冲结构件等，本书不做叙述。

## 第三节　塑料包装材料及其制品

塑料包装是指各种以塑料为原料制成的包装的总称。

塑料包装包括塑料瓶、软管、盘、盒、桶、周转箱，钙塑瓦楞箱，塑料薄膜袋，复合塑料薄膜袋，塑料编织袋及泡沫塑料缓冲包装等。

塑料包装的用途非常广泛，适用于食品、医药品、纺织品、五金交电产品以及各种器材、服装、日杂用品等的包装。

塑料包装材料之所以发展迅速，是由于与其他包装材料相比有很多优点。其优点包括以下几个方面。

1. 质轻、机械性能好

塑料的相对密度一般为 0.9 ～ 2.0g/cm$^3$，是钢的 1/8 ～ 1/4，铝和玻璃的 1/3 ～ 2/3。按材料单位重量计算的强度比较高。制成同样容积的包装，使用塑料材料将比使用玻璃、金属材料轻得多。

塑料包装材料的某些强度指标虽然较金属、玻璃等包装材料差一些，但比纸材高得多；而且塑料抗冲击性优于玻璃；制成泡沫塑料具有较好的缓冲性能。

2. 适宜的阻隔性与渗透性

塑料材料大都有良好的阻隔性，可用于阻气包装、防潮包装、防水包装、保香包装等。

3. 化学稳定性好

塑料对一般的酸、碱、盐等介质均有良好的耐受能力，可以抵抗来自被包装物的酸性成分、油脂等和包装外部环境的水、氧气、二氧化碳及各种化学介质的腐蚀，这一点较金属有很强的优势。

4. 光学性能优良

许多塑料包装材料都具有良好的透明性，制成包装容器可以清楚地看清内装物，起到良好的展示、促销效果。

5. 卫生性良好

纯的聚合物树脂几乎没有毒性，可以安全地用于食品包装。对于某些含有有毒单体的塑料（如聚氯乙烯的单体氯乙烯等），若在树脂聚合过程中尽量将单体控制在一定数量之下，也可以保证其卫生性。

6. 良好的加工性能和装饰性

塑料包装制品可以用挤出、注射、吸塑等方法成型，可以制成各种形式的包装容器或包装薄膜；大部分塑料材料还易于着色或印刷，可以满足包装装潢的需要。塑料薄膜可以很方便地在高速自动包装机上自动成型、灌装、热封，生产效率高。

塑料材料也有许多缺点，如强度和硬度不如金属材料高，耐热性和耐寒性比较差，材料容易老化，某些塑料难以回收，包装废弃物易造成环境污染等。这些缺点使得它们的使用范围受到一定限制。

## 一、塑料的组成

塑料是以合成的或天然的高分子化合物如合成树脂、天然树脂等为主要成分，在一定温度和压力下加工成型，并在常温下保持其形状不变的材料。

塑料中的主要成分包括以下几种。

（1）合成树脂。由人工合成的高分子化合物称为合成树脂，又称高聚物或聚合物。它是塑料的主要成分。塑料的性质主要取决于所采用的合成树脂。

（2）增塑剂。为改进塑料成型加工时的流动性和增进制品的柔顺性而加入的一类物质叫增塑剂。常用的增塑剂有邻苯二甲酸二辛酯、邻苯二甲酸二丁酯等。其用量一般在40%以下。

（3）稳定剂。凡能阻缓材料老化变质的物质即称为稳定剂，又叫防老化剂。它能阻止或抑制聚合物在成型加工或使用中因受热、光、氧、微生物等因素的影响所引起的破坏作用，可分为热稳定剂、光稳定剂及抗氧化剂等。其用量一般低于2%，有时可达到5%以上。

（4）填充剂。能改善塑料的某些性能的惰性物质称为填充剂，亦称填料。它一般都是粉末状的物质，如碳酸钙、硅酸盐、黏土、滑石粉、木粉、金属粉等。塑料中加入填充剂，能改善其成型加工性能，降低成本。填充剂的用量一般在40%以下。

（5）增强剂。为了提高塑料制品的机械强度而加入的纤维类材料称为增强剂。最常用的增强剂有玻璃纤维、石棉纤维、合成纤维和麻纤维等。

（6）着色剂。能使塑料具有色彩或特殊光学性能的物质称为着色剂。它不仅能使制品鲜艳、美观，有时也能改善塑料的耐候性。常用的着色剂是无机颜料、有机颜料和染料。

（7）润滑剂。为改进塑料熔体的流动性及制品表面的光洁度而加入的物质叫润滑剂。常用的润滑剂有脂肪酸皂类、脂肪酯类、脂肪醇类、石蜡、低分子量聚乙烯等。其用量一般低于1%。

## 二、塑料的分类及应用

塑料的分类方法很多，按其受热加工时的性能特点，可分为热塑性塑料和热固性塑料两大类。

热塑性塑料加热时可以塑制成型，冷却后固化保持其形状。这种过程能反复进行，即可反复塑制。热塑性塑料的主要品种有：聚乙烯、聚丙烯、聚苯乙烯、聚氯乙烯、聚酰胺、聚酯等。

热固性塑料加热时可塑制成一定形状，一旦定型后即成为最终产品，再次加热时也不会软化，温度升高则会引起它的分解破坏，即不能反复塑制。热固性塑料的主要品种有：酚醛塑料、脲醛塑料、蜜胺塑料等。

### （一）常见包装用热塑性塑料

#### 1. 聚乙烯（PE）

聚乙烯是乙烯的高分子聚合物的总称。它是产量最大、用量最大的塑料包装材料。

聚乙烯透湿率低，具有良好的防潮性，且化学性质稳定，能耐水、酸碱水溶液和60℃以下的大多数溶剂。聚乙烯具有较好的耐寒性、较好的耐辐射和电绝缘性。

它的主要缺点是：气密性不良、强度较低、耐热性较差；不耐浓硫酸、浓硝酸及其他氧化剂的侵蚀；耐环境应力开裂性较差，且容易受光、热和氧的作用而引起降解。

聚乙烯属非极性塑料，所以在印刷或黏结前必须经化学处理、火焰处理或电晕处理，以提高其黏结性和对油墨的亲和性。它主要用来制造各种包装薄膜、容器和泡沫缓冲材料等。

一些水果的裹包物就是用聚乙烯材料制成的；还有大部分瓶装化妆品包装均采用聚乙烯材料；也可做成塑料气泡膜（或气珠膜，如图 3-37 所示），再制造加工各种规格成型包装袋、包装片适合于各种电子仪器、计算机、玻璃制品、家电、卫生洁具、灭火器、电信器材和各种机器、汽车、摩托车配件的包装，以及各种易碎物品的保护、防振。

2. 聚丙烯（PP）

聚丙烯是丙烯的高分子聚合物。它的外观似聚乙烯，但比聚乙烯透明轻快，是通用塑料中最轻的一种。

聚丙烯具有较好的防潮性、抗水性和防止异味透过性。抗张强度和硬度均优于聚乙烯，可在 100 ～ 120℃长期使用。聚丙烯具有极好的耐弯曲疲劳强度，常用作各种容器盖子上的铰链，如图 3-38 所示。

聚丙烯塑料的主要缺点是耐寒性、耐老化性差，气密性不良，不适宜在低温下使用。易受光、氧的影响使其性能变差。

聚丙烯属非极性材料，所以在印刷或黏结前也必须经过表面处理。它广泛用于制作食品、化工产品、化妆品等的包装容器，如周转箱、瓶子、编织袋及包装用薄膜、打包带和泡沫缓冲材料等。聚丙烯用途广泛，如图 3-39 所示即为聚丙烯产品。双向拉伸聚丙烯薄膜（BOPP）是广泛应用的包装薄膜，用于食品包装、日用品包装和香烟包装。

图 3-37　塑料气泡膜

图 3-38　PP 铰链盖

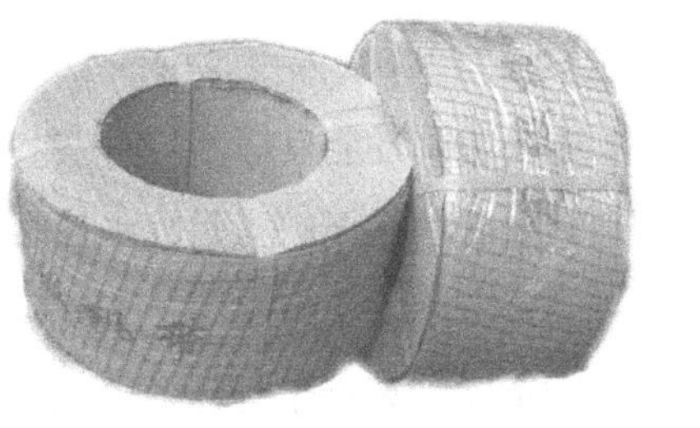
图 3-39　PP 捆扎带

3. 聚苯乙烯（PS）

聚苯乙烯是苯乙烯单体的高分子聚合物。它是一种无色透明、类似于玻璃状的材料，无味无毒。

聚苯乙烯具有优良的透明度和光泽度，纯净美观，着色性和印刷性好，可制作各种色彩鲜艳的制品。吸水率低，具有较好的尺寸稳定性，刚挺而无延展性。

它的主要缺点是：耐冲击强度低、表面硬度小，易出现划痕磨毛；防潮性、耐热性较差。易受烃类、酮类、高级脂肪酸及苯烃等的作用而软化甚至溶解，且耐油性不好。

聚苯乙烯膜透气性能良好，广泛用于制作食品、医药品及日用品等小型包装容器，如盒、杯和食品包装用薄膜等，目前市场上的一次性快餐盒大多是由聚苯乙烯原料加上发泡剂加热发泡而成。此外，聚苯乙烯是制作泡沫塑料缓冲材料的主要原料。

4. 聚氯乙烯（PVC）

聚氯乙烯是产量仅次于聚乙烯的塑料品种，也是价格最便宜的塑料品种之一。聚氯乙烯塑料的透明度高，属于极性高分子聚合物。

聚氯乙烯塑料具有优良的机械强度和耐磨、耐压性能，防潮性、抗水性和气密性良好，可以热封合，并具有优良的印刷性能和难燃性。能耐强酸、强碱和非极性溶剂。

聚氯乙烯塑料的主要缺点是耐热性差，在85℃时会析出氯化氢，引起降解，使性能变差。容易受极性有机溶剂的侵蚀。单体氯乙烯的析出具有一定的毒性，因此，目前在食品包装领域已限制使用聚氯乙烯薄膜。

聚氯乙烯的价格便宜，用途广泛。多用作制造硬质包装容器、透明片材和软质包装薄膜、泡沫塑料缓冲材料。聚氯乙烯膜多以单膜使用，主要采用压延法生产，也可采用吹塑法或T膜挤出法生产。它主要用于纺织品、服装等物品的包装。

5. 聚酰胺（PA）

聚酰胺的商品名称是尼龙（NYLON），其品种很多。它们大都是坚韧、不甚透明的角质材料，无味无毒。

聚酰胺的熔点高，能耐油、耐一般溶剂，机械性能优异。具有较高的耐弯曲疲劳强度。可在 -40 ～ 100℃温度范围使用。尼龙的气密性较聚乙烯、聚丙烯好，能耐碱和稀酸，不带静电，印刷性能良好。

聚酰胺的主要缺点是吸水性强，透湿率大，在高温情况下尺寸稳定性差，吸水后使气密性急剧下降，不耐甲酸、苯酚和醇类，浓碱对其也有侵蚀作用。

聚酰胺主要用于食品的软包装，特别适用于油腻性食品的包装。尼龙容器也常用于化学试剂等的包装。

6. 聚偏二氯乙烯（PVDC）

聚偏二氯乙烯是偏二氯乙烯与氯乙烯的共聚物，是一种略带有浅棕色的强韧材料。

聚偏二氯乙烯的结晶性强，对水蒸气、气体的透过率极低，是很好的阻隔材料。机械强度较好，能耐强酸、强碱和有机溶剂，耐油性优良，有自粘性，难以燃烧，具有自燃性。

它的缺点是耐老化性差，容易受紫外线的影响，易分解出氯化氢，其单体也有毒性。

聚偏二氯乙烯价格较贵，所以使用时主要是发挥其气密性好的特性，用它和其他塑料材料制成复合薄膜。

7. 聚乙烯醇（PVA）

聚乙烯醇是由聚醋酸乙烯酯水解得到的。它具有良好的透明度和韧性，无味无毒；具有优良的气密性和保香性，是通用塑料中阻隔性最好的品种之一。聚乙烯醇的机械强度、耐应力开裂性、耐化学药品性和耐油性均较好，不带静电，印刷性能好，并具有热封合性。但吸水性大，吸水后阻气性和机械强度下降；透湿率大，为聚乙烯的5～10倍，易受醇类、酯类等溶剂的侵蚀。

聚乙烯醇主要以薄膜的形式用于食品包装，以充分利用其气密性和保香性好这一特点。

8. 乙烯－醋酸乙烯共聚物（EVA）

乙烯－醋酸乙烯共聚物是聚乙烯与醋酸酯基的聚合物。

乙烯－醋酸乙烯共聚物的透明性良好，弹性突出，有很高的伸长率，它的耐应力开裂性、耐寒性、耐老化性和低温热封合性均优于聚乙烯，能耐强碱、弱酸的侵蚀。但薄膜的滑爽性差，易粘连；防潮性、气密性不良；耐热性差；易受强酸等有机溶剂的侵蚀，耐油性不良。

9. 聚对苯二甲酸乙二醇酯（PET）

聚对苯二甲酸乙二醇酯俗称聚酯，是一种无色透明、坚韧的材料。

在热塑性塑料中，聚酯的机械性能最好。耐热、耐寒性好，可在-40～120℃范围内使用；它还具有较好的防潮性、气密性和防止异味透过性，能耐弱酸、弱碱和大多数溶剂，耐油性好，适于印刷。但这种材料不耐强碱、强酸，氯代烃等对其也有侵蚀作用；易带静电，且尚无适当的防止带静电的方法，热封合性能差；价格比较昂贵，由于聚酯的回收利用技术发展较快，回收后经熔融、吹塑等，又可以制成新瓶，从而循环利用。

聚酯主要用于制作包装容器和薄膜，冷冻食品和蒸煮食品的包装。聚酯瓶则大量用于饮料的包装（如可乐、矿泉水等）。近年来PET打包带已成为包装捆扎材的新宠，它以外观漂亮、强度高、不易老化等优点已部分取代了钢制打包带。

10. 聚碳酸酯（PC）

聚碳酸酯是在分子链中含有碳酸酯的一类高分子聚合物的总称。

聚碳酸酯无色，透明度、折光率高。具有较好的防潮性和气密性，优良的保香性和耐热性、耐寒性，使用温度范围在-180～130℃。它有突出的冲击韧性，有良好的耐磨性。成型收缩率小，吸水率低，不带静电，绝缘性能优良，耐油。

它的缺点是：易产生应力开裂现象；耐弯曲疲劳强度较差；热封合性不良；不耐碱、酮、芳香烃。

聚碳酸酯主要制成薄膜和容器用于食品的包装。如图3-40所示为采用聚碳酸酯材料制成的运动水壶，可直接放于微波炉内加热；可受热或受冷（-20～120℃）；放于冰箱内冷冻，不会变形；直接注入开水，不会变形，也不会有任何影响食欲的塑料臭味；瓶身透明度极高，非常坚硬，抗冲击，特别适合在运动过程中使用。

11. 聚氨基甲酸酯（PVP）

聚氨基甲酸酯简称聚氨酯。它是在分子主链上含有许多重复的氨基甲酸酯基团的高分子聚合物的总称。由异氰酸酯和羟基化合物反应制得。图 3-41 为此种材料制成的塑料管。聚氨酯泡沫塑料具有极好的弹性，符合要求的密度、柔软性、伸长率和压缩强度，其化学稳定性好，耐许多溶剂和油类，其耐磨性较天然海绵大 20 倍，并具有优良的绝热、隔音、防振及黏合性等。

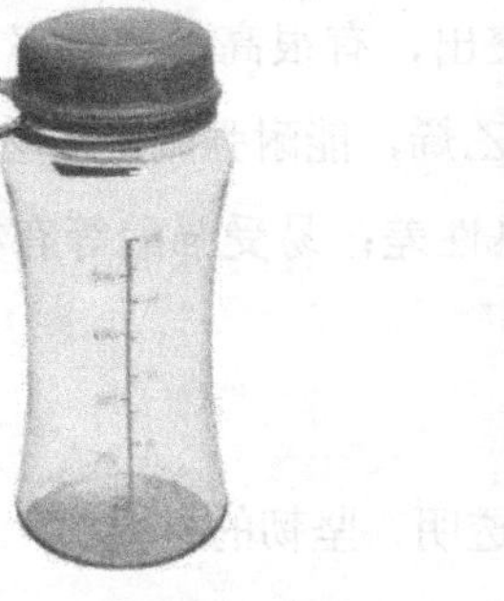

图 3-40　聚碳酸酯运动水壶

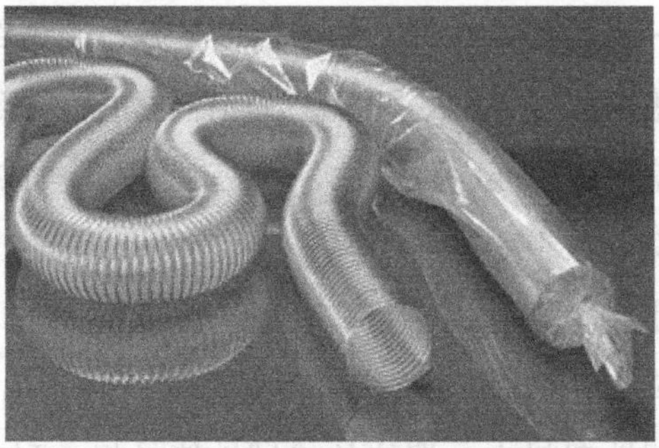

图 3-41　聚氨酯管材

聚氨酯材料的价格较高，一般用于精密仪器、贵重器械、工艺品等的现场发泡防振包装或用来制造缓冲衬垫材料（图 3-42）。

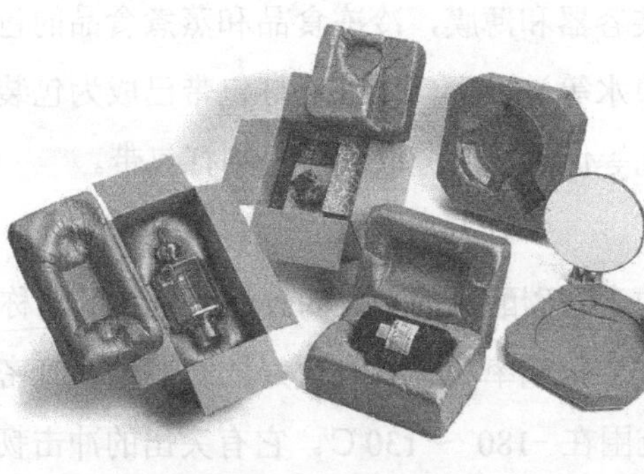

图 3-42　聚氨酯现场发泡包装的产品

（二）常见包装用热固性塑料

1. 酚醛塑料（PF）

酚醛塑料是以酚醛树脂为主要成分的热固性塑料，俗称“电木”。

酚醛塑料具有较高的机械强度、耐磨性和优良的电器绝缘性能，耐高温，不易变形，能耐某些稀酸，耐油性好。酚醛塑料的主要缺点是弹性较差，脆性大、制品颜色较暗，多为黑色或棕色，具有微毒。

酚醛塑料的价格低廉，其在包装上主要用来制作瓶盖、箱盒及化工产品的耐酸容器。用酚醛塑料制作的瓶盖，能承受装盖机的扭力，并能长期保持密封。

2. 脲（甲）醛塑料（UF）

脲醛塑料是以脲醛树脂为主要成分的热固性塑料，俗称“电玉”。

脲醛塑料的表面硬度大，具有良好的光泽和适宜的半透明态，其着色性好，不易吸附灰尘，具有良好的电器绝缘性，脲醛塑料的化学性质稳定，耐油脂性能优良。脲醛塑料的主要缺点是耐水性差，易吸水变形，抗冲击强度也稍有不足，不耐碱和强酸的侵蚀。

脲醛塑料在包装上主要用于制作精致的包装盒、化妆品容器和瓶盖等。因在醋酸或100℃沸水中浸泡时有游离的有毒物质甲醛析出，故不适于包装食品。

3. 蜜胺塑料（MF）

蜜胺塑料是以三聚氰胺（密胺）—甲醛树脂为主要成分制得的具有体型结构的热固性塑料。

蜜胺塑料强度大，不易变形，表面光滑而坚硬，外观似陶瓷，无味无毒。它的着色性好，可制成各种色彩鲜艳的制品。蜜胺塑料的耐热、耐水性好，在 -20 ～ 100℃的范围内其性能变化很小，耐沸水、耐酸、耐碱、耐油脂性好。蜜胺塑料的价格较好，多用于制作食品容器，也可制作精美的食品包装容器及家用器皿等。

## 三、塑料在包装中的应用

1. 塑料薄膜与片材

塑料薄膜是使用最早、用量最大的塑料包装材料。目前，塑料包装薄膜的消耗量约占塑料包装材料总消耗量的 40% 以上。

塑料薄膜一般具有透明、柔韧，良好的耐水性、防潮性、阻气性，机械强度较好，化学性质稳定，耐油脂，可以热封制袋等优点，能满足多种物品的包装要求。

薄膜主要用于制造各种手提塑料袋、外包装、食品包装、工业品包装及垃圾袋等。

塑料薄膜的品种很多，通常按化学组成、成型方法、包装功能等几种方法进行分类。

（1）按化学组成可将塑料薄膜分为 PE、PP、PS、PVC、PVDC、NY、PET、EVA、PVA 薄膜等。

（2）按成型方法可将塑料薄膜分为挤出吹塑薄膜、挤出流延薄膜、压延薄膜、溶液流延薄膜、单向或双向拉伸薄膜、共挤出复合薄膜、涂布薄膜等。

（3）按包装功能可将塑料包装薄膜分为防潮膜、保鲜膜、防锈膜、热收缩膜、弹性膜、扭结膜、隔氧膜、耐蒸煮膜等。

另外，还可按塑料薄膜的结构将其分为单层薄膜和复合薄膜两大类。

（1）塑料薄膜可以采用挤出吹塑法、T 型模法、双向拉伸法、压延法和流延法等制得。包装用塑料薄膜的生产，则以挤出吹塑法应用最广，其次是双向拉伸法（BO）和 T 型模法等。

（2）塑料片材的化学组成、成型方法等与塑料薄膜相似，塑料片材主要用于直接加工成各类容器（如盒）或采用热成型工艺加工成容器（吸塑、压塑等），如图 3-43 所示。塑料片材类似纸板但比纸板的透明度、防潮性、防油性、强度等都好。

2. 塑料包装容器

塑料包装容器通常按以下几种方法进行分类。

（1）按化学组成可分为 PE、PP、PS、PVC、PET、NY、PC、PF、UF 容器等。

（2）按成型方法可分为吹塑、注射、挤出、模压、热成型、旋转、缠绕成型容器等。

（3）按容器的形状和用途可分为箱盒类、瓶罐类、袋类、软管类等。

按常用的成型方法与应用可分为以下几种。

（1）模压成型。

模压成型是将粉状、粒状或纤维状塑料放入成型温度下的模具型腔中，然后闭模加压使其成型并固化，开模取出制品。这种成型方法历史最长。模压成型设备和模具结构简单，费用低；但成型效率低，而且制品的尺寸精度一般较低。因此，主要用于热固性塑料材料如酚醛塑料、脲醛塑料。模压成型可制得塑料包装箱、盒及桶盖、瓶盖等容器附件等（图 3-44）。

图 3-43　塑料薄膜片材制品

图 3-44　模压制品

（2）注射成型。

注射又称注塑，它是将粒状或粉状塑料从注射机的料斗加入料筒中，经加热塑化呈熔融状态后，借助螺杆或柱塞的推力，将其通过料筒端部的喷嘴注入温度较低的闭合模具中，经冷却定型后，开模取出制品。此种方法成型周期短、效率高，易于实现全自动化生产。但是设备投资大，模具制造成本高，一般适于大批量生产。由于可制得外形复杂、尺寸精确、美观精致及带嵌件的容器，一般均为广口容器如塑料箱、托盘、盒、杯、盘等，容器的壁一般较厚。还可用于制作容器附件，如瓶盖、桶盖、内塞、帽罩等（图 3-45，图 3-38）。图 3-46 的易开盖是使用 PP 塑料注塑而成的。它充分利用了 PP 塑料定向后的耐折性，使图示的咖啡伴侣产品可以方便地单手打开，且可重复使用，保持密封。

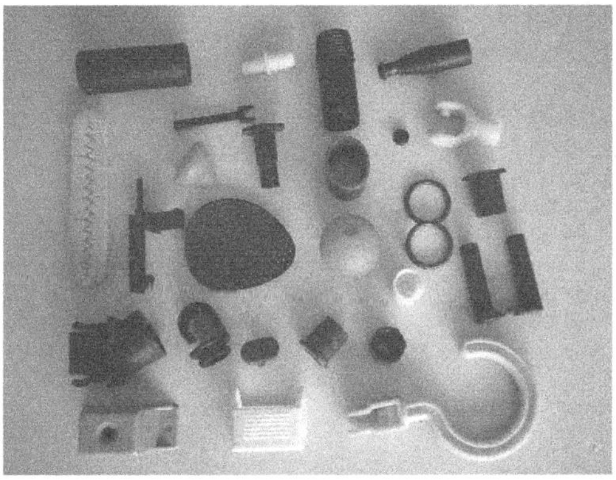

图 3-45　注塑制品

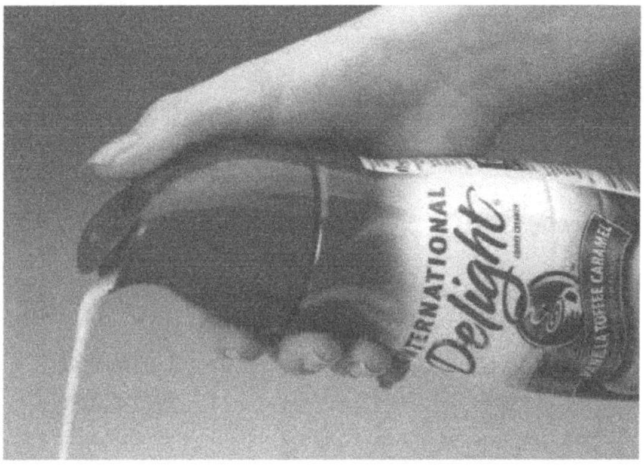


图 3-46　PP 注塑制成的易开盖

（3）中空吹塑成型。

将挤出或注射成型制得的型坯预热后置于吹塑模中，然后在型坯中加入压缩空气将其吹胀，使之紧贴于模腔壁面上，再经冷却定型、脱模即得到制品。图 3-47 为 PET 瓶坯，图 3-48 为几种 PET 中空吹塑容器的结构。

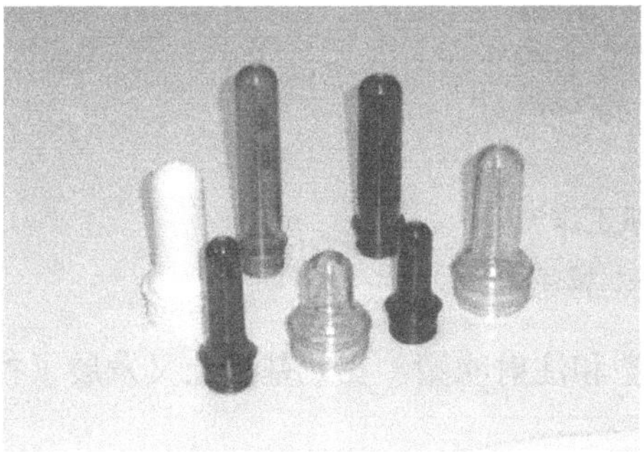

图 3-47　PET 瓶坯

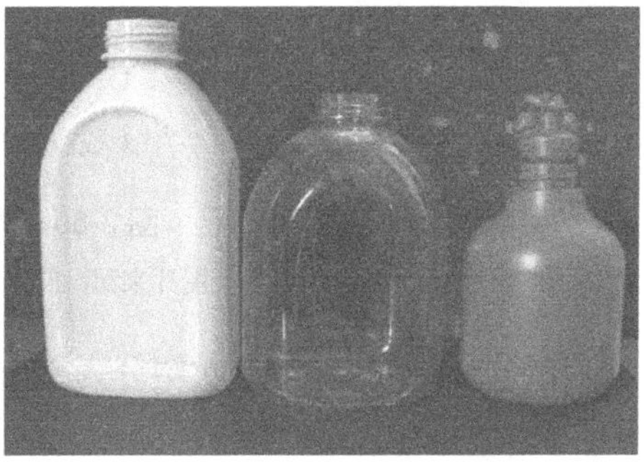

图 3-48　PET 中空吹塑容器

中空吹塑成型可制得各种不同容量、不同壁厚的塑料瓶、桶、罐等包装容器。适于中空吹塑成型的塑料有 PE、PVC、PP、PS、PET、NY、PC 等。中空吹塑成型过程包括型坯的制造和型坯的吹塑。吹塑模如图 3-49 所示。图 3-50 为 PET 吹瓶机工作流程图。

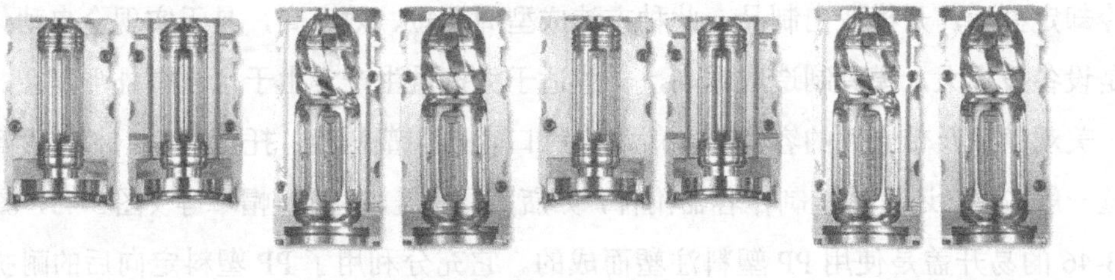


图 3-49　中空吹塑模

（图片来源：国珠塑胶有限公司）

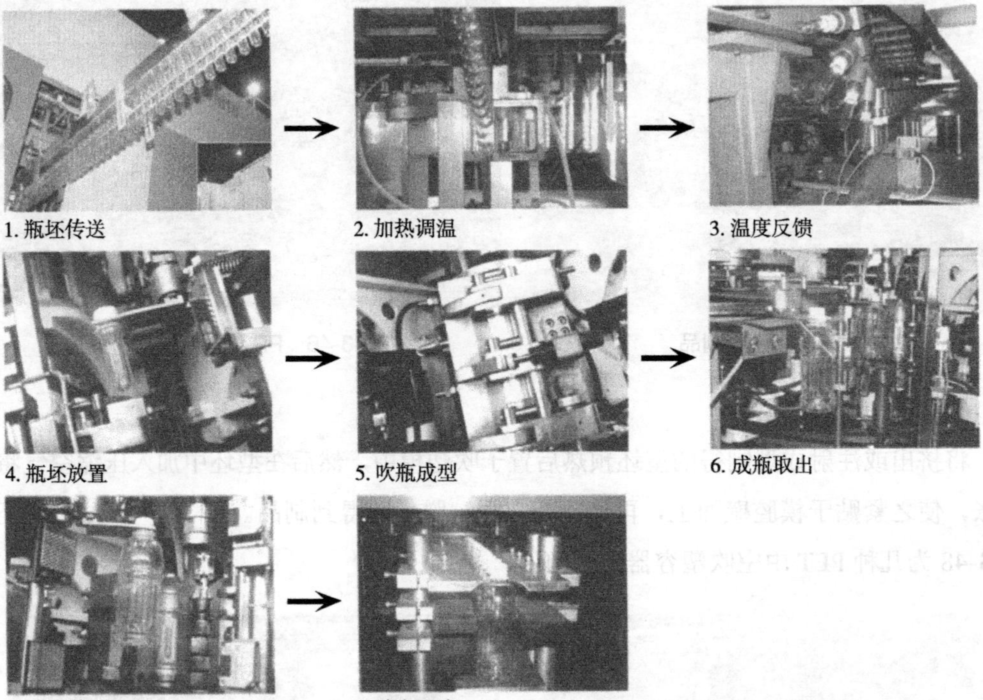


图 3-50　PET 吹瓶机工作流程

（图片来源：广州达意隆包装机械有限公司）

型坯的制法不同，中空吹塑分为挤出中空吹塑和注射吹塑，在此基础上又发展了拉伸吹塑及多层吹塑等。

（4）热成型。

这种方法属二次加工成型，是用热塑性塑料片材作为原料来制造塑料容器的一种方法。制成的容器壁比较薄。

与注射成型相比，热成型工艺简单，设备投资少，模具制造周期短，且费用低。适合生产小批量的产品，而且对产品设计的变换较任何其他成型方法都快。热成型模具可以用钢材、铝材、硬木、塑料及石膏等。但热成型制品的结构不宜太复杂，且壁厚的均匀度较差。热成型原理如图 3-51 所示。热成型加工的制品包括各类杯、碗、盘和碟等，如图 3-52 所示。

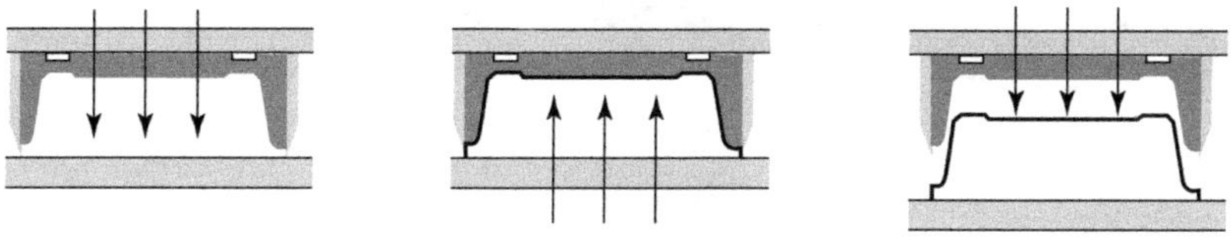

（a）加热　　（b）成型，切边　　（c）脱模

**图 3-51　热成型原理示意**

（图片来源：浙江省瑞安市茂兴包装机械有限公司）

**图 3-52　热成型加工的塑料制品**

（5）旋转成型。

又称滚塑成型。它是将定量的液状、糊状或粉状塑料加入模具中，通过对模具加热及纵横向的滚动旋转，使塑料熔融塑化并借助塑料的自重均匀地布满整个模腔表面，经冷却定型后，脱模即可得到中空容器（图 3-53）。

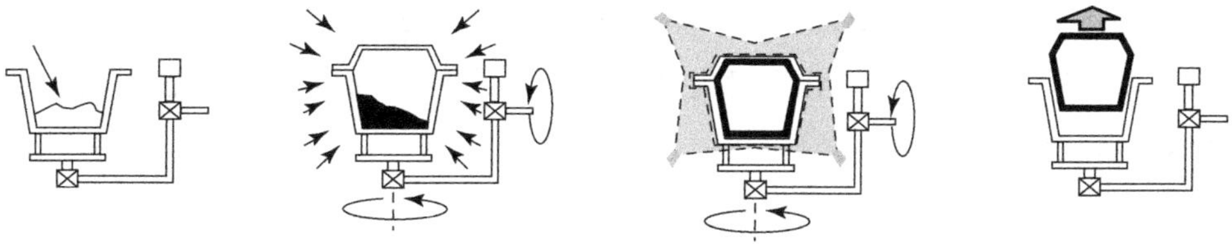

（a）加料　　（b）加热　　（c）冷却　　（d）取出制品

**图 3-53　滚塑工艺示意**

滚塑成型所使用的设备比较简单；容器的壁厚较挤出中空吹塑均匀，废料少；且容器

几乎无内应力，不易出现变形、凹陷等。滚塑成型适于制作大容量的储槽、储罐、桶等包装容器（图 3-54）。

（a）滚塑水箱

（b）滚塑包装箱

**图 3-54　滚塑制品**

（图片来源：http://www.wchem.com/Search/Product/0/7/123.html）

（6）缠绕成型。

这是制作纤维增强塑料中空容器的主要成型方法。这种方法只适合于制作圆柱形和球形等回转体，可制得大型储罐、储槽、高压容器等。适用的树脂有 PF、PE、PVC 和不饱和树脂等。

3. 泡沫塑料

泡沫塑料是内部含有大量微孔结构的塑料制品，又称多孔性塑料。它是以树脂为主体、加入发泡剂等其他助剂经发泡成型制得的。泡沫塑料是目前产品缓冲包装中使用的主要缓冲材料。

（1）泡沫塑料的特点。

① 密度很低，可减轻包装重量，降低运输费用；

② 具有优良的冲击、振动能量的吸收性；

③ 对温度、湿度的变化适应性强，能满足一般包装要求；

④ 吸水率低、吸湿性小，化学稳定性好，本身不会对内装物产生腐蚀，且对酸、碱等化学药品有较强的耐受性；

⑤ 导热率低，可用于保温隔热包装；

⑥ 成型加工方便，可以采用模压、挤出、注射等成型方法制成各种泡沫衬垫、泡沫块、片材等。容易进行二次成型加工，如使用热成型、黏结等方法制成各种形状的制品等。

（2）泡沫塑料的分类。

① 按化学成分不同可分为 PE、PS、PVC、聚氨酯（PVP 改性）、PP 泡沫塑料等。包

装中以 PS 泡沫塑料使用量最大，简称 EPS，图 3-55 的电机缓冲衬垫就是 EPS 制造的。

② 按密度不同可分为低发泡、中发泡和高发泡泡沫塑料。密度分别是≥ $0.4g/cm^3$、$0.1 \sim 0.4g/cm^3$ 及≤ $0.1g/cm^3$。

③ 按泡沫结构不同泡沫塑料可分为开孔型泡沫塑料和闭孔型泡沫塑料。

④ 按机械性能不同泡沫塑料可分为软质、半硬质和硬质三种。

4. 塑料编织袋与塑料无纺布

（1）塑料编织袋。

塑料编织袋是指用塑料扁丝编织成的袋。塑料扁丝主要是以聚乙烯或聚丙烯树脂为原料经挤出成型制得平膜或管膜，然后切割成一定宽度的窄条，再经单向拉伸制成。图 3-56 为常见的 PP 扁丝塑料编织袋。

图 3-55 EPS 电机缓冲衬垫

图 3-56 PP 扁丝塑料编织袋

塑料编织袋具有重量轻、强度高、耐腐蚀等特点。加入塑料薄膜内衬后能防潮、防湿，适用于化工原料、农药、化肥、谷物等重型包装，特别适于外贸出口包装。

按装载量不同，可分为轻型袋、中型袋和重型袋三种。轻型袋装载量在 2.5kg 以下；中型袋为 25 ～ 50kg；重型袋为 50 ～ 100kg。

（2）塑料无纺布。

又叫非织造布，或叫不织布。它是将聚合物短纤维或者长丝进行定向或随机撑列，形成纤网结构，然后采用机械、热粘或化学等方法加固而成。它突破了传统的纺织原理，并具有工艺流程短、生产速度快、产量高、成本低、用途广等特点。产品可用于医疗、卫生、家庭装饰、服装等行业，在包装领域主要用作衬垫材料，或用该材料制成包装袋等。

5. 塑料网

塑料网主要是挤出网，挤出网又分普通挤出网和挤出发泡网。

（1）普通挤出网。

普通挤出网简称挤出网，它是将聚乙烯或聚丙烯树脂加入挤出机，使其熔融塑化后从特殊旋转机头（内外模口上设有若干个小孔）挤出成网状，经冷却定型后即成。

塑料挤出网的成型工艺及设备简单，易于操作，从原料到成网一次成型，生产效率高，成本低。挤出网经加工制成网袋，广泛用于包装食品、蔬菜、机械零件及玩具等。

（2）挤出发泡网。

挤出发泡网是一种新型的缓冲衬垫材料，它是在挤出网的基础上发展起来的。挤出发泡网是以聚乙烯树脂为原料，加入交联剂、发泡剂等助剂，经挤出发泡成网。挤出发泡网质轻，有一定的强度和弹性，并具有缓冲和防振性能。在玻璃瓶装化学药品、小型精密仪器、电子产品以及水果等物品的包装中得到了广泛的应用。图3-57为挤出发泡网和发泡果托。

## 四、生物塑料材料及其应用

生活中各种塑料容器随处可见，但这些塑料容器都是由塑料制成，废弃后很难分解，它们的处理是一个难题。很多塑料容器在高温下还会出现品质问题。近年来，我国和日本、美国等国家的科学家正在研究所谓生物塑料材料。目前，已经在工程和包装中应用的主要有两类：PHA（聚羟基脂肪酸酯）和PLA（聚乳酸）。它们来源于农产品，是由微生物合成的高分子聚合物，具有生物可降解性、生物相容性、压电性等许多优良性能，可以在众多领域，如生物降解性包装材料、组织工程材料、缓释材料及电化学材料等方面得到应用，因此引起了科研领域和工业界的广泛兴趣。图3-58为美国Gidds&Soell公司等生产的聚乳酸透明塑料餐具。

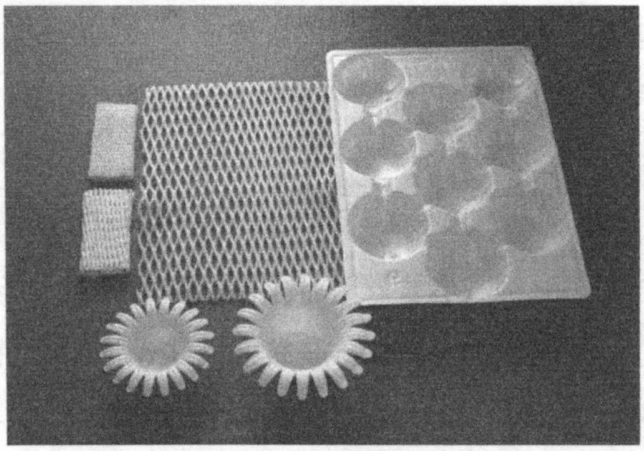

图3-57　挤出发泡网和发泡果托

图3-58　PLA植物塑料餐具

# 第四节　金属包装材料及制品

由于金属资源丰富、品种多，作为包装材料能较好地满足卫生和安全的要求，加之现代金属包装制品的生产工艺越来越先进，生产效率明显提高，生产成本大大降低，所以金属包装材料的应用越来越广泛，是近代四种主要包装材料之一。

目前，在我国、日本和欧洲等国，金属包装材料占包装用材的第三位；在美国，金属包装材料的使用占第二位。因此，金属包装材料的应用研究在包装材料学中占有重要的地位。

## 一、金属包装材料的分类

1. 按材质分类

按材质可分为钢系和铝系两大类。钢系主要有低碳薄钢板、镀锡薄钢板、镀铬薄钢板、镀铝薄钢板、镀锌薄钢板等；铝系主要有铝合金薄板和铝箔。

2. 按材料厚度分类

按材料厚度可分为板材和箔材。板材主要用于制造包装容器，箔材是复合材料的主要组成部分。

## 二、金属包装材料的性能特点

1. 金属包装材料的优点

（1）金属包装材料强度高。用金属材料制造的包装容器的壁可以做得很薄，从而容器的重量轻，强度较高，加工和运输过程中不易破损，便于储存运输。

（2）金属包装材料具有独特的光泽，印刷、装饰效果好。

（3）金属包装材料具有良好的综合保护性能。金属对水、气等透过率低、不透光，能有效地避免紫外线等有害影响。能长时间保持商品的质量，因此，广泛应用于罐头、饮料、粉状食品、药品等的包装。

（4）金属包装材料资源丰富，加工性能好。金属包装材料可用不同的方法加工出形状、大小各异的容器。

（5）金属罐生产历史悠久，工艺成熟，适合自动化生产，生产效率高。

（6）金属包装废弃物回收处理较为简便，且其回收残值较高。

2. 金属包装材料的缺点

（1）金属及焊料中的铅、砷等易渗入食品中，污染食品；另外，金属离子还会影响食品的风味。

（2）当金属容器采用酚醛树脂作为内壁涂料时，若加工工艺不当，会影响食品的质量。

（3）金属材料的化学稳定性差，易受腐蚀而生锈、损坏。

（4）与纸、塑料和木材等材料相比，其价格、加工成本、运输成本方面均不占优势。

3. 几种金属包装材料的主要性能特点

（1）钢材。

钢材资源丰富，生产成本较低，在金属包装材料中用量居首位。用于包装的钢材主要要求具有良好的综合机械性能和一定的耐腐蚀性。

包装用钢板主要采用低碳薄钢板，用于制造集装箱、普通钢桶，也可作为捆扎材料，广泛应用于运输包装。

为保证耐蚀性的要求，可对低碳薄钢板进行镀锡、镀铬、镀锌及施涂相应的涂料等处理。通过这样处理也可制成销售包装容器，广泛用于食品、医药等包装。

（2）铝材。

铝质包装材料的使用历史较短，但由于铝材具有独特的优点，所以在食品包装中得到广泛应用。我国铝箔、铝管及铝容器的用铝量约占铝产量的2%。

铝材的主要性能是重量轻、无毒、无味、美观、加工性能良好、表面具有光泽。另外，因为在铝的表面能生成一层致密的氧化铝薄膜，它能有效地隔绝铝和氧的接触，从而阻止铝表面进一步氧化。

铝材在酸碱盐介质中易腐蚀，因此几乎所有的铝容器均应在喷涂后使用。它的强度比钢低，生产成本比钢高，约为钢的五倍。所以铝材主要用于销售包装，如铝罐主要用于有一定内压的含气饮料等包装。少量用于运输包装。

（3）金属箔。

用钢、铝、铜等做成的金属箔，在包装行业中有着独特的作用。

铝箔作为阻隔层和纸、塑料等复合使用成为最常用的金属包装材料，广泛用于食品、饮料等的软包装；与耐热塑料薄膜复合制成的容器可用于高温消毒食品的包装等。

## 三、常见金属包装制品

由于包装可靠性的需要、加工生产金属包装容器的工艺越来越先进，金属包装容器在包装行业的应用也越来越广泛。

金属包装容器的种类和用途

目前，包装用金属容器主要有金属罐、金属桶、金属软管及金属箔制品等。为了推动金属包装产业的技术进步，目前，如金属罐、金属桶、气雾罐等金属包装容器的规格尺寸、结构形式已经实现了标准化、规格化。

（1）金属罐。

金属罐有多种分类方法：按照形状可分为圆罐、方罐、椭圆罐、扁罐和异形罐等；按照材料可分为低碳薄钢板罐、镀锡钢板罐、镀铬钢板罐和铝罐等；按照结构和加工工艺可分为三片罐、二片罐等；按照开启方法可分为普通罐、易开罐等；按照用途可分为食品罐、通用罐、18 公升罐和喷雾罐等。

常用的金属罐是三片罐、二片罐、食品罐、通用罐、18 公升罐及喷雾罐等。

三片罐（又称接缝罐、敞口罐）（图 3-59），是由罐身、罐盖和罐底三部分组成。罐身有接缝，根据接缝工艺不同又分为锡焊罐、缝焊罐和黏结罐。多用于食品和药品等的包装。

二片罐（图 3-60）是由与罐底连在一起的罐身加上罐盖两部分组成，其罐身无接缝。根据加工工艺又分为拉深罐和变薄拉深罐。拉深罐还可根据罐身高与截面直径的比例不同分为一次浅拉深罐和多次深拉深罐（又叫 DRD 罐）。二片罐多用于含气饮料和啤酒等产品的包装。

食品罐（图 3-61）一般用于制作罐头，是完全密封的罐。完全密封的目的是在充填内装物后，能加热灭菌。我国食品罐所用的材料几乎都是镀锡钢板，近年来也开始使用无锡钢板和铝薄板，而且需求量有增长的趋势。食品罐多为三片罐。也有部分是浅拉深二片罐。

图 3-59　三片罐

图 3-60　二片罐

图 3-61　食品罐

通用罐（图 3-62）是指不包括罐头在内的包装点心、紫菜、茶叶等食品的金属罐及包装药品与化妆品等的金属罐。这些罐也是密封的，但无须灭菌处理。通用罐的外表面一般都经过精美印刷，故亦称“美术罐”。使用的原材料多种多样，除金属材料外，还有一部分使用塑料和复合纸板等制成罐身，用金属制作罐盖。

“18 升”罐（图 3-63）泛指盛装油漆、食用油等产品的一类大型金属罐，其容积约为 18L。这种罐几乎全部使用镀锡铁皮制作。

喷雾罐是一种耐压罐，在第二次世界大战期间研制成功，主要应用于医疗和防治农作物病虫害等领域。近年来用于包装化妆品、洗涤剂、杀虫剂、油漆等产品的需求量日益增加，在食品包装方面也有一定的市场尚待开发。可见这是一种发展中的新型包装。90% 以上的喷雾罐是用马口铁、铝和不锈钢制造的（图 3-64）。

图 3-62　通用罐

图 3-63　“18 升”罐

图 3-64　喷雾罐

（2）金属桶、盒。

金属桶是常用的金属容器。分敞口和闭口两种。其中 200L 以上的大桶已经形成标准，如图 3-65 所示的汽油桶。图 3-66 为方金属盒；敞口桶（图 3-67）有时也归为家用器皿。

图 3-65　金属桶

图 3-66　金属盒

图 3-67　敞口金属桶

（3）金属软管。

金属软管是由一位美国画家于 1841 年发明的。1895 年用于管装牙膏。至今，已经成为半流体、膏体产品的优选包装容器。其特点是：易加工、耐酸碱、防水、防潮、防污染、防紫外线、可进行高温杀菌处理，适宜长期保存内装物。

软管携带方便，使用时挤出内装物而无回吸现象，内装物不易受污染，特别适合重复使用的药膏、颜料、油彩、黏结剂等。

有延展性的金属均可制作软管。常用的是锡、铝及铅。锡的价格贵，但性能好。现代包装中软管已大量使用塑料，但重要的场合仍需使用金属材料（图3-68）。

（4）金属箔制品。

金属箔有铁箔、硬（软）质铝箔、铜箔、钢箔等五类。它可制成形状多样、精巧美观的包装容器。目前常用的是铝箔容器。

铝箔容器是指以铝箔为主体的箔容器，随着商品种类的多样化及高档食品的普及，铝箔容器在食品包装方面的应用日益增多，同时广泛应用于医药、化妆品、工业产品的包装。

铝箔容器的特点是质轻、外表美观；传热性好，既能高温加热又能低温冷冻，并能承受温度的急剧变化；隔绝性能好，可制成形式、种类、容量各不同的容器；可进行彩色印刷；开启方便，使用后易处理。

铝箔容器的用途：焙烤类糕饼、餐后甜食、冷冻食品、方便食品、军需食品、应急食品及可加热食用的盒式容器、蒸煮袋、旅行食品等。

铝箔包装容器有两种类型：一类是以铝箔为主体经成型加工制得的成型容器，又称钢性或半刚性容器，有盒式、浅盘式等；另一类是袋式容器，又称软性容器，是以纸/铝箔、塑料/铝箔及纸/铝箔/塑料黏结的复合材料制成袋式容器，如蒸煮袋等，图3-69为铝箔在药品包装上的应用。

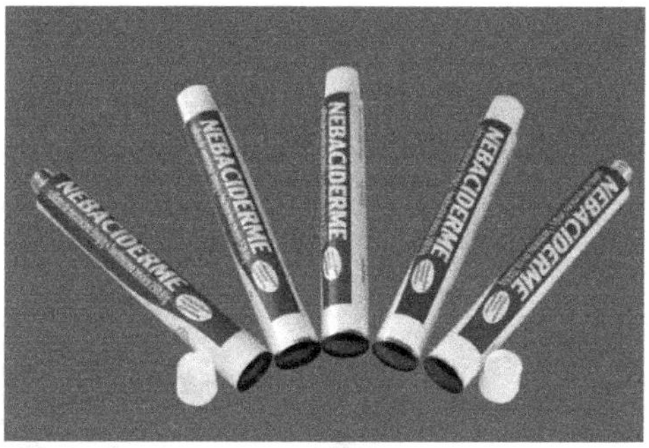


**图3-68　未充填的金属软管**

（图片来源：东莞科伦包装材料有限公司）

**图3-69　铝箔制品**

除金属容器以外，还有金属集装网箱、金属托盘和金属周转箱等金属包装制品（图3-70）。

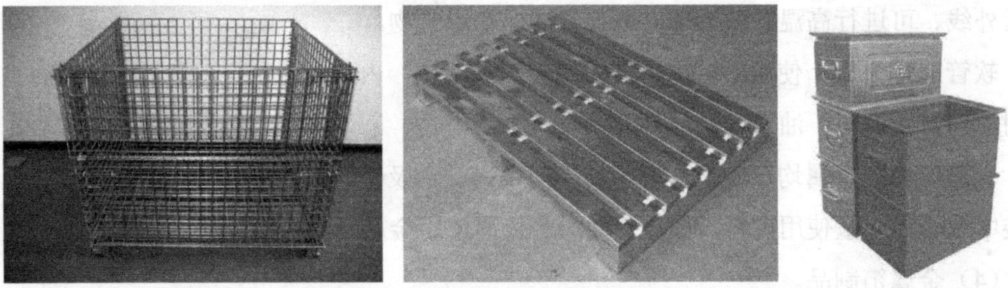

（a）金属集装网箱　　（b）金属托盘　　（c）金属周转箱

图 3-70　其他金属包装制品

# 第五节　玻璃、陶瓷包装材料及其制品

玻璃与陶瓷同属于硅酸盐类材料。玻璃包装和陶瓷包装是具有很近“血缘”关系的两种古老的包装方式。二者共同点是：材质相仿、化学稳定性好。但制作工艺（如成型、烧制等）有一定的区别。前者是先成材后成型，后者是先成型后成材。

玻璃与陶瓷包装容器是指以普通或特种玻璃与陶瓷制成的包装容器，如玻璃瓶（图 3-71）、玻璃罐（图 3-72）、陶瓷瓶（图 3-73）与缸、坛、壶等容器（图 3-74、图 3-75）。

图 3-71　玻璃瓶

图 3-72　玻璃罐

图 3-73　陶瓷瓶

图 3-74 陶缸

图 3-75 陶（紫砂）壶

## 一、玻璃包装材料及制品

1. 玻璃包装材料的化学组成

玻璃是由无机熔融体冷却而成的非结晶态固体。它的化学成分基本上是二氧化硅（$SiO_2$）和各种金属氧化物。$SiO_2$ 在玻璃中形成硅氧四面体网状结构，成为玻璃的骨架，使玻璃具有一定的机械强度、耐热性和良好的透明性、稳定性等。金属氧化物包括氧化钠、氧化钙、氧化铝、氧化硼、氧化钡、氧化铬和氧化镍等。这些金属氧化物与二氧化硅主要由硅砂、长石、方解石、白云石、纯碱和芒硝等原料提供。

2. 玻璃包装材料的性能

（1）玻璃的物理机械性能。

玻璃的透明性好，阻性隔强，是良好的密封容器材料，加入 $Cr_2O_2$ 能制成绿色玻璃，加入 NiO 能制成棕色玻璃。

玻璃的抗张（拉）强度一般为 6 ～ 8kgf/mm$^2$，增加 CaO 含量可使其抗拉强度提高，但增加 $Na_2O$、$K_2O$ 的含量则会降低其抗拉强度。玻璃表面若有微小裂痕，其抗张强度会大大降低。玻璃的抗压强度一般比抗拉强度高 15 ～ 16 倍。

玻璃的弹性和韧性很差，属脆性材料，超过其强度极限会立刻破裂。

（2）热稳定性。

玻璃有一定的耐热性，但不耐温度急剧变化。作为容器玻璃，在成分中加入硅、硼、铅、镁、锌等元素的氧化物，可提高其耐热性，以适应玻璃容器的高温杀菌和消毒处理。

容器玻璃的厚度不均匀，或存在结石、气泡、微小裂纹和不均匀的内应力，均会影响热稳定性。

（3）光学性能。

玻璃的光学性能体现为透明性和折光性。当使用不透明的玻璃或琥珀玻璃时，光的破坏作用则大大降低。玻璃的厚度与种类均影响其滤光性。

玻璃还具有较大的折光性，利用这一性质，使工艺品玻璃容器具有光彩夺目的装潢效果。

（4）阻隔性。

对于所有气体、溶液或溶剂，玻璃几乎是完全不渗透的。因而经常把玻璃作为气体的理想包装材料。

（5）化学稳定性。

玻璃具有良好的化学稳定性和很强的耐化学腐蚀性。只有氢氟酸能腐蚀玻璃，因此，玻璃容器能够盛装酸性或碱性食品及针剂药液。

**3. 玻璃包装材料的种类**

玻璃包装材料有普通瓶罐玻璃（主要是钠、钙硅酸盐玻璃）和特种玻璃（如中性玻璃、石英玻璃、微晶玻璃、钠化玻璃等）之分。

**4. 玻璃包装容器及用途**

玻璃瓶罐种类繁多，用途广，分类方法也有多种。

（1）按瓶身造型可分为有肩瓶与无肩瓶、高装瓶和矮装瓶、圆形瓶、方形瓶和异形瓶等。

（2）按瓶颈形状可分为有颈瓶与无颈瓶、长颈瓶和短颈瓶、粗颈瓶与细颈瓶等。

（3）按色泽不同可分为无色透明瓶、半透明乳白瓶、绿色瓶、茶色瓶及不透明的色瓶等。

（4）按瓶口直径分，有小口瓶、广口瓶两类。一般瓶口直径与瓶身内径之比小于 1/2 的称为小口瓶，大于 1/2 的称为广（大、粗径）口瓶。

（5）按用途不同可分为以下六种。

① 食品用瓶：有汽水瓶、奶粉瓶、罐头瓶、酱油瓶等；

② 酒瓶：如啤酒瓶、汽酒瓶、白酒瓶等，其中啤酒瓶和汽酒瓶要求能承受 5 ～ 15 个大气压，瓶型以圆形瓶为主；

③ 医药用瓶：根据药物形态不同，又有水剂、粉剂瓶、内服与外用瓶，以及肩瓶与小型瓶、管状瓶等，安瓿也是一种医药用瓶；

④ 化学试剂用瓶：有棕色或透明螺口大口瓶、广口细口瓶等；

⑤ 化妆品用瓶：如花露水、香水、雪花膏、珍珠霜瓶；

⑥ 文具用瓶：如墨水瓶、糨糊瓶、胶水瓶等。

（6）按制造方法不同可分为以下几种。

① 模制瓶：直接用模具成型（压制、吹制），上述大部分玻璃容器均是模制瓶；

② 管制瓶：先制造成玻璃管，再用吹制的方法制成瓶子。图 3-82 的安瓿瓶即为一种管制瓶。图 3-76 ～图 3-83 列举了一些常见的玻璃瓶型。

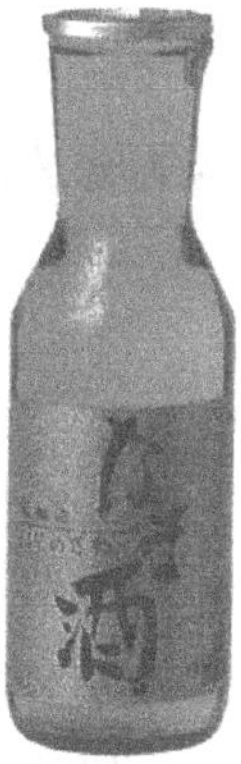

图 3-76　广口瓶

图 3-77　有肩瓶

图 3-78　异形瓶

图 3-79　短颈瓶

图 3-80　长颈瓶

图 3-81　细口瓶

图 3-82　安瓿瓶

图 3-83　香水瓶

5. 玻璃瓶罐的生产工艺简介

（1）原料及原料制备。

按玻璃的性质要求确定原料配方，然后按配方称重。将称重的原料与相同化学成分的碎玻璃一同混合备用。

（2）熔制。

通常采用连续作业的池炉进行熔制，温度为 1500℃左右。

（3）成型。

经高温熔制好的玻璃液冷却至成型温度，就可以采用各种方法成型。即将其制成具有固定形状的制品。

如前所述，常用的方法有模制法（吹制法、压制法）和管制法两类。

（4）退火。

玻璃制品成型后各部位的不均匀冷却，会造成一定的内应力，这种内应力使制品有发生爆裂的危险。退火，即将成型后的制品重新加热至退火温度，使内应力释放，然后再均匀冷却。退火温度常为550℃左右。

（5）后期加工和增强处理。

玻璃的后期加工对于制品的质量和性能都十分重要。主要包括以下几种。

① 烧口：用于酒类瓶、汽水瓶等。烧口即进行瓶口火抛光。目的是提高瓶口光洁度，消除微裂纹，提高承压能力，易于密封。光洁的瓶口对于使用者来说也比较安全。

② 钢化：将制品加热至接近玻璃的软化温度，然后均匀快速冷却，使其表层产生适当的均匀压应力，以提高机械强度和热稳定性。

③ 磨口和磨塞：某些盛装化学药品的瓶子使用磨砂密封时需将瓶口内和瓶塞外进行磨修。

④ 抛光：对制品表面进行精细研磨或用氢氟酸处理，使其表面平滑光亮，增加美感。

⑤ 喷砂或酸蚀：用高速细砂流或酸对制品表面进行加工，以形成毛面或制成花样、标签等。

⑥ 烤花：将釉彩印花或花纸贴在制品表面，放入烤花炉中以适当温度烘烤，使花纹附着在制品表面。

#### 6. 强化玻璃与轻量玻璃容器

强化玻璃又叫钢化玻璃。玻璃的强化技术是根据玻璃的抗压强度比抗拉强度高的原理设计的。采用物理的（热处理）或化学的（离子交换）方法，将能抵抗拉应力的压应力层预先置入玻璃表面，使玻璃在受到拉应力时，首先抵消表面层的压应力，从而提高玻璃的抗拉强度。

玻璃的强化技术与双层涂敷工艺相结合，可研发出高强度轻量玻璃容器，这已成为当今玻璃包装材料的主要发展方向之一。

## 二、陶瓷包装材料

陶瓷是以黏土、长石、石英等天然矿物为主要原料，经粉碎、混合和塑化，按用途成型，并经装饰、涂釉，然后在高温下烧制而成的制品，是一种多晶、多相（晶相、玻璃相和气相）的硅酸盐材料。

#### 1. 陶瓷的性能

陶瓷的化学稳定性与热稳定性均好，能耐各种化学物品的侵蚀，热稳定性比玻璃好，在 250 ～ 300℃时也不开裂，并可耐温度剧变。

不同商品包装对陶瓷的性能要求也不同，高级饮用酒瓶（如茅台酒），不仅要求机械强度高，阻隔性好，而且要求白度好，有光泽。有时则要求良好的电绝缘性、压电性、热电性、透明性、机械性能等。一般来说，包装用陶瓷材料主要考虑的是其化学稳定性和机械强度。

2. 包装陶瓷的种类

包装陶瓷主要有粗陶器、精陶器、瓷器和炻（shí）器四大类。

（1）粗陶器。

粗陶器具有多孔、表面较为粗糙，带有颜色和不透明的特点，并有较大的吸水率和透气性，主要用作缸器。

（2）精陶器。

精陶器又分为硬质精陶（长石质精陶）和普通精陶（石灰质、镁、熟料质等）。精陶器较粗陶器精细，灰白色，气孔率和吸水率均小于粗陶器，石灰质陶器吸水率为 18%～ 22%，长石陶器吸水率 9%～ 12%，它们常常做成坛、罐和陶瓶。

（3）瓷器。

瓷器比陶器结构紧密均匀，为白色，表面光滑，吸水率低（0 ～ 0.5）；极薄的瓷器还具有半透明的特性。瓷器主要用作包装容器和家用器皿，也有少数瓷罐。按原料不同，瓷器又分长石瓷、绢云母质瓷、滑石瓷和骨灰瓷等。

（4）炻器。

炻器是介于瓷器与陶器之间的一种陶瓷制品，有粗炻器和细炻器两种，主要用作缸坛等容器。

（5）特种陶瓷。

特种陶瓷包括金属陶瓷与泡沫陶瓷等。金属陶瓷是在陶瓷原料中加入金属微粒，如镁、镍、铬、钛等，使制出的陶瓷兼有金属的韧而不脆和陶瓷的耐高温、硬度大、耐腐蚀、耐氧化性等特点；泡沫陶瓷则是一种质轻而多孔的陶瓷，其孔隙是通过加入发泡剂形成的，具有机械强度高、绝缘性好、耐高温的性能。这两类陶瓷均可用于特殊用途或特种包装容器。

3. 陶瓷包装容器的品种、用途和结构

陶瓷包装容器按其包装造型可分为缸、坛、罐、钵和瓶等多种。

陶缸大多为炻质容器，下小上大，敞口，内外施釉，缸盖是木制的，封口常用纸裱糊。在出口包装中，陶缸是皮蛋、咸蛋、咸菜等物品的专用包装容器。

坛和罐是可封口的容器，坛较大，罐较小，有平口和小口之分。有的坛两侧或一侧带有耳环，便于搬运，坛外围多套有较稀疏但质地较坚实的竹筐或柳条、荆条筐。这类容器主要用于盛装酒、硫酸、酱油、酱腌菜、腐乳等商品，陶瓷的坛、罐一般都用纸胶粘封口或胶泥封口。

陶瓶是盛装酒类和其他饮料的销售包装，其结构、造型、瓶口等与玻璃瓶相似，其材料既有陶瓷也有瓷质料，构型有鼓腰形、壶形、葫芦形等艺术形象，陶瓷瓶古朴典雅，施釉和装潢比较美观，主要用于高级名酒的包装。

## 第六节　木质包装材料及制品

木制包装是以天然木材和人造木材板材（如胶合板、纤维板）为基材制成的包装的统称。

木制包装一般适用于大型或较笨重的机械、五金交电、自行车，以及怕压、怕摔的仪器、仪表等商品的外包装。

由于木制包装能够充分满足各种商品的仓储和运输要求，尤其在大型成套设备的包装、储运方面是必不可少的，所以尽管我国木材资源比较匮乏，木制包装的用量逐年下降，但在包装产业中，仍占较大的比重。

### 一、木材的种类及特点

#### （一）天然木材

由于天然木材具有很多优点，如分布广，可以就地取材；制作简单，仅使用简单的工具就能制作；质轻、强度高且有一定的弹性，能够承受较大的冲击和振动，适宜重体商品的包装和储运；具有很高的耐久性；和金属材料相比较，木材的热胀冷缩系数较小，不会生锈，不易被腐蚀；木质包装材料可以回收再利用，有的也可反复使用，所以价格低廉；因此它在现代包装工业中仍然占有很重要的地位。

木材也有一定的缺点，如组织结构不匀，各向异性，易受环境温度、湿度的影响而变形、开裂、翘曲和降低强度，易于腐朽、易燃、易被白蚁蛀蚀等多种疵病。不过这些缺点，经过适当的处理都可以消除或减轻。另外，对于小包装件或大批量的包装容器，使用木材并不适于高速操作或自动化装配。

#### （二）人造板材

要节约和综合利用木材，人造板材是一条重要途径。人造板材除胶合板外，所使用的原料均是木材采伐过程中的剩余物或其他木质纤维，使树枝、截头、板皮、碎片、刨花、锯木等废料都得到利用。

近代常用的人造板材原材料又扩大到灌木、农作物秸秆等。尤其是在压缩植物纤维托盘和发泡植物纤维缓冲材料的研究与应用方面，已经成为代木包装的重要发展方向之一。

1. 胶合板

胶合板先由原木旋切成薄木片，经选切、干燥、涂胶后，按木材纹理纵横交错重叠，通过热压机加压而成，如图 3-84 所示。胶合板的层数均为奇数，有三层、五层、七层乃至更多。

由于胶合板各层按木纹方向相互垂直，各层的收缩与强度可相互弥补，避免了木纹方向不同而导致性能差异的影响，使胶合板不易产生翘曲与开裂等。

包装轻工、化工类商品的胶合板，多用酚醛树脂或脲醛树脂做黏合剂，具有耐久性、耐热和抗菌等性能。包装食品的胶合板，多用谷胶和血胶做黏合剂，具有无臭、无味等特性。

2. 纤维板

纤维板的原料有木质和非木质之分，前者是指木材加工的下脚料与森材采伐的剩余物等，后者是指蔗渣、竹、稻草、麦秆等农业废弃物。这些原料经过制浆、成型、热压等工序制成的人造板，叫纤维板，如图 3-85 所示。

图 3-84　胶合板

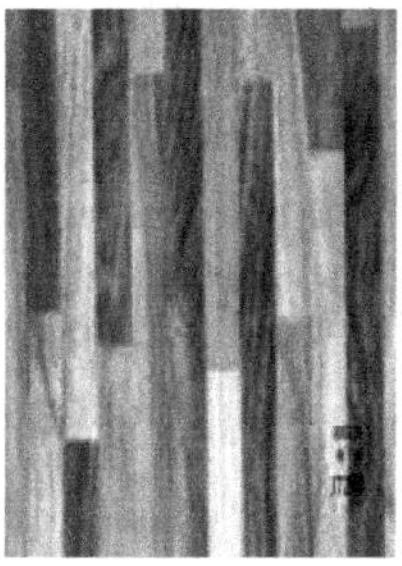

图 3-85　纤维板

纤维板板面宽平，不易裂缝、不易腐朽虫蛀，有一定的抗压、抗弯曲强度和耐水性能，但抗冲击强度不如木板与胶合板。硬质纤维板适宜于做包装木箱挡板和纤维板桶等。软质纤维板结构疏松，具有保温、隔热、吸音等性能，一般做包装防振衬板等。

3. 刨花板

刨花板又称碎木板或木屑板，是利用碎木、刨花经过切碎加工后与胶黏剂（各种胶料、人工树脂等）拌合，再经加热压制而成的。

刨花板的板面平整、花纹漂亮，没有木材的天然缺陷，但易吸潮，吸水后膨胀率较大，且强度不高，一般可以作为小型包装容器，也可以作为大型包装容器的非受力壁板。

## 二、木制包装制品

形形色色的木制容器及其他制品是最古老的包装器具之一。

木制包装制品的形式有桶（密封木桶、不密封木桶）、盒、箱（普通木箱、滑板箱、框架箱、钢丝捆扎箱）、盘（底盘、托盘、滑板托盘）等。

1. 木桶

木桶是一种古老的包装容器。主要用来包装化工类、酒类商品，如图 3-86 所示。

2. 普通木箱

普通木箱通常在载重 200kg 以下时使用。它载重量小，通常采用板式结构，装卸、搬运操作多为人工方式，因而常须设置手柄、手孔等操作构件，不必考虑滑木、绳口及叉车插口等结构，如图 3-87 所示。

3. 滑木箱

滑木箱通常在载重量小于 1500kg 时使用。 由于必须靠机械起吊，或沿地面拖动，因而必须设置滑木，如图 3-88 所示。滑木箱的承重靠底座、侧壁和端壁组成刚性联结来共同完成。

图 3-86　木桶

图 3-87　普通木箱

图 3-88　滑木箱

4. 框架木箱

框架木箱，如图 3-89 所示，通常在载重量大于 1500kg 时使用。 这种木箱也必须设置滑木，供机械装卸、起吊操作使用。框架木箱的承重主要靠构件组成的刚度很好的桁架来完成，壁板在多数情况下仅起密封保护的作用。

5. 底盘

底盘通常是木制的坚固构件，直接和具有足够的强度和刚度的产品固结在一起。适用于塔、罐、机械设备等大型产品。用底盘做包装处理，主要为了运输、装卸的方便。底盘载重通常在 500kg 以上，6000kg 以下。

6. 托盘

托盘是一种“集合装卸”（集约包装）工具，有的地区也称为栈板（图 3-90）。托盘包装的产品本身不是很重、尺寸不是很大，而集约包装就是把若干数量的单件物品归并成一个整体，使用托盘进行装卸运输。其主要优点是简化了包装，能有效降低包装成本、方便运输和装卸。

图 3-89　框架木箱

图 3-90　栈板（木托盘）

7. 胶合板箱

胶合板箱亦称为框档胶合板箱，如图 3-91（a）所示。由胶合板及框档组合而成，这是一种自重很小，外观整洁精致的小型包装箱，适用于空运。其主要优点是构件标准化，适合工业化成批生产。图 3-91（b）为近年来发展起来的可拆式胶合板箱，其优点是组装方便，可重复使用，运输时拆开能叠成平板状，可大大节约运输空间。

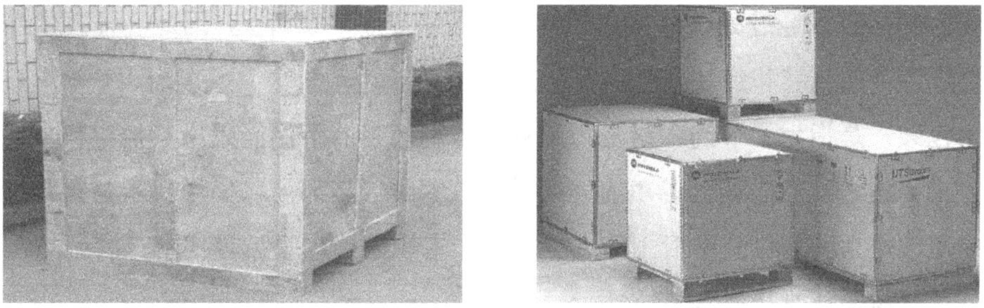

（a）　（b）

图 3-91　胶合板箱

（图片来源：江苏泰来包装工程集团有限公司）

8. 丝捆箱

丝捆箱（图 3-92）又叫捆扎箱，这是一种特殊结构的包装箱。用钢丝将薄板连缀，再用箱档适当加固，依靠钢丝扎并扭合成结，完成封箱。主要优点在于它利用钢丝与箱档的巧妙组合形成有足够刚度的骨架来承重，薄板仅起遮盖和密封保护内装物的作用。其设计结构合理、新颖、耐压、耐振、自重轻、弹性好、表面光洁，兼备了传统木箱和纸箱包装的双重优势，价格接近普通木箱。丝捆箱在运输和储藏时折叠存放，使用时只需简单工具便可迅速组装，缩小了运输和储藏时的仓储空间，降低了成本，并可回收再利用。

丝捆箱可以大量节约木材。包装同样的产品，丝捆箱所用木材量仅为普通木箱的

1/3。此外，丝捆箱更宜于工业化大量生产。

9. 木盒

木盒是一种十分古老的容器，也是家居器皿之一。它多用于礼品包装。图 3-93 即为其中一种形式。木盒表面可以采用多种工艺加工处理，以获得满意的装饰效果。

图 3-92　丝捆箱

（图片来源：江苏泰来包装工程集团有限公司）

图 3-93　木盒

## 三、代木包装

近年来，人们在木制包装的应用上遇到了两个难以逾越的障碍：一是木材资源的日益匮乏；二是森林病虫害带来的影响。美国、欧盟等国家和地区自 1998 年起纷纷制定法令，要求我国木制品必须经过处理才能出口（即所谓“天牛”事件）。因此，开发生产代木包装产品已成为当前包装和包装材料研究的热点。

代木包装，是指为了节约木材资源和克服木制包装的不足而采用其他材料来代替木材的包装方式和技术。从原理上讲，前述几乎所有木质包装都可以使用代木材料制造，但实际应用中通常是指运输包装中应用的大型木箱、木托盘、木底盘等代木包装产品。

1. 以纸（植物纤维）代木

主要包括使用重型瓦楞纸箱或蜂窝纸板箱代替一般木箱包装；瓦楞纸板或蜂窝纸板托盘代替木托盘；使用植物纤维进行直接压制包装产品如托盘（图 3-94）和底盘等。

2. 以塑代木

主要指使用塑料注塑件代替木制包装的方法和技术。目前应用较广的有塑料周转箱或塑料箱、塑料托盘等。

3. 以钢（铁）代木

目前，物流行业开始越来越多地应用钢材加工一次性托盘或可回收使用的托盘，这一趋势在“天牛”事件以后越来越明显。

4. 木塑材料

木塑材料或称塑木材料，是将塑料（一般是回收废塑料）和木质纤维材料（木屑、竹粉、稻壳、秸秆等）按一定比例混合，并添加特殊的助剂，经高温、挤压、成型等工艺制成的复合材料，它兼具木材和塑料的优点，制成的型材可以替代木材、塑材，用以制作托盘（图3-95）、底盘或小型包装箱等，并且有利于废旧资源综合利用，近来日益受到重视。

图3-94　植物纤维压制的托盘

图3-95　木塑型材制造的托盘

# 第七节　复合包装材料及制品

## 一、概述

复合材料是由两种或两种以上物理和化学性质不同的物质组合而成的一种多相固体材料。复合材料可保留组分材料的主要优点，克服或减少组分材料的许多缺点，或产生原组分材料所没有的一些优异性能。复合材料种类很多，用途广泛。

通常复合材料由增强材料和基体材料两个主要部分组成。根据增强材料和基体材料的形态和结构，复合材料分为混合型、层合型等种类。包装行业所指的复合包装材料主要是指层合型复合材料，即用层合、挤出贴面、共挤塑等技术将几种不同性能的基材结合在一起形成的多层结构。使用多层结构形成的包装可以有效地发挥防尘、防污、阻隔气体、保持香味、透明（或不透明）、防紫外线、装潢、印刷、易于用机械加工封合等功能。

复合材料包装还包括复合容器和多层塑料容器。复合容器一般是指罐体与罐盖（底）用不同材料制成的罐或容器，又称组合罐。这里只介绍多层复合材料。

## 二、复合包装材料的组成

通常，可将复合包装材料分为基材、层合黏合剂、封闭物及热封合材料、印刷与保护性涂料等组分。

1. 基材

在多层复合结构中，基材通常由纸张、玻璃纸、铝箔、双向聚丙烯、双向拉伸聚酯、尼龙与取向尼龙、共挤塑材料、蒸镀金属膜等构成。

（1）纸张。

由于纸的价格低廉、种类齐全、便于印刷黏合，能适应不同包装用途的需要，因此在层合材料中广泛用作基材。

用蜡或聚偏二氯乙烯涂布的加工纸和防潮纸广泛地用于糖果、快餐、小吃和脱水食品的包装。印刷精美、用聚乙烯贴面的纸复合材料在食品包装和其他领域也有广泛的应用。图 3-96 是常见的食盐包装袋，它是纸基聚偏二氯乙烯涂布的纸塑复合袋。

（2）玻璃纸。

玻璃纸是第一种用于包装的透明软材料。

未涂布防潮树脂的玻璃纸很容易吸潮变软、变形。用于层合的玻璃纸一般在其一面或两面涂布聚偏二氯乙烯。若使用聚乙烯黏合剂，则这种层合材料能形成高强度的气密性封合。为适应不同的需要，可以用乙烯共聚物代替聚乙烯，以降低热封合温度。如果不希望透明，可在层合时使用加上白色颜料的聚乙烯薄膜。

（3）蒸镀铝材料。

在层合材料中广泛地使用铝箔做阻隔层。与其他软包装材料相比，铝箔对光、空气、水及其他大多气体和液体具有不渗透性，并可以高温杀菌，使产品不受氧气、日光和细菌的侵害，它还具有良好的印刷适性。

为节省铝材，可以用蒸镀铝代替铝箔。蒸镀铝薄膜（图 3-97）可以使耗铝量降为 1/300，耗能缩小 20 倍。蒸镀铝层厚度只有 10～20nm，附着力好，有优良的耐折性及韧性，并可部分透明。适合真空镀铝的基材有玻璃纸、纸、聚氯乙烯、聚酯、拉伸聚丙烯、聚乙烯、聚酰胺等。图 3-98 是一种聚乙烯薄膜镀铝防潮袋包装。

图 3-96　纸塑复合食盐包装袋

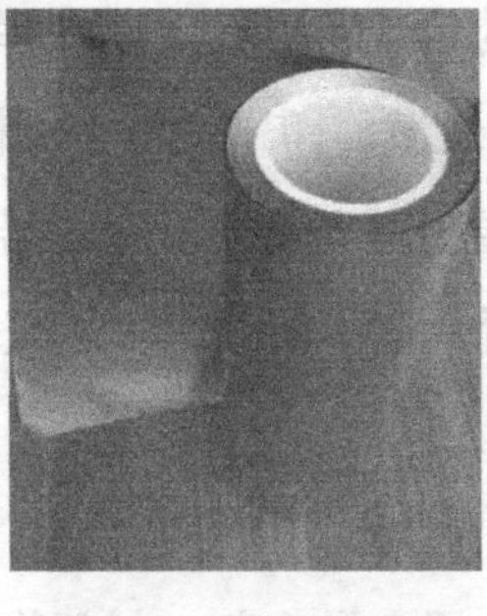

图 3-97　蒸镀铝薄膜

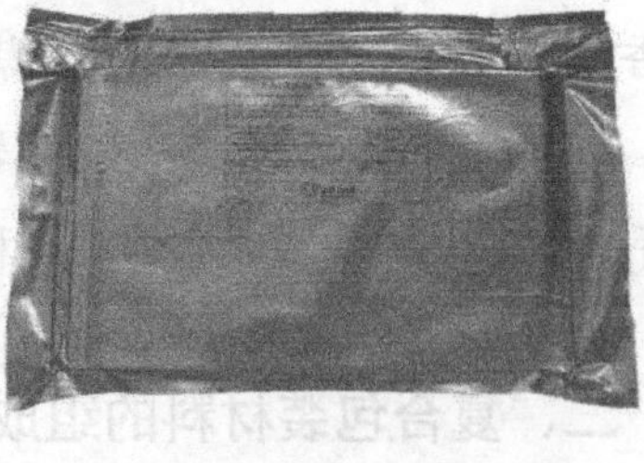

图 3-98　镀铝薄膜包装制品

（4）双向拉伸热定型聚丙烯（BOPP）。

由于双向拉伸热定型聚丙烯的适应性，它已成为层合软包装中使用最广的塑料薄膜材料。这种材料可以像玻璃纸一样被涂布，但又可以与其他树脂共挤塑，生产出具有热封合性的复合结构，以满足各种不同的需要。其能够形成的复合结构品种非常多。

（5）双向拉伸热定型聚酯（BOPET）。

双向拉伸热定型聚酯具有极好的尺寸稳定性、耐热性及良好的印刷适性，因而它是广泛应用的层合结构的外层组分。

含有铝箔或蒸镀铝的聚酯复合结构具有优秀的阻隔性和耐热性。但这种复杂的结构加工成本较高。

（6）尼龙与取向尼龙（ON）。

虽然尼龙的潮气阻隔性并不好，但阻氧性能较高。如果用一种阻湿性好的材料如聚乙烯或聚偏二氯乙烯与尼龙层合，则可成为对氧和水蒸气阻隔性都很好的包装材料。

常用挤出涂布方法将尼龙与具有阻隔潮气和热封合功能的材料复合。这种层合结构常用来包装鲜肉及块状干酪。乙醋共聚物 / 尼龙 / 聚乙烯（或乙醋共聚物）的复合结构常作为衬袋箱的衬袋材料。

（7）共挤塑包装材料。

聚乙烯、聚丙烯、乙烯－醋酸乙烯、乙烯－丙烯酸、乙烯－甲基丙烯酸等都可用作共挤塑包装材料。

2. 层合黏合剂

常用的层合黏合剂包括以下几种。

（1）溶剂型和乳液型黏合剂。用于纸和铝箔层合。

（2）热塑性和热固性黏合剂。热塑性黏合剂层合的材料缺少耐热性；热固性黏合剂抗热性、抗化学性、抗渗性都较好。广泛用于塑料、纸及纸板等基材。

（3）挤塑黏合剂。聚乙烯和乙烯共聚物是广泛应用的挤塑黏合剂，它还能起到防潮的作用。

（4）蜡及蜡混合物。石蜡常用于不需要高黏合强度和高耐热性情况下的黏合。

3. 包装封闭物与热封合材料

封闭包装的方法有热封合、冷封合和黏合剂封合。热封合是利用多层结构中的热塑性内层组分，加热时软化封合，移掉热源就固化。蜡和热封合塑料薄膜是常用的热封合材料。

除了上述的热封合材料外，热封合涂料及热熔融体也是常用的热封合材料。而改性橡胶基物质则不用加热只要加压就能封合，称为冷封合涂料或压敏胶。

4. 印刷与保护性涂料

多层软包装的保护性涂料可以提供下列功能：保护印刷表面、防止卷筒粘连、光泽、控制摩擦系数、热封合性、阻隔性等。硝酸纤维素、乙基纤维素、丙烯酸系塑料、聚酰胺等树脂都可用作保护性涂料。

## 三、多层复合塑料容器

1. 多层塑料瓶

在多层塑料瓶中，强度高且成本低的树脂满足机械强度方面的要求，阻隔性能好的树脂做阻隔层，由于阻隔层很薄，因而可降低整体成本。多层塑料瓶由阻隔层树脂、结构层树脂、黏合剂和黏合材料组成。

例如，以 EVOH 为阻隔层的多层瓶广泛地用来包装农药、药品及橘汁等的包装。典型的多层结构为 HDPE/ 改性 PE/EVOH/ 改性 PE/HDPEH 复合的小型橘汁瓶。

2. 层合软管

层合软管与层合薄膜一样都是多层复合包装材料新的应用领域。

3. 塑料－金属箔复合容器

由于钢箔比铝箔刚性好、不易变形，消除了铝箔形成容器时常见的褶皱现象，外形美观。典型的钢箔塑料复合结构为 PP（40μm）/ 钢箔（75μm）/PP（70μm）。

钢塑复合容器可用于甜冻食品、烧鸡、田螺、咸鳕鱼及婴儿食品包装。由于水果类及蔬菜类食品包装对氧气十分敏感，日本某公司开发了防止氧化的钢箔复合无菌容器，其基材是 75μm 厚的镀锡钢箔，外面是复合聚丙烯；在制罐工艺中，于罐口突缘及侧壁处涂上专用涂料，底面的镀锡层裸露。它是利用锡极易氧化的特性，有效地消除包装内部残留的氧气，从而提高食品的货架寿命。

## 本章思考题

（1）试列举纸包装容器的应用范围。

（2）5L 食用油用的塑料容器可以使用什么方法成型？

（3）试对比二片罐和三片罐的优缺点及适用性。

（4）陶瓷与玻璃包装容器有什么区别？

（5）为什么说复合材料是包装材料发展的重要方向？它有什么不足？

# 第4章 包装技术与工艺

包装技术是包装系统中的一个重要组成部分，它主要研究包装过程中所涉及的技术的机理、原理、工艺过程和操作方法。包装工艺过程则是指采用包装材料或容器将一件或多件产品进行包装，成为一个包装件的全过程。

包装技术与工艺（包装工艺学）主要是研究包装工艺过程中的具有共同性的规律，它是包装工程学科的重要基础之一。

研究包装技术与工艺，主要是解决以下三个问题。

（1）保证实现包装的功能。从技术与工艺的角度看，包装可以实现的功能主要包括以下几点。

① 保证产品的质与量，既要考虑到材料、容器对产品的影响，又要考虑到包装件的防损伤、防潮、防腐、阻氧、阻光等特性，此外，还要保证产品按规定质量和数量实施包装，以及在储存、运输过程中防止缺失等；

② 方便储运和销售，运用灌装、裹包、集合包装、组合包装、速冷（热）包装等技术对产品实施包装，以提高产品包装的效率，并且为储存、运输、销售和消费者的使用提供方便。

要实现上述功能，应严格按照规定的技术条件实施包装工艺操作，并且不断研究和采用当代先进的技术及工艺，才能使产品的包装更加具有竞争力。

（2）提高劳动生产率。生产效率的提高要依靠先进的技术及工艺作为保障，采用与之适应的新材料，并且提高包装设备的机械化和自动化程度，达到生产工艺与包装设备一体化。在当今应逐步采用数字化、智能化的包装设备，最大限度地提高生产效率，实现高效生产。

（3）提高包装经济效益。在提高生产率的同时，降低包装生产成本，才能提高包装的经济效益，增强市场竞争力。降低工艺成本可通过采用先进的包装设备，节约使用包装原辅材料等来实现。

简单地说，研究包装技术与工艺的目的就是要得到优质、高产、经济的包装件，使产品更加具有市场竞争力。其中优质是前提，不能实现包装所规定的功能，也就谈不上生产率和经济性。

综上所述，包装技术（工艺）是指实现包装功能的技术方法。一般来说，这些技术方法可大体分为两大类。

（1）专用包装技术。适用于某些特定行业、特定产品属性的包装技术与工艺。

（2）通用包装技术。适用于各类产品包装过程，实现各种包装操作活动的技术方法。

另外，包装件在流通过程中，产品（内装物）会受到自身的性质、包装制品的性能及各种流通环境因素的影响，在运输和储存各个环节中会出现不同程度的质量变化，严重时可导致产品原有性能的丧失，因此进行产品包装时，要综合考虑产品、包装制品、流通环境三者各自的性质和特点，选择科学合理的包装工艺技术与方法。

本章将从产品在流通中发生的质量变化、专用包装技术、通用包装技术等三个部分来讨论包装技术与工艺相关的内容。

## 第一节　产品在流通中发生的质量变化

包装件及产品（内装物）在流通过程中，会受到装卸条件、道路状况、气候变化和降雨降雪等环境的影响，在产品运输和储存各个环节中会由于各种原因导致包装产品出现不同程度的损坏，从而降低产品的品质和价值，影响企业的经济效益。因此在包装中必须要考虑流通环境的各种因素。

为了减少产品在流通过程中的质量变化，防止产品的损失和变质，必须掌握产品在流通过程中质量变化的现象和规律，研究和正确选用科学合理的包装技术和方法，才能保证产品在流通中的安全。

需要包装的工农业产品种类繁多，它们在流通过程中的变化也有多种形式，概括起来有物理变化、化学变化、生理生化变化和机械性能变化等。

## 一、产品在流通中的物理变化

产品在流通中发生物理变化时，只改变了产品中物质本身的外表形态，而不改变其本质，没有新物质生成。产品发生物理变化后会产生数量减少、质量降低等现象，严重时会完全丧失其使用价值，物理变化的影响因素通常有温度、湿度或压力等。物理变化常见的表现形式包括以下几种。

1. 挥发

挥发属于“三态变化”中液态变气态的变化，它是指液体产品或经液化的气体产品，在一定温度下由液体表面迅速汽化变成气体散发到空气中的现象。对沸点低、易挥发的产品应研究采用隔热及密封性能好的包装材料或容器进行包装，以防止产品在流通过程中挥发。

2. 溶化

溶化是指固体溶解在液体中的过程，因此涉及两种物质。对大多数产品而言，液相成分通常是潮湿空气中的水分，当固体产品吸收的水分达到一定程度时，产品就溶化成了液体。

溶化的基本条件是产品同时具备吸湿性和水溶性，并有一定环境条件要求。例如，棉花、纸张、硅胶等，虽然有较强的吸湿性但不具有水溶性，吸收水分再多，它们也不会被溶化。又如硫酸钾、过氯酸钾等虽然具有水溶性，但是由于它们的吸湿性很低，所以不易溶化。许多易溶于水的产品均有溶化的倾向。影响产品溶化的因素主要有产品的组成成分、结构和性质（易溶性）及大气的相对湿度、温度等因素。

3. 熔化

产品的熔化是指某些产品受热后发生变软以致变成液体的现象。熔化除受环境温度的影响外，还与产品本身的熔点密切相关。

易于发生熔化的产品，如医药产品中的油膏类、胶囊等；百货产品中的香脂、发蜡、蜡烛等；化工产品中的松香、石蜡、抛光蜡和金属盐类中的硝酸锌等。对易熔化产品的包装，一般应采用密封性能好、隔热性能强的包装方法，尽量减少因环境温度升高而影响产品质量的问题。

4. 渗漏

渗漏主要是指流通中的液态产品，由于包装容器密封不良，容器质量不好，运输时碰撞振动及内装物膨胀等原因使包装受损，从而导致液体产品泄漏的现象。例如，金属包装容器有气泡、砂眼或焊锡不匀、接口不严等；金属包装材料耐腐蚀性差，受潮易锈；有些液体产品因气温升高或降低，会发生体积膨胀或汽化，从而使包装内部压力加大而胀破包装容器等，都会导致渗漏问题。要解决渗漏问题，重点在提高包装质量及改善产品的储运条件。

## 二、产品在流通中的化学变化

产品在流通过程中的化学变化也就是产品发生质变的过程。此时，不仅产品的外表形态发生了改变，而且通过变化还生成了其他物质。

化学变化会使产品的使用价值大大降低，严重时会使产品完全丧失其使用价值。因此，在包装过程中应当充分考虑化学变化的因素，尤其是对于生鲜产品、食品及药品等产品。化学变化的影响因素通常有光照、氧、水分、热量及某些酸碱性物质。化学变化常见的表现形式包括以下几种。

1. 化合

化合是指产品在流通过程中，受外界条件的影响，会出现两种或两种以上的物质相互作用，生成一种新物质的化合反应。例如，干燥剂（吸潮剂）的吸湿过程，就是干燥剂与水的化合反应过程，结果导致干燥剂逐步失效。

2. 分解

分解是指某些化学性质不稳定的产品，在光、热、酸、碱及潮湿空气的影响下发生化学变化，由原来的一种物质生成两种或两种以上的新物质。例如，果汁中的维生素 C 在光照、高温或金属的作用下会分解，从而降低果汁的营养价值。产品发生分解后不仅数量会减少而且质量会降低，有时产生的新物质还可能具有危害性。

3. 水解

水解是指某些产品在一定条件下，与水电离出的氢离子或氢氧根离子发生反应，从而被分解的过程。各种不同产品在酸或碱的催化下，发生水解的情况不一样。例如，肥皂在酸性溶液中会全部水解，但在碱性溶液中却很稳定；棉纤维在酸性溶液中，特别在强酸的催化作用下易于水解，从而大大降低纤维的强度，但在碱性溶液中却比较稳定。

4. 氧化

氧化是指产品与空气中的氧或其他物质放出的氧接触，发生与氧结合的化学变化。易于氧化的产品很多，如某些化工原料、纤维制品、橡胶制品、含油脂的产品等。有些产品在氧化过程中要产生热量，如果热量不易散失，又会加速氧化过程，使温度逐步升高，如果达到自燃点时就会发生自燃现象。例如，桐油布、油纸等桐油制品，如尚未干透就进行包装，就易发生自燃。油脂受氧（包括水、光、热和微生物）作用，会发生水解、氧化而变质酸败，其结果是使中性脂肪依次分解为甘油、脂肪酸、低级脂肪酸、醛类、酮类及各种氧化物等物质，不但改变了油脂的感官性质，而且会对人体产生不良影响；其高度氧化可能有致癌作用。易于氧化的产品在包装中必须采取除氧、防氧措施。防氧包装是食品包装中的关键技术之一。

5. 锈蚀

锈蚀是指金属制品特别是钢铁制品在潮湿空气或酸、碱、盐类物质的作用下发生腐蚀的现象。金属制品的锈蚀不仅会使金属制品的重量减少，严重的还会影响制品的质量和使用价值、美观性等。

根据锈蚀产生的原因，锈蚀可分为电化学锈蚀和化学锈蚀。防止锈蚀可以从阻止锈蚀产生的原因入手加以防护，如钢铁制品的防锈，可以涂防锈油、贴防锈膜或采用密闭容器封存包装，并在包装内放置吸潮剂以隔绝氧气、去除水分等。

6. 老化

老化是指某些以高分子聚合物为主要成分的产品，如橡胶、塑料制品及合成纤维制品等，受日光、热和空气中的氧等因素的影响，而产生发粘、龟裂、强度降低以致发脆变质的现象。例如，塑料制品长期处于日光、高温条件下会发生变形、龟裂及性能降低；汽车轮胎在保存时必须采取避光、隔热等措施，以防止其老化。

## 三、产品在流通中的生理生化变化

产品的生理生化变化也是产品流通过程中质量变化的一个重要方面，它是指有机体产品，如粮食、果蔬、鲜鱼、鲜肉、鲜蛋等，在流通过程中受外界水分、氧气、温度、湿度等因素的影响，所发生的各种生理生化变化，常见的生理生化变化形式有以下几种。

1. 呼吸作用

呼吸作用是指有机体产品在生命活动过程中进行呼吸，分解体内有机物质产生热能，维持其本身生命活动的现象。它是有机体在氧和酶的参与下进行的一系列氧化过程，呼吸停止就意味着有机体产品生命力的丧失。

呼吸作用消耗着有机体内的葡萄糖，从而降低有机体产品的质量，而且还放出热量。例如，粮食在储存中的呼吸作用产生的热量积累过多，会使粮食变质。呼吸作用分解出来的水分又有利于有害微生物生存繁殖，这样就会加速产品的霉变。一些生鲜果蔬在呼吸时会释放出乙烯气体，从而加速其熟化、变质。

呼吸作用的最主要影响因素是水分，其次是温度。同时，氧气是大多数有机体产生呼吸作用的条件之一。因此，有机体产品的包装设计可以通过控制这三个条件来控制产品在流通过程中的呼吸强度，抑制过于旺盛的呼吸，以延长产品的保质期限。对于生鲜果蔬的包装还须考虑如何去除乙烯气体。

2. 发芽

一些有机体产品，如粮食、果蔬等在流通过程中，若水分、氧气、温度、湿度等条件适宜就可能发芽，其结果会使粮食、果蔬的营养物质在酶的作用下转化为可溶性物质，供给有机体本身生长的需要，从而降低有机体产品的质量。例如，稻谷、小麦、玉米等待加工粮食发芽都会降低加工成品率和食用价值；马铃薯发芽会产生有毒物质而不宜食用；粮食种子发芽则会丧失播种价值。同时，发芽过程通常伴随着发热生霉，从而增加产品损耗，降低其质量。

防止发芽的包装技术手段也是从改变和控制产品发芽的环境条件入手的。

3. 胚胎发育

这里主要指鲜蛋的胚胎发育。鲜蛋在流通过程中，如果温度适宜，胚胎往往发育成血坏蛋，大大降低鲜蛋的质量。为了抑制鲜蛋的胚胎发育，要研究、选用合理的产品包装和储运方式。例如，选用隔热性能好的包装材料和包装容器，并采取冷藏储运等。

### 四、产品在流通中的破损

产品在流通过程中需经过各种运输工具的运输，在车船码头、周转仓库的堆码储存及搬运、装卸等，有可能受到因碰撞、冲击、振动和堆码等带来的外力作用，从而导致产品受损，使其产生失效、失灵或商业性破损。上述外力往往也会对包装本身带来影响。例如，瓦楞纸箱包装件在储运过程中的堆码，会使底层纸箱承载过重而导致其变形、破损，从而失去保护作用。对于某些特定的包装来说，温度、湿度的变化也会影响到包装件的质量和性能，如纸质包装的强度等。

研究产品在流通中发生破损的机理及避免产品破损，是包装工程学科中一门专门的科学——包装动力学的主要任务。

在产品流通过程中影响其质量的因素还有很多，如生物及微生物、包装气氛、辐射、静电等因素。

探讨产品在流通中的质量变化及其原因，其目的就是通过科学研究，开发出阻碍产品品质恶化的包装技术和包装方法，即所谓专用包装技术。

## 第二节　专用包装技术

根据产品的防护要求，专用包装技术包括防霉腐包装技术、防潮（湿）包装技术、无菌包装技术与工艺、防氧包装技术、防锈包装技术、缓冲及防振包装技术（运输包装）、防静电包装技术、保鲜包装技术等。限于篇幅，本书介绍几种典型的专用包装技术。

## 一、防霉腐包装技术

产品或包装件在流通过程中，由于环境中微生物及气候条件（温度、湿度等）的影响，有些物品会受到霉腐微生物的污染，从而导致产品或包装件变质或损坏。霉腐微生物生长繁殖的营养条件包括水、碳水化合物、脂肪、蛋白质、无机盐和维生素等。例如，食品、干菜、干果、茶叶、卷烟、纺织品、针棉织品、塑料、橡胶制品、皮革制品、毛制品、纸及纸板等都是含有这些有机成分的物品。在包装容器内储运食品和其他含有有机碳水化合物成分的产品时，产品表面可能生长霉菌，在流通过程中如遇潮湿，霉菌生长繁殖极快，甚至伸延至产品内部，使其腐烂、发霉、变质，因此要采取特别的防护措施。

防霉腐包装技术就是在充分了解霉腐微生物的营养特性和生活习性的情况下，采取相应的技术措施使产品（内装物）处在能抑制霉腐微生物滋长的特定条件下，延长产品（内装物）的质量保持期限。

要采取相应的防霉措施就需要先了解产品霉腐的本质，一般来说，产品发生了霉腐变质，首先是因为该物品感染上了霉腐微生物，这是物品霉腐的必要条件之一；其次是因为该物品含有霉腐微生物生长繁殖所需的营养物质，这些营养物质能提供给霉腐微生物所需的生长条件（包括碳源、氮源、水、无机盐、能量等）；最后是因为有适合霉腐微生物生长繁殖的环境条件，如温度、湿度、空气等，这是物品霉腐的外界因素。其中水分是霉菌生长繁殖的关键因素，在潮湿的环境条件下，霉菌的繁殖速度会大大加快。

防霉腐包装技术就是从技术上杜绝上述三个产生霉腐的源头。这主要可以通过以下方法来实现。

（1）对包装制品和内装物进行处理，杀灭霉腐微生物；

（2）确保包装制品、内装物及包装环境的清洁，防止感染霉腐微生物及其滋长；

（3）控制包装件内外的环境温度、湿度、空气等条件。

防霉腐包装从结构上分主要有密封和非密封两种。密封防霉腐包装是指将产品用不透气或透气率低的阻隔性材料密封包装起来，这种方法能有效地控制霉腐微生物的生长繁殖所依赖的氧气、水分、基质等条件，从而达到防止或抑制产品发生霉变的目的。非密封防霉腐包装适用于一些对霉菌敏感度较低或经过防霉处理后的产品，在不密封条件情况下能达到防霉腐效果的包装。常用的防霉腐包装技术主要有以下几种。

### 1. 化学药剂防霉腐包装技术

化学药剂防霉腐包装技术是指使用对致霉腐微生物有抑制或杀灭作用的化学药剂对内装物、包装材料及包装制品进行适当处理的包装技术。这种方法属非密封防霉腐包装。

防霉防腐剂的杀菌机理：使菌体蛋白质凝固、沉淀、变性；用防霉防腐剂与菌体酶系统结合，影响菌体代谢；用防霉防腐剂降低菌体表面张力，增加细胞膜的通透性而发生细胞破裂或溶解。

防霉防腐剂有两大类，一类是用于工业品的防霉剂，如多菌灵、百菌清、灭菌丹等。另一类是用于食品的防霉腐剂，如苯甲酸及其钠盐、脱氢蜡酸、托布津等。

2. 气相防霉腐包装技术

气相防霉腐包装技术是指使用具有挥发性的防霉防腐剂，利用其挥发产生的气体直接与霉腐微生物接触，达到杀死抑制其生长，防止产品霉腐的目的。这种方法属密封防霉腐包装。

常用的气相防霉腐剂有多聚甲醛、甲醛、环氧乙烷、SF501 等。使用多聚甲醛时可包成小包或制成片剂放入包装容器内，加以密封，任其自然升华扩散。环氧乙烷只可应用于日用工业品的防霉，不宜作粮食和食品的防霉。

3. 气调防霉腐包装技术

气调防霉腐包装就是在密封包装的条件下，通过改变包装内气体组成成分，来抑制霉腐微生物的生命活动与生物性产品的呼吸强度，从而达到对被包装产品防霉腐的目的。因为绝大部分霉腐微生物都需要通过有氧呼吸进行代谢，如向包装内通入二氧化碳便可以达到抑制其生长繁殖的目的。这种方法属于密封防霉腐包装。采用这种防霉腐方法时，包装材料和容器必须对气体或水蒸气有一定的阻透性，才能保持包装内的气体浓度。

气调防霉腐包装技术所填充的气体同时还需要满足无色、无味、低溶解度、低透过率等条件，应用最广泛的是二氧化碳、氮气和一些惰性气体。将这些气体按一定比例混合能更多地保持食品天然风味和营养，在肉类、果蔬、焙烤等食品储存保鲜方面应用广泛，是一种低碳环保的包装技术。

4. 干燥防霉腐包装技术

在干燥的条件下，霉菌不能繁殖生长，产品便不会发霉、腐烂。干燥防霉腐包装技术是通过降低密封包装内的水分与产品本身的含水，使霉腐微生物得不到生长繁殖所需水分来达到防霉腐的目的。可通过在密封的包装内放置一定量的干燥剂来吸收包装内的水分，使内装产品的含水量降到其允许含水量以下。食品包装中常用的干燥剂有硅胶、铁粉和生石灰。这种防霉腐包装技术在很多产品上都得到应用。它属于密封防霉腐包装，由于要防止水分侵入包装件内部，因此这种包装的材料和容器也需要有一定的阻水性。

5. 电离辐射防霉腐包装技术

电离辐射防霉腐包装是利用射线（X 射线、$\gamma$ 射线）照射被包装物品来达到杀菌防霉腐的目的。电离辐射的直接作用是当辐射线通过微生物时能使微生物内部成分分解而引起诱变或死亡。这种方法属于非密封防霉腐包装。

电离辐射防霉腐包装操作可以先将产品进行辐射处理再包装或者先包装后再辐射处理。包装后的产品经电离辐射灭菌后，如不再污染，再配合冷藏条件，小剂量辐射能延长保存期数周（月）；大剂量辐射可彻底灭菌，长期储存。

6. 紫外线、微波、远红外线和高频电场防霉腐包装技术

紫外线具有杀菌能力，但其穿透力很弱，所以只能杀死产品表面的霉腐微生物。此外，含有脂肪或蛋白质的食品不宜用紫外线照射杀菌。紫外线一般用来处理包装容器（或材料）及非食品类的被包装物品。

微波的杀菌机理是微生物吸收微波能量后，一方面转变为热量而杀菌，另一方面菌体的水分和脂肪等物质受到微波的作用，其分子间发生振动摩擦而使细胞内部受损而产生热能，促使菌体死亡。微波产生的热能在内部，所以热能利用率高，加热时间短而均匀。微波杀菌只适用于霉菌、酵母菌等不耐热微生物，但对附着在食品背面，水分含量低的食品效果不显著。

远红外线的作用与微波相似。其杀菌机理主要是远红外线的光辐射产生的高温使菌体迅速脱水干燥而死亡。

高频电场的杀菌机理是含水分高的产品和微生物能“吸收”高频电能转变为热能而杀菌。只要产品和产品上的微生物有足够的水分，同时又有一定强度的高频电场，消毒瞬间即可完成。

上述均属非密封防霉腐包装。除了上述方法外，采用霉腐微生物不易侵蚀的包装材料进行包装，可以提高包装件防霉腐的能力。

## 二、防潮（湿）包装技术

### （一）防潮（湿）包装的定义和目的

对一些产品而言，水分是引起其变质的重要因素。产品中水分的变化主要是由大气湿度和环境温度变化而引起的。湿气侵入包装内易引起食品发霉变质、金属制品锈蚀等；另外，产品中水分向外扩散、蒸发也会引起一系列变质，如水果、蔬菜失水现象，油漆、胶水干缩现象等。为保证产品在储存和运输中不变质，常常要进行防潮包装，尤其是一些对水分比较敏感的产品，更需进行严格的防潮、防湿包装处理。所谓防潮（湿）包装技术，就是通过采用具有一定隔绝水蒸气（水）能力的包装材料，隔绝内装物与外界的联系，并辅以其他技术措施，稳定内装物中的含水量，防止因潮气或水侵入包装件内或包装件内水分溢出包装外而影响内装物品质量所采用的包装技术。严格来说，防潮包装与防湿包装有

所不同，前者主要是阻隔水蒸气；后者主要是阻隔水。本章谈到的主要是防潮包装。防潮包装的目的在于以下几点。

（1）防止干燥物品，如化肥、水泥、火药和干燥食品等产品受潮变质；

（2）防止含有水分的物品，如食品、果品、化妆品等物品失水变质；

（3）防止有机物品，如食品、纤维制品、皮革等物品因受潮而发生霉腐变质；

（4）防止金属制品因湿气作用而变色或生锈。

### （二）包装材料的透湿机理

理论上，大多数材料都有一定的透湿性。使用某种透湿材料隔开两侧空间，当两侧的空气湿度存在差别时，则高湿度一侧空气中的湿气（水蒸气）会透过材料，向低湿度一侧中的空气移动。材料的透湿性是由材料的种类、内部结构、厚度、环境温度及材料两侧水蒸气的压力差（或湿度差）决定的。理论研究表明，金属箔、玻璃薄片、部分陶瓷等材料的透湿，主要是由材料内部的空穴结构引起的毛细流动所造成的。而纸、纸板、塑料板、塑料膜、橡胶制品和木板材料等材料的透湿，主要是由纤维或主分子链之间的间隙（包括分子间空隙与分子内空隙），使活化的水分子扩散或迁移所造成的。

包装材料的透湿性用透湿率（或称透湿度，又称水蒸气渗透率）来表征，即在单位面积上、单位时间内所透过的水蒸气的质量，其单位用 [g/($m^2$・24h)] 来表示。显然，透湿率大的材料防潮性能低，透湿率小的材料防潮性能高。防潮包装材料的防潮性能，是由该材料的透湿度或透湿系数来评价的。实际上应用的包装材料的透湿度从透湿度极高的牛皮纸、高质量纸、玻璃纸等纤维素材料，到理论上透湿度为 0 的厚铝箔（50μm 厚度）等防潮材料，按其材料种类及厚度的不同而有较大的差异。透湿度在 100g/（$m^2$・24h）以下的，属一般防潮材料；透湿度在 15g/（$m^2$・24h）以下的，属较好防潮材料；透湿度在 5g/（$m^2$・24h）以下的，属高度防潮材料；透湿度为 0 的，属完全防潮材料。一般来说，透湿度达到 5g/（$m^2$・24h）时材料的防潮性能已经很好了。

### （三）防潮（湿）包装方法

防潮（湿）包装方法分为两大类，第一类是采用静态干燥法和动态干燥法吸收包装内的水分和吸收从包装外渗进来的水分，以减慢包装内湿度上升的速度，延长防潮包装的储存期。静态干燥法是采用干燥剂除湿法，适合于小型包装和有限期的防潮包装；动态法是采用除湿机械将包装内的潮湿空气换出，适合于大型包装和长期储存包装。第二类是为了保障被包装物在最佳的含水量范围内，减少被包装物吸收或排出水分，保证产品性能稳定而采用的包装方法，即采用低透湿率的防潮包装材料进行包装，以防止被包装物品内水分丢失或吸湿。

防潮（湿）包装操作中，对于包装内部放有干燥剂的包装，必须使用具有低透湿率的包装材料，因为包装内部放入干燥剂后，增大了包装内外的湿度差，如果所使用的包装材料透湿率大，会使包装外的水分很快地进入包装内，使包装内有限的干燥剂过快地吸湿而失效，造成被包装物受潮变质。

常用的干燥剂有吸附型和潮解型两类。吸附型干燥剂有硅胶、无水氯化钙、活性炭、分子筛等，潮解型的干燥剂主要是生石灰，它们各有不同的吸湿等温线，且在不同温度下的吸湿率不同。

## 三、无菌包装技术

### （一）无菌包装的定义

无菌包装是灭菌包装的一种类型。无菌包装是指在被包装物品、包装容器或材料、包装辅助材料无菌的情况下，在无菌的环境下进行充填和封合的一种包装技术。无菌包装与传统的灌装工艺和其他所有的食品包装的不同之处在于：食品单独连续杀菌，包装也单独杀菌，两者相互独立。无菌包装可实现连续灌装密封，生产效率高。

### （二）无菌包装的灭菌技术

目前，无菌包装技术主要用于食品和药品包装中，且产品、包装材料或容器、包装过程中直接与产品接触的设备器具等可按照其不同的特点及要求采用不同灭菌方法来分开灭菌。

*1. 产品的灭菌技术*

（1）巴氏灭菌技术。

巴氏灭菌是将食品充填并密封于包装容器后，在低于100℃温度下保持一定时间，其目的是最大限度地消灭病原微生物。巴氏灭菌是由德国微生物学家巴斯德于1863年发明的，至今国内外仍将巴氏灭菌广泛应用于液态食品（果汁、牛乳）、酸性食品及婴儿合成食物的消毒。巴斯德通过大量科学实验证明，如果原奶加工时温度超过85℃，则其中的营养物质和生物活性物质会被大量破坏，但如果低于85℃时，则其营养物质和生物活性物质被保留，并且有害菌大部分被消灭，一些有益菌却被存留。由于巴氏灭菌所达到的温度低，故达不到全面灭菌的程度。但是它可使布氏杆菌、结核杆菌、痢疾杆菌、伤寒杆菌等致病微生物死亡，可以使细菌总数减少90%～95%，能起到减少疾病传播，延长物品使用时间的作用。

巴氏灭菌温度低、时间短，不破坏食品的营养与风味，主要用于柑橘、苹果等果汁饮料、鲜奶、乳酸饮料、啤酒、酱油、熏肉等食品的灭菌。

**图 4-1　超高温杀菌机**

（图片来源：上海瑞派机械有限公司）

（2）超高温短时灭菌技术（UHT）。

超高温短时灭菌是指在 135 ～ 150℃温度下，短时间内对被包装食品进行灭菌处理，以杀灭包装容器内的细菌。采用这种技术能够保证灭菌效果，而且还可以保证食品质量与风味，生产效率也可以大大提高。因此广泛用于乳制品、豆奶、茶、酒（啤酒除外）、矿泉水等产品的无菌包装。如图 4-1 所示为一种超高温杀菌机。

（3）其他灭菌技术。

产品灭菌还可以采用微波加热灭菌、电阻加热灭菌、高电压脉冲灭菌、超高压灭菌等技术，热效率高，灭菌效果好。

2. 包装的灭菌技术

（1）热处理技术。

热处理是最常用的包装灭菌技术，根据不同的包装材料，应选择合适的热处理方式。对于金属和玻璃容器，通常使用 121 ～ 129℃的饱和蒸汽在 600kPa 的高压下灭菌几秒，或使用 176 ～ 232℃的超高温蒸汽在常压下灭菌；部分金属容器或复合材料制成的包装也可以在常压下使用 315℃的干热空气进行灭菌；对高温敏感的塑料包装可以认为在吹塑成型的过程中达到了灭菌的效果。

（2）辐射灭菌技术。

辐射灭菌技术应用于不能忍受灭菌所需高温，或形状不规则的包装。常用的辐射方法有电离辐射和紫外线辐射两种。

放射线包括 γ 射线、β 射线和 x 射线等。辐射灭菌可以在室温下进行处理，能有效地控制微生物的生长，但有些酵母和过滤性病毒具有抗辐射能力，不会被辐射能量所杀死。此外，热和光的辐射会损伤纸和各种塑料的原有性能。

紫外线具有强烈的表面灭菌作用，它能使微生物细胞内核蛋白分子构造发生变化而引起死亡。波长为250～260nm的紫外线灭菌能力最强。使用时只需将紫外线照射于需灭菌的物品表面即可，但需根据紫外线灯管的功率确定照射距离和时间。紫外线灭菌最为简单，无药剂残留、效率高、速度快，目前使用最为普遍。另外，若紫外线杀菌能与过氧化氢杀菌结合，使用其杀菌效果会更好。

（3）化学灭菌法。

很多化学试剂也能达到高效灭菌的效果，如食品包装中常用一定浓度的过氧化氢溶液，配合以中高温或紫外线辐射对包装容器灭菌；或用过乙酸（PAA）对包装材料或容器进行浸泡或喷淋，可有效杀灭细菌。化学灭菌法在实际应用中需要严格监控，确保包装材料上没有化学试剂的残留。

3. 其他过程中的灭菌技术

在包装过程中，可以用热灌装技术避免引入外接细菌，但该技术要求包装材料要有良好的耐热性；对包装设备的灭菌大多采用热水或饱和蒸汽。严格的无菌包装应在密闭条件下的无菌环境中进行。

### （三）无菌包装的特点

随着人们物质生活质量的不断提高，对食品品质的要求也越来越高，促进了无菌包装的发展。

1. 无菌包装工艺的优点

（1）食品经过无菌处理后不会破坏食品的营养成分，对食品的品质影响不大；

（2）包装后食品可以在常温下进行保存和运输，降低了流通成本，而且延长了食品的保存期限；

（3）无菌包装对包装材料的限制小，能使用多种包装材料。

无菌包装时一般也对包装材料、容器和辅助包装材料等进行灭菌，如前所述，所采用的方法能适用纸、塑料、金属及玻璃等多种材料。

2. 无菌包装工艺的缺点

（1）很难用于流动性差的高黏度物品的包装；

（2）设备复杂，规模较大，造价高，因此成本高；

（3）对操作管理要求十分严格，一旦发生污染，整批产品就要全部报废。

### （四）无菌包装的种类和包装的食品

1. 完全无菌包装

完全无菌包装指流动性食品在灭菌后用无菌包装材料在无菌的环境下进行充填包装。由于医药用品的卫生要求高，常采用完全无菌包装，因此技术上要求很高。

2. 半无菌包装

半无菌包装指对于难以完全灭菌的固体食品，抑制其初发菌数并采用无菌材料在无菌室内进行包装，然后进行冷藏流通的包装方法。

无菌包装主要用在食品的包装上，尤其是牛乳或乳制品、果汁、饮料等液体食品上。用于食品的包装均属商业无菌，即在技术上不能达到完全无菌，杀菌后仍存在一些无害菌，但在保质期内可以保证其不繁育，因而达到保质的效果。

1961 年，利乐公司（全球最大的液态食品加工及包装生产企业）首先将纸盒无菌包装技术应用于商业化生产。直至今日，无菌灌装技术的发展日臻完善，目前，市场上诸多产品都在采用无菌灌装工艺，如乳酸饮料、果汁、啤酒等。

### （五）无菌冷灌装实例简介

由于一些液体产品热灌装时温度较高，所以需用耐热性强并较重的塑料瓶。而采用无菌冷灌装的液体产品，加热时间短、产品口感好、品质高、营养成分可被充分保留。并且由于冷灌装温度不高，可采用价格较低的轻质 PET 瓶。因此，无菌冷灌装在保证产品品质的同时，降低了生产成本，其应用更加广泛。

德国克朗斯公司的无菌灌装设备由于技术先进、自动化水平高而被广泛采用。该无菌灌装系统是典型的完全无菌包装形式。其容器的灭菌采用高温蒸汽消毒，双元件喷嘴式喷射器喷入灭菌剂，双通道探入式喷嘴进行冲瓶；瓶盖消毒使用专用溶液全自动处理 60 秒；整个灭菌室采用克朗斯隔离专利技术。饮料的灭菌是由产品的特性决定的，采用可调节的巴氏杀菌 / 超高温处理液体，并通过无菌管路系统输入密闭的灌装室进行灌装。设备采用全过程控制和监测、电脑化生产线管理系统。

在本书附赠的视频资料中较为详细地介绍了这种无菌灌装系统，请扫描封底二维码观看。

## 四、缓冲及防振包装技术

包装件在流通过程中，要经历运输、装卸、搬运和仓储等环节，在这些环节中都有可能因冲击和振动给产品带来危害。缓冲（防冲击）及防振包装技术就是要确保产品在运输过程中不致因冲击和振动而破损，从而避免经济和功能上的损失。对于危险产品，还要妥善包装以保障人员及财产的安全。

运输包装学（又称包装动力学，因其主要研究的是包装力学问题而得名）就是一门专门研究产品及其包装在动态载荷（冲击与振动）作用下的运动规律、损坏形式及其防护方法的科学。

运输包装的研究，为揭示产品包装在流通环境中的运动规律，合理地进行包装结构设计、保护产品、减少包装损失提供理论依据，它是包装工程学科的一个重要组成部分。

### （一）产品的脆值与破损

#### 1. 产品脆值

脆值是产品经受冲击和振动时用以表示其强度的定量指标。从量值上讲，脆值定义为在产品不发生物理或功能损伤的情况下所能承受的最大加速度值，一般用重力加速度的倍数 $G$ 来表示，即产品的脆值等于产品破损前的临界加速度与 $g$（重力加速度）的比值 $G_c$。脆值越大，表示产品对外力的承受能力越强；反之，则意味着产品对外力的承受能力越差，在设计防振包装时，可以选择刚度大些的材料。因此，在不影响产品性能的条件下，提高产品的脆值，可以简化防振包装，节约缓冲材料，降低包装成本。

#### 2. 产品的破损

破损是指产品的物理或功能损伤。一般认为，由于运输、装卸和储存不当而使产品丧失了合格品质量指标之一的就叫破损。

由于损坏的性质和程度不同，破损可分为以下三种。

（1）失效。又称严重破损，指产品已经丧失使用功能且不可逆转，不可恢复；

（2）失灵。这是轻微破损，指产品功能虽已丧失或部分丧失，但可以恢复；

（3）商业性破损。主要指不影响产品使用功能而仅在外观上造成的破损。虽可使用，但产品的价值降低了。

因各种内外部因素的不同，不同的产品表现出不同的破损特性，如乒乓球落在水泥地面会弹跳，而玻璃杯却破碎了；同样一只玻璃杯，跌落高度不同破损结果不同；同样的跌落高度，空载的杯和满载的杯，破损情况也不相同；同样是空载，跌落姿态不一样，结果又不相同；有缓冲防护和没有缓冲防护，破损结果也不相同。

上述例子说明，产品的破损一方面受其固有属性（材质、结构、比重等）影响，另一方面又受外部环境、工况的影响。产品这种受内外因素影响而产生破损的特性，称为易损性；脆值是定量描述这种特性的量值，所以脆值又称作易损度。

#### 3. 许用脆值

许用脆值的定义是：根据产品的脆值，考虑到产品的价值、强度偏差、重要程度等而规定的产品的许用最大加速度值，以 $[G]$ 表示。有：

$$[G] = G_c / n \quad (n>1) \tag{4-1}$$

$n$ 称为安全系数。安全系数的选择涉及正确处理产品安全性与包装经济性的关系问题。

4. 最大加速度

产品在受到任何冲击（比如跌落）时，不论冲击强弱，在整个冲击过程中，都有一个最大加速度。最大加速度依赖于跌落高度 $H$。$H$ 相同时，传递到产品上的最大加速度还与所选的缓冲材料的力学特性有关。

以 $G_m$ 来代表最大加速度与 $g$ 的比值。$G_m$ 决定于冲击速度、缓冲材料和产品重量等。而 $G_c$ 决定于产品。产品一定，在同一方向上的脆值一般相同。缓冲包装设计中要求：

$$G_m \leqslant [G] = G_c / n \tag{4-2}$$

式（4-2）表示产品的易损度对环境条件的要求。而缓冲包装的目的之一就是通过选择合适的缓冲包装材料，确定合理的缓冲包装结构，从而满足上面的公式。

综上所述，我们可以将产品破损的原因归结为三个方面。

① 流通环境的外部影响——人为的、非人为的外力影响（由于运输、装卸和储存不当而产生）；

② 产品本身抵御外力的能力——产品的强度、刚度、易损度（脆值）等；

③ 包装的缓冲保护能力——缓冲材料的性能、缓冲结构的合理性等。

（二）缓冲材料的缓冲系数及其性能评价

为了达到保护产品的目的，在产品受到冲击或振动时，必须使用缓冲材料进行缓冲保护，通过缓冲材料的变形减小冲击或振动带来的影响。定义：

$$C = \sigma / E \tag{4-3}$$

$C$ 为缓冲系数，其中 $\sigma$ 为应力，$E$ 为材料变形时吸收的能量。这个公式表示，材料在变形时吸收的能量越大，则缓冲系数越小；材料的应力越小，则缓冲系数越小。而缓冲材料的最大应力：

$$\sigma_m = WG / A \tag{4-4}$$

式中 $W$ ——产品质量；

$A$ ——缓冲承载面积；

$G$ ——冲击加速度。

则有缓冲材料的厚度计算公式：

$$t = CH / G_m \tag{4-5}$$

式中 $H$ ——跌落高度；

$G_m$ ——产品的脆值（易损度）。

这是进行缓冲计算的两个基本公式。

表征缓冲材料性能的参数有很多，一般有以下评价指标。

（1）冲击能量的吸收性。

设计时要选择冲击能量吸收性合适的缓冲材料。一般弹性大的硬性材料，具有较大的冲击能量吸收性，适合用于产品重量大、受冲击力较大的场合；弹性小的柔软材料，适合用于产品比重小、受冲击力较小的场合。

（2）振动能量的吸收性。

缓冲材料对振动的传递与材料的成分、密度、工艺条件和温度有关，但主要与材料的阻尼有关，阻尼将环境对材料的振动能量转化为热能和塑性形变能，达到对振动能量的衰减。通常，阻尼越大，对振动能量的衰减越大。

（3）回弹性。

缓冲材料受冲击和振动后，具备的恢复原来尺寸和形状的能力，称为回弹性。回弹性较好的缓冲材料在受到冲击或振动变形后，能恢复到原来的尺寸和形状，并呈现出不松散的稳定状态。回弹性较差的材料经过几次冲击作用之后，结构尺寸变化较大，不仅影响缓冲性能，另外，尺寸的变小使包装容器与内装物产生空隙，易发生二次冲击，从而增加产品破损的可能性。因此，为增加材料的回弹性，在使用前对材料进行预处理，使之发生塑性变形，避免了材料使用时在初始外力作用下所产生的永久变形。

（4）蠕变性。

蠕变是指缓冲材料在受到静外力作用下，随着时间的延长其变形相应增大的一种现象。蠕变不仅与材料的性能有关，还与外力的大小、作用力时间长短及环境温度有关，因此，在包装件的流通过程中，缓冲材料的蠕变是不可避免的。蠕变会使材料的尺寸减小，从而使包装件内部产生空隙，导致产品破损率增加。因此在设计时，应将蠕变所产生的尺寸变化考虑进去，或者采用具有良好抗蠕变性能的缓冲材料。

除了上述评价指标之外，还有一些其他性能，如温度稳定性、湿度稳定性、耐破损性、化学稳定性、物理相容性、环境相容性、经济性、可回收利用性等。

### （三）缓冲包装的五步设计方法

谈到缓冲包装设计，不能不讲到国际包装界通用的缓冲包装设计五步法。它是1945年美国人R.D.闵德林在他的博士论文中提出来的，经过20世纪60～80年代的不断深化与改进，现在，缓冲包装设计方法已经被正式列入美国《冲击与振动工程手册》、美国《试验与材料学会标准（ASTM）》。20世纪70年代末，我国部分高校开始研究包装动力学及其应用，我国国家标准 GB 8166—1987《缓冲包装设计方法》也是以缓冲包装设计五步方法为基础的。缓冲包装设计五步法指出，在进行缓冲包装设计时必须遵循以下步骤。

（1）确定产品的流通条件（冲击振动情况），包括力学环境条件（搬运、装卸、运输、储存）、生化环境条件、气候条件等；

（2）确定产品的力学特性（*G* 值及其他特性），包括产品损坏边界曲线、产品的固有频率、产品的抗压强度等；

（3）选择缓冲材料（选材，利用材料的缓冲系数 *C* 及其特性曲线）；

（4）缓冲衬垫及缓冲方案的设计（计算厚度 *H*、面积 *A* 及结构，校核）；

（5）包装件与材料试验（在规定条件下进行试验）。

美国 Lansmont 公司提出了缓冲包装设计六步法，进一步完善了上述五步法，并给出了每一步应当贯彻的 ASTM 标准。六步法是在包装件与包装材料试验之前增加了一个改进包装产品设计的环节。

### （四）防振包装

汽车、火车、飞机、船舶等交通运输工具在运行时，因受到路面状况、发动机振动、空中气流、水面风浪等因素的影响而产生上下左右的颠簸和摇晃，从而导致包装件的振动。虽然振动时产生的冲击加速度不大，但当该振动的频率接近产品的固有频率时，就会产生共振，易导致产品破损。此外，长期的振动会使产品产生疲劳损坏，也会造成产品与包装容器的摩擦而产生损伤。因此产品的防振包装不容忽视。

防振包装设计的原理是通过调节包装件的固有频率，并且选择恰当的阻尼材料，把包装系统对振动的传递率控制在预定的范围内。具体来说，可以通过改变缓冲衬垫的材质、密度和几何尺寸来控制包装系统的振动传递率，以避免发生共振。

由于缓冲材料一般都具有阻尼特性，因而缓冲衬垫都具有隔振或防振的作用。所以，在进行缓冲包装设计时一般遵循先进行缓冲设计，然后再对其防振能力进行校核的基本原则。

除前述几种包装技术以外，还有涉及产品保护的其他包装技术，如防静电包装技术、保鲜包装技术、防氧包装技术和防锈包装技术等，限于篇幅，本课程从略。

这里，我们可以简要总结出所谓专用包装技术的研究内容和步骤。

（1）讨论产品保护的要求与质量标准；

（2）研究产品损坏或变质的原因；

（3）研究防止产品损坏的技术或条件；

（4）研究实现这些技术的措施或工艺手段。

# 第三节　通用包装技术

通用包装技术是指可以用于各种不同产品包装过程的技术方法。一般指被包装物料的充填（包括计量）、装袋（箱）、封盖、贴标等操作活动，也包括热成型包装、收缩或拉伸包装、防伪包装等包装技术。

## 一、充填技术

所谓充填，是指将产品（被包装物料）按要求的数量或重量放到包装容器内。

充填精度和充填速度是衡量充填技术的两个重要因素。充填精度是指装入包装容器内物料的实际数量值与要求数量值的误差范围。在实际生产中有很多因素影响充填精度，如设备所达到的技术水平、产品的种类及价值等。充填速度完成规定容量或规定容器的物料充填所需的时间。物料的充填速度与物料种类、充填原理、充填方法和充填机构及其控制系统有关。理论上，充填精度要求越高，要实现高速充填就越困难。相应地，所需设备就越复杂，设备成本也越高。因此，要根据包装生产的实际情况确定最佳充填精度和充填速度。

根据物料性质，一般有液体物料的充填和固体物料的充填两类不同的充填技术。

### （一）液体物料的充填

液体物料的充填，习惯上称为灌装。需要灌装的液体物料甚多，涉及食品饮料、洗涤用品、化工产品等。液体物料的化学物理性质各不相同，故灌装方法也不同。液体物料中影响灌装的因素主要有黏度、液体中是否溶有气体及起泡性和微小固体物含量等。在选用灌装方法和灌装设备时，首先要考虑的因素是液体物料的黏度。

根据液体物料性质不同，常用的灌装方法有以下几种。

#### 1. 纯重力灌装法

纯重力灌装法又称常压灌装法，即在常压下，利用液体自身的重力将其灌入包装容器内。它是一种古老的灌装方法（图 4-2），但至今仍是自由流动的液体物料最简单、实用、精确的灌装方法。其灌装液料定量方法属于定液位灌装。常用于灌装不含气又不怕接触大气的低黏度的液体物料，如白酒、果酒、酱油、牛奶等。

#### 2. 纯真空灌装法

这种灌装方法采用压差真空式进行灌装，即使贮液箱内部处于常压状态，只对包装容器内部抽气，使其形成一定的真空度，液体物料依靠两容器内的压力差，流入包装容器并完成灌装（图 4-3）。其灌装液料定量方法属于定液位灌装，是目前国内常用的真空法灌装的形式。由于真空吸力会使非刚性容器收缩变形，这种方法通常限于灌装狭颈玻璃瓶，不宜用于塑料容器或其他非刚性容器。

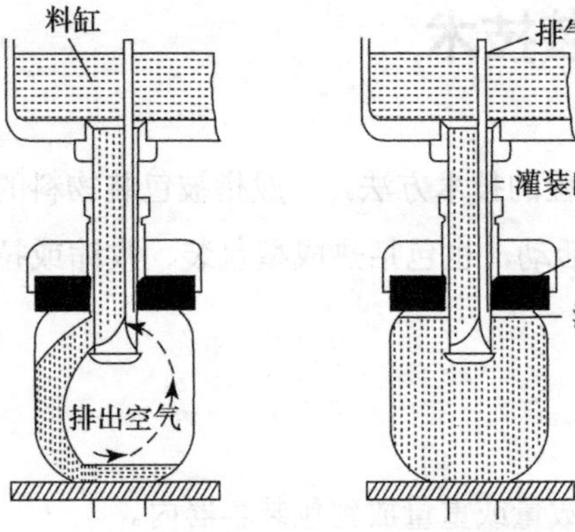


（a）正在灌装　（b）完成灌装

图 4-2　纯重力灌装

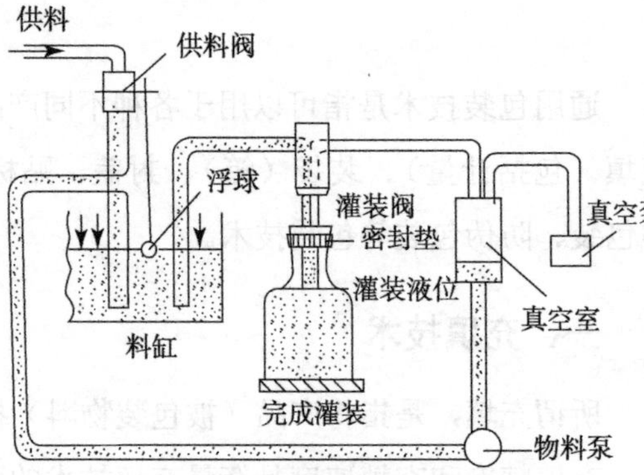


图 4-3　纯真空灌装

纯真空灌装法不仅能提高灌装速度，减少物料与空气的接触，而且能减少包装容器内残存的空气，防止物料氧化变质，可延长产品的保存期。此外，还能限制液体内有效成分的逸散，并可以避免灌装有裂纹或缺口的容器，减少浪费，适用于不含气体，且怕接触空气而氧化变质的黏度稍大的液体物料，以及有毒的液体物料，如糖浆、油类、果汁、果酱、农药、化学药水等。

3. 重力真空灌装法

重力真空灌装时，真空泵与贮液箱上部的真空室相连通，真空室通过真空管与包装容器连通。灌装开始时，先使贮液箱与包装容器具有相同的真空度，然后液体物料依靠自重灌装到包装容器内。其灌装液料定量方法属于定液位灌装，如图 4-4 所示。

重力真空灌装是低真空（10 ～ 16kPa）下的重力灌装。其灌装方法基本与重力灌装相同，但比重力灌装速度快，可以防止在瓶子有裂纹或缺口时误灌，还可以防止液体的滴漏。重力真空灌装消除了纯真空灌装产生的溢流和回流现象。

这种灌装系统尤其适用于白酒和葡萄酒的灌装，因为灌装过程产生的紊流程度低，酒中的挥发气体逸散量小，不会改变酒精浓度。灌装精制葡萄酒时，香味散失少。此外，这种灌装法还能够灌装有毒的液体物料，如农药等。

4. 纯压力灌装法

纯压力灌装是借助外界压力将液体物料压入包装容器。外界压力有机械压力、气压、液压等。纯压力灌装主要适用于黏度较大，流动性较差的黏稠物料的灌装，可以提高灌装速度。对一些低黏度的液体物料，虽然流动性很好，但由于物料本身的特性或包装容器材料及结构限制，不能采用其他灌装方法的，也可采用纯压力灌装，如酒精饮料、热果汁、袋装医药用葡萄糖液体等。

纯压力灌装法也是一种定液位灌装（图 4-5）。灌装阀与料缸分开放置，料泵从料缸将液体物料泵入灌装阀，再进入容器，容器与灌装阀连接处靠密封垫密封。灌装阀内设有一个溢流管。当容器与灌装阀接触、密封时，灌装阀开启并进行灌装，同时，容器内的空气由溢流管排至料缸。当容器内的液面到达溢流管口时，液体物料开始经溢流管流回料缸。此时，容器内的液面不再变动。因溢流管口与容器顶部的相对位置决定了灌装后液面的高度，只要灌装阀与容器是密封的，液体物料就会连续不断地通过溢流管流出。当容器下移与灌装阀不再密封时，灌装阀关闭灌装口和溢流口。

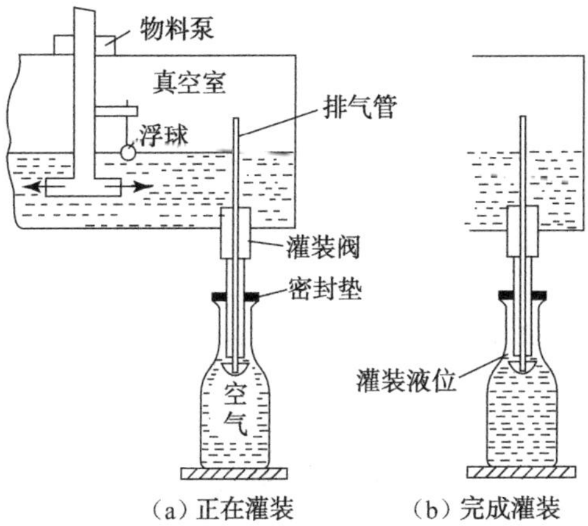

（a）正在灌装　　（b）完成灌装

**图 4-4　重力真空灌装**

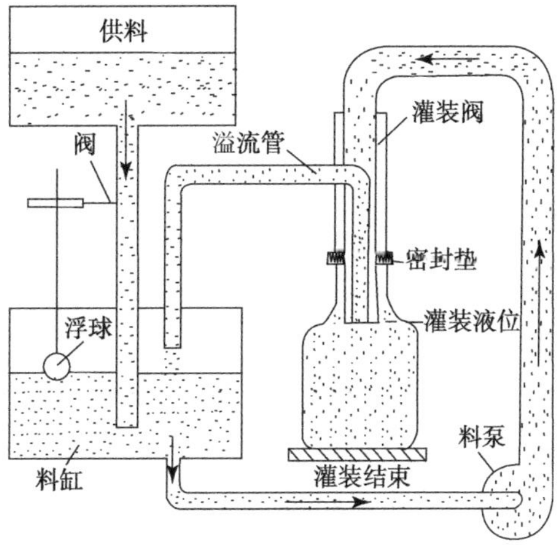


**图 4-5　压力灌装**

5. 压力重力灌装法

压力重力灌装法又称等压灌装法，属于定液位灌装（图 4-6）。这种灌装方法是首先向灌装瓶中充气，使其压力等于贮液箱内气相压力，然后再打开进液口，液料在自重作用下流入灌装瓶内。这种灌装方法只适用于含气饮料，如啤酒、汽水、香槟、矿泉水等。可以减少 $CO_2$ 的损失，保持含气饮料的风味和质量，并能防止灌装中过量泛泡，保证灌装计量准确。

灌装液料定量方法属于定液位灌装方式的还有液位传感式灌装法。采用这种方法时，液体物料的流动是用压差或低压流体装置构成的气动控制器来控制的。该控制器主要是检测容器是否到位，并按照适当的信号启闭位于贮液槽和进液管之间的灌装阀。

灌装液料定量方法中，容积式灌装方式具有精确、可靠、适应性强和方便清洗的优点，因而应用也很普遍。容积式灌装适应的液体可以是黏度很小的酒精等液体，也可以适用十分黏稠的液体物料。适用的容器包括刚性容器和较软的轻量容器。

常用的容积式灌装方法包括隔膜定容式灌装法（图 4-7）、活塞式容积灌装方法（图 4-8）等。

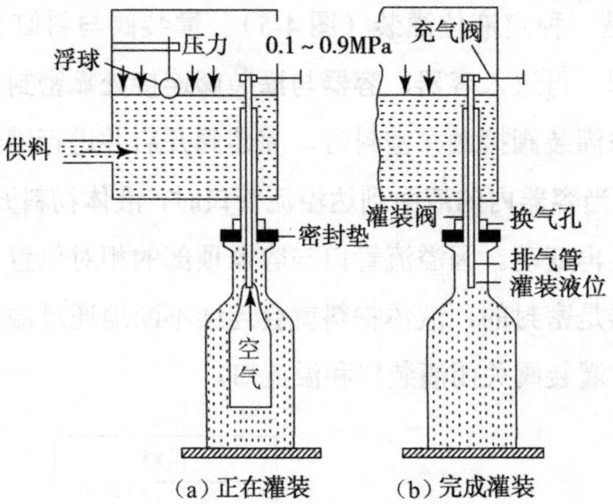


图 4-6　压力重力灌装

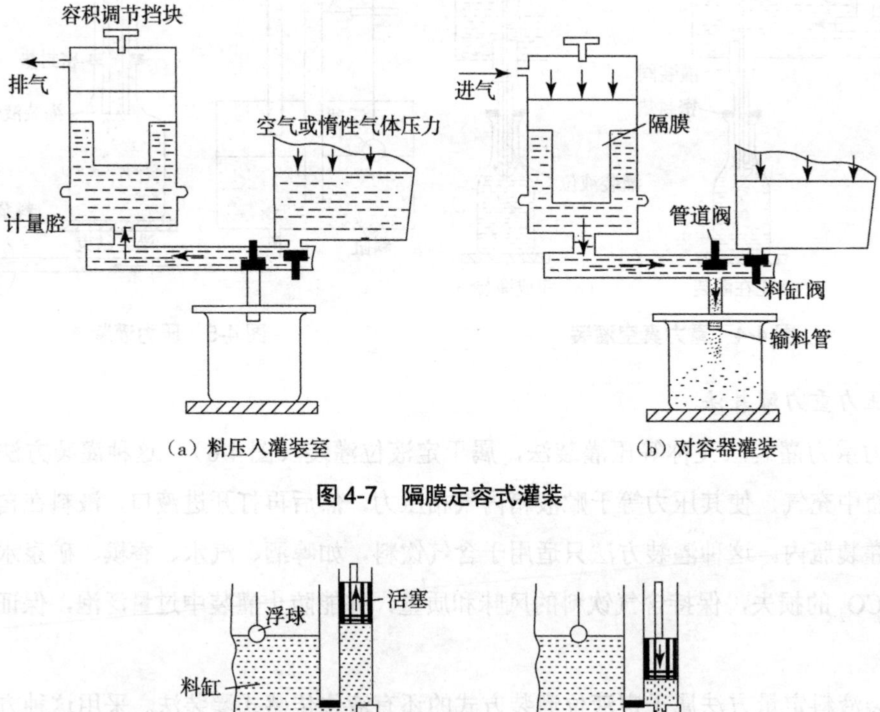


图 4-7　隔膜定容式灌装

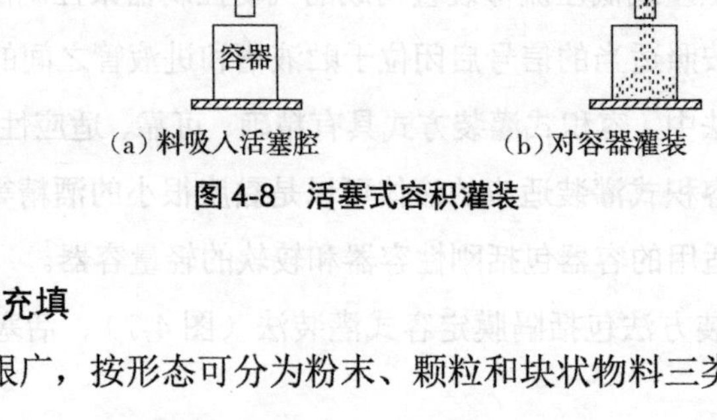


图 4-8　活塞式容积灌装

## （二）固体物料的充填

固体物料的范围很广，按形态可分为粉末、颗粒和块状物料三类；按黏性可分为非黏性、半黏性和黏性物料三类。

① 非黏性物料。流动性好，几乎没有黏附性，倾倒在水平面上，可以自然堆成圆锥形，又称为自由流动物料，这类物料最容易充填，如谷物、种子、咖啡、粒盐、砂糖、茶叶、干果等。

② 半黏性物料。流动性较差，有一定的黏附性，充填时会在储料斗和下料斗中搭桥或堆积成拱状，致使充填困难，需要采用特殊装置破拱，如面粉、粉末味精、奶粉、绵白糖、洗衣粉、药粉、颜料粉末等。

③ 黏性物料。这种物料相互之间的黏结力较大，流动性极差，充填更为困难。黏性物料不仅本身易黏结成团，甚至会黏结在容器壁面上，有时甚至不能用机械方式进行充填，如红糖粉、蜜饯果脯及一些化工原料等。

固体物料的充填方法主要有称量充填法、容积充填法和计数充填法三种类型。

### 1. 称量充填法

即以重量来计量充填物料的数量。分净重充填和毛重充填两种。

净重充填如图 4-9（a）所示，是先称出规定质量的物料，再将其填到包装容器内。这种称量方法，称重结果不受容器皮重变化的影响，是最精确的称重充填法。但充填速度低，所用设备价格较高。净重充填广泛用于要求充填精度高及贵重的流动性好的固体物料，或者用于不适于用容积充填法充填的物料，如膨化玉米、油炸土豆片、炸虾片等。特别适用于质量大且变化较大的包装容器。

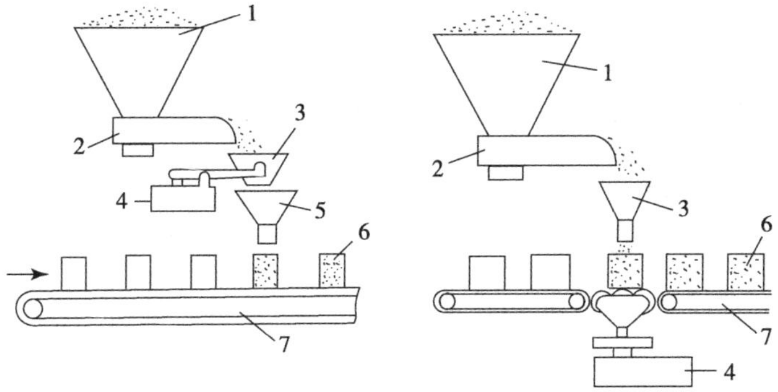


（a）净重充填　　（b）毛重充填

**图 4-9　称量充填法**

1- 加料斗；2- 振动给料器；3、5- 漏斗；4- 计量称重装置；6- 容器；7- 传送带

毛重充填，如图 4-9（b）所示，基本原理是在充填过程中，物料先充填进包装容器，再将物料连同包装容器一起被称量。在计量物料净重时，规定了容器质量的允许误差，取容器质量的平均值。其充填装置结构简单、价格较低、充填速度比净重充填速度快，但充填精度低于净重充填。毛重充填中的包装容器质量的变化会影响充填物料的规定质量，因此不适于

包装容器质量变化较大，或物料质量占包装件质量比例很小的包装。而适用于价格一般的流动性好的固体物料、流动性差的黏性物料，如红糖、糕点粉等的充填，特别适用于充填易碎的物料。

2. 容积充填法

以容积来计算充填物料的数量。充填设备结构简单，充填速度高，但精度低。有以下两种控制方式。

（1）控制充填物料的流量或时间来保证充填容积。

包括计时振动充填机，进料器按规定的时间振动，将物料直接充填至容器中。充填数量由振动时间来控制；螺旋充填机，螺旋轴或螺杆每转一圈就能输出一定量的物料，螺旋轴旋转的圈数由离合器控制，以保证向每一个容器充填定量的物料；等流量充填机，如图 4-10（a）所示，物料以均匀恒定的流速落下，通过控制同样的流动时间，使容器被充填的物料量一致。

（2）用相同的计量容器量取物料来保证充填容积。

多为计量筒式结构，如图 4-10（b）所示，其基本原理是先用定量的计量筒或杯量取物料，再将其充填到包装容器内。可采用重力式或真空式充填方式。其结构简单，适应性强。

固体物料充填方法的选择应当根据各种因素综合考虑：一是物料的物理性质和充填精度要求，二是容器的结构和材质；三是充填的速度；四是要考虑充填机的复杂程度、操作方便性及价格等因素。

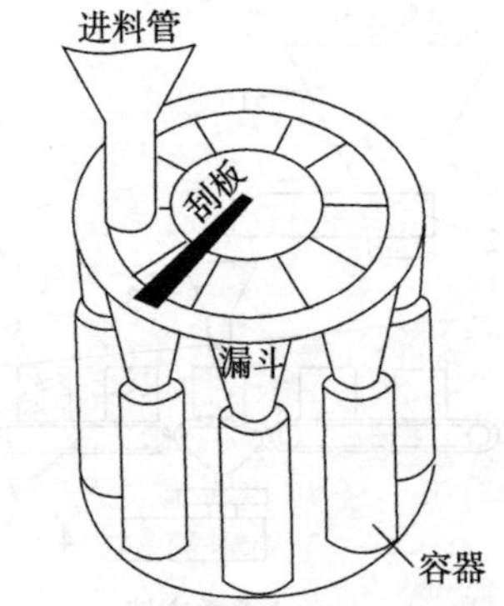


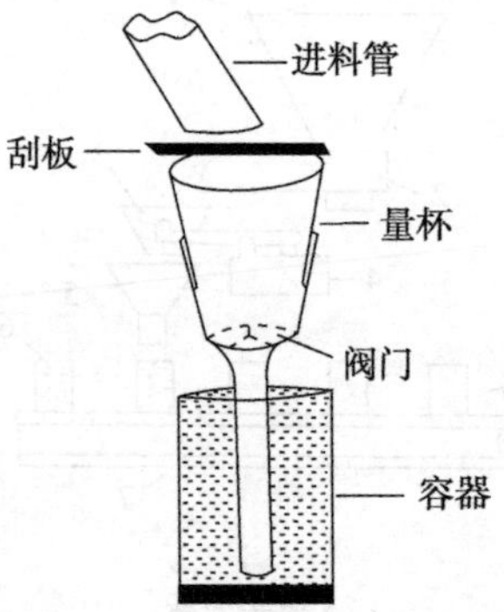


图 4-10　容积充填法

3. 计数充填法

计数法通常用于集合包装、块状固体物料、颗粒状物料的充填，是通过块状、颗粒状的固体物料的数量或包装单件的数量来计量的。

按计量的方法可分为两大类。

（1）包装物品有一定规则的整齐排列，其中包括预先就具有规则而整齐的排列，或经过供送机构将杂乱包装物品按一定形式排列计数的方法。

物品易于规则排列时，常使物品按一定规则排列，按其一定长度、高度、体积取出，获得一定数量，如饼干包装、火柴盒包装、云片糕包装、卷烟包装等就是以长度计数的。

（2）从杂乱包装物品的集合体中直接取出一定个数的计数方法。常采用转盘计数法、转轮式计数法和计数秤计数法。

转盘计数法，如图 4-11 所示，适用于药片、巧克力、糖果类、钢珠和纽扣等颗粒类产品的定量自动包装，而且充填效率较高。

转轮与转盘原理基本相同，其孔眼为盲孔。用于糖豆、钢球、纽扣等直径较小的颗粒物料集合自动包装计量。

计数秤是利用杠杆原理而制造的一种秤，其原理类似天平，采用不等臂秤，如十分秤或百分秤，其砝码的重量分别是被计量物的 1/10 或 1/100。物品数乘以秤杆所示的臂比（10、100 等），即可求得承重装置上物品的数量。

## 二、装盒（箱、袋）及裹包技术

盒是指体积小的容器，如牙膏、肥皂、药品、文教用品和各种食品盒。大部分包装盒都用纸板制成，用于销售包装，有时装瓶、装袋后再装盒，或装小盒后再装较大的盒。多数盒装物品在市场和零售商店里可直接陈列于货架上。

### （一）装盒工艺过程

#### 1. 半自动装盒方法

用手工将产品装入盒中，其余工序，如取盒坯、打印、撑开、封底封盖等都由机器来完成。有的产品需要装入说明书，如药品和化学用品等也用手工放入，如图 4-12 所示。

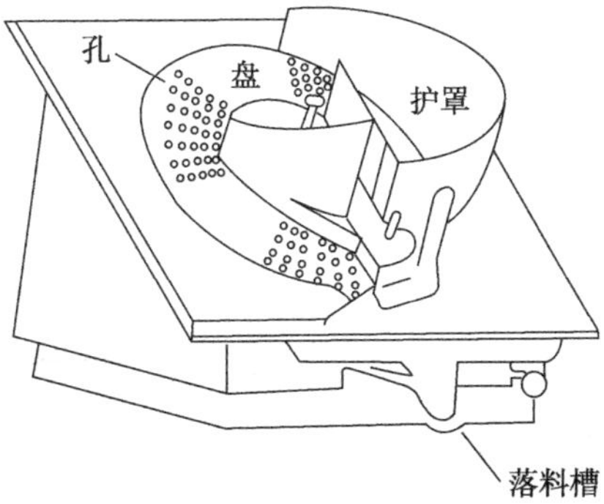


图 4-11　转盘计数装置

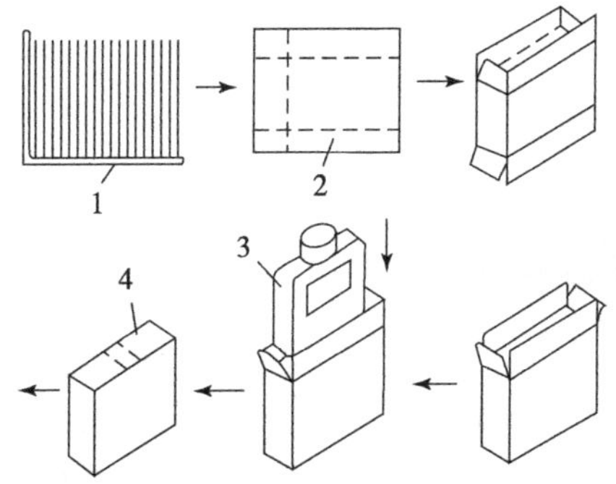


图 4-12　半自动装盒过程

1- 托架；2- 盒坯；3- 产品；4- 封盖

2. 全自动装盒方法

全自动装盒除了手工向盒坯贮存架内放置盒坯外，其余工序均由机械完成，装盒效率很高，适合于单一品种产品的大批量装盒，如牙膏、香皂、药品等。

## （二）裹包技术

裹包是用较薄的柔性材料将产品或经过原包装的固体产品全部或大部分包起来的方法。

裹包的类型较多，适用性广，既适用于个体包装，也适用于集合包装；既可用于销售包装，也可用于运输包装。典型的裹包工艺流程如图4-13所示。用于裹包的材料类型有很多，如纸、塑料薄膜、铝箔、复合薄膜等柔性材料都可作为裹包材料。

裹包还具有操作简单、包装成本低、使用和销售方便和应用广泛等特点，在包装领域内占有十分重要的地位，特别是在食品和日用品包装中尤为突出。

裹包技术按裹包形式可分为折叠式裹包、扭结式裹包和制袋充填封口一体化包装技术。

1. 折叠式裹包方法

折叠式裹包的基本方法是从卷筒材料上切下一定长度的一段，或者预选切好材料堆积在储料架内。然后将材料裹在被包物品上，用搭接方式包成筒状，端部稍长于物品，再折叠两端并封紧。

根据产品的性质和形状、表面装饰和机械化操作的需要，可改变接缝的位置和开口端折叠的形式与方向，形成不同的裹包方式。

① 单端折角式。如香烟商标纸的包装等，一端与物品相齐，另一端折成梯形或三角形的角，此法便于取出内装物。图4-14为单端折角裹包的一个例子。

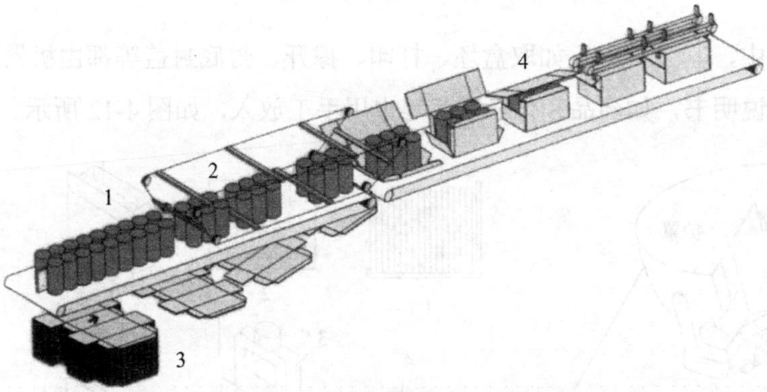


图4-13　纸箱裹包机工艺流程图

1-容器进口；2-容器分隔器；3-纸板进口；4-包装件成型装置

（图片来源：广州达意隆包装机械有限公司）

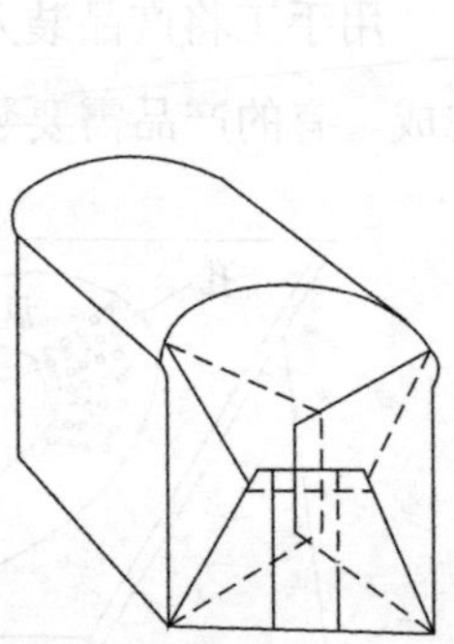

图4-14　单端折角式裹包

② 两端折角式。如香烟的锡箔纸内包装，两端均向内折角，使物品包裹起来。此方

法适于包装形状方正的物品，如方糖、纸盒、纸盘等（图 4-15）。

两端折角式裹包的工作过程如图 4-16 所示。

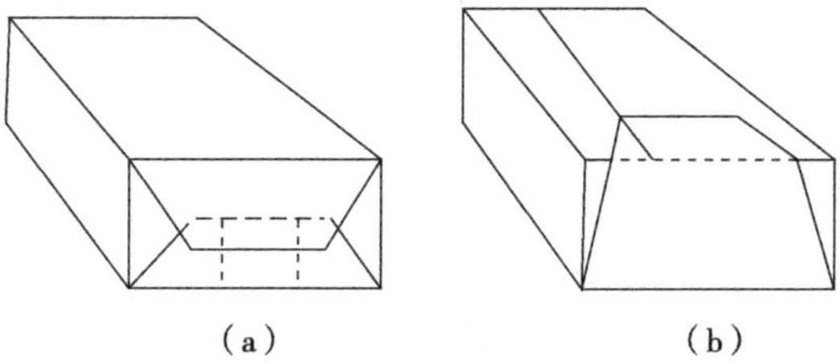


图 4-15　两端折角式裹包

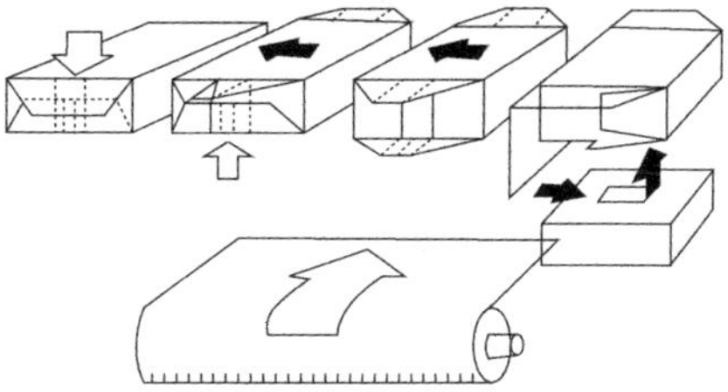

图 4-16　两端折角式裹包工作过程

③ 端部对折式。如口香糖、片状巧克力等薄形物品包装，其内层铝箔采用端部对折折向底面的方式。

④ 单面折角式。把物品置于包装材料中心，其对称轴与包装材料对角线重合，包装材料朝同一方向折向物品，折角都在物品同一面上。适用于较薄的方形或长方形物品。

⑤ 两端多折式。如卫生纸卷、晒图纸、圆饼干等圆柱状物品包装，先用包装材料裹包物品呈圆筒状，端部长出部分次第折向端面，一个压一个，或弯向内孔，或用标签封住两端。

⑥ 袋式裹包。常见于卧式袋成型封口机的包装产品，用于形状较规则的产品，如糖果、饼干、三明治等（图 4-17）。

2. 扭结式裹包方法

扭结式裹包就是用一定长度的包装材料将产品裹成圆筒形，搭接接缝不需要黏结或热封；然后将开口端的部分向规定方向扭转形成扭结（图 4-18）。

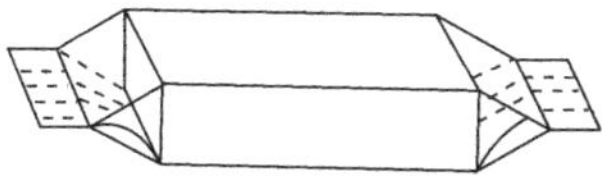

图 4-17　袋式裹包

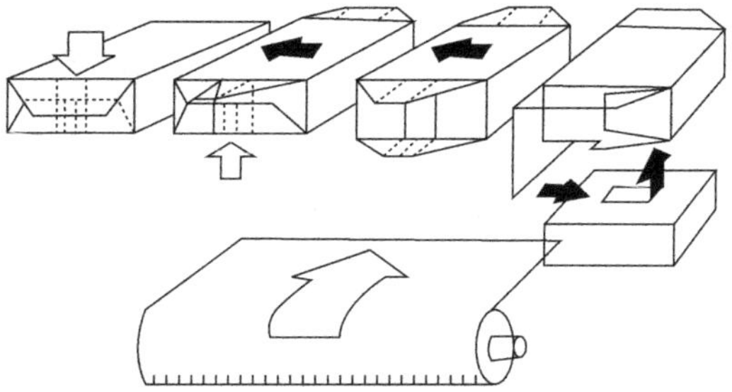

图 4-18　扭结式裹包

此法操作简单，易于实现手工操作或机器操作，扭结包装速度较快，每分钟可达数百粒至上千粒；而且便于拆开（即使 2 ～ 3 岁的幼儿也很容易将糖纸剥开）；适用各种形状，如球形、圆柱形、方形、椭圆形等；其密封性较差。

扭结式裹包要求包装材料有一定的撕裂强度与可塑性，以防止扭断和回弹松开。

扭结形式有单端扭结和双端扭结两种。常用的是双端扭结，双扭结裹包的工作过程如

图 4-19 所示，一种双扭结糖果包装机如图 4-20 所示。

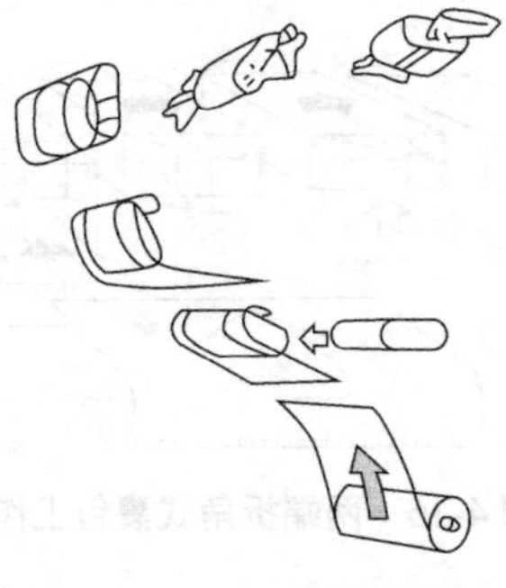

图 4-19　扭结式裹包过程

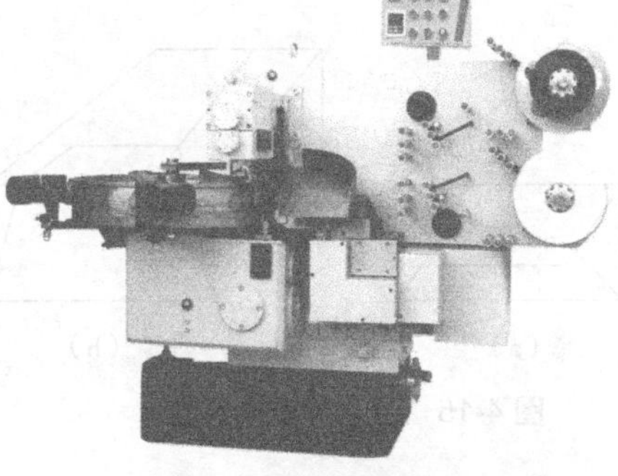

图 4-20　一种扭结式糖果裹包机

（图片来源：温州瑞达机械有限公司）

单端扭结用得较少，有时用于高级糖果、棒糖和水果等。

3. 制袋充填封口一体化包装技术

包装散粒体物料（粉、颗粒状等）时，常用制袋充填封口技术。它使用软塑包装材料。包装形式有扁平三边封、背封袋和四边封式（图 4-21、图 4-22、图 4-23）、三角袋式、自立袋式（图 4-24）等。

图 4-21　三边封扁平袋

图 4-22　背封扁平袋

图 4-23　四边封扁平袋

图 4-24　自立袋

此法易于实现机器操作，生产效率很高，制袋充填封口机工艺流程图如图 4-25 所示。

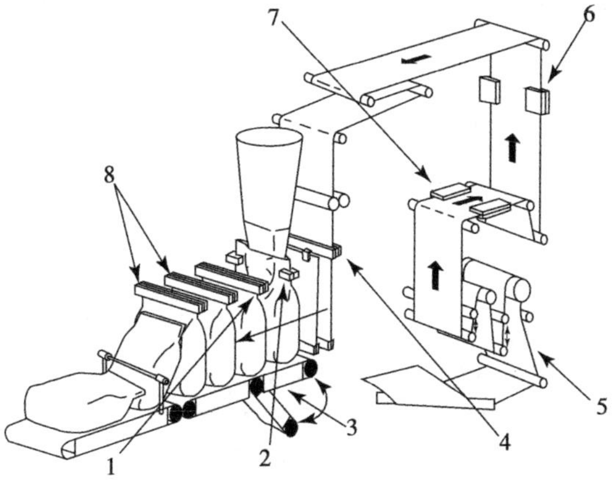


**图 4-25 制袋充填封口机工艺流程图**

1- 封顶工艺；2- 充填器 / 喷嘴；3- 促进充填装置；4- 封底装置；

5- 拉出膜 / 高低辊；6- 封角装置；7- 针孔装置；8- 封顶冷却装置

（图片来源：纽朗包装机械有限公司）

## 三、热成型包装技术

热成型包装又称卡片（式）包装。其特点是，由热塑性的塑料薄片加热成型形成的泡罩、空穴、盘盒等均为透明的，可以清楚地看到产品的外观；同时作为衬底的卡片可以印刷精美的图案和产品使用说明，便于陈列和使用。包装后的商品被固定在成形的塑料薄膜或薄片与衬底之间，在运输和销售过程中不易损坏，故这种包装方式既能保护产品，又能起到展示促销作用。

热成型包装主要用于包装一些形状复杂或怕压易碎的产品，如食品、药品、化洗用品、文化用品、小五金和机电产品，以及玩具、礼品、装饰品等产品的销售包装。

热成型包装包括泡罩包装和贴体包装。它们虽属于同一类型的包装方法，但原理和功能仍有许多差异。

泡罩包装是将产品封合在由透明塑料薄片形成的泡罩与衬底（用纸板、塑料薄膜或薄片、铝箔或它们的复合材料制成）之间的一种包装方法。

贴体包装是将产品放在能透气的，用纸板、塑料薄膜或薄片制成的衬底上，上面覆盖加热软化的塑料薄膜或薄片，通过衬底抽真空，使薄膜或薄片紧密地包贴产品，其四周封合在衬底上的一种包装方法。

### （一）泡罩包装技术

20 世纪 50 年代末，德国首先发明了泡罩包装并推广应用，起初是用于药片和胶囊的包装（图 4-26），当时是为了改变玻璃瓶、塑料瓶等瓶装药片服用不便，包装生产线投资大等缺点，加上剂量包装、药片小包装的需要量越来越大，促使泡罩包装逐渐得到推广应用。

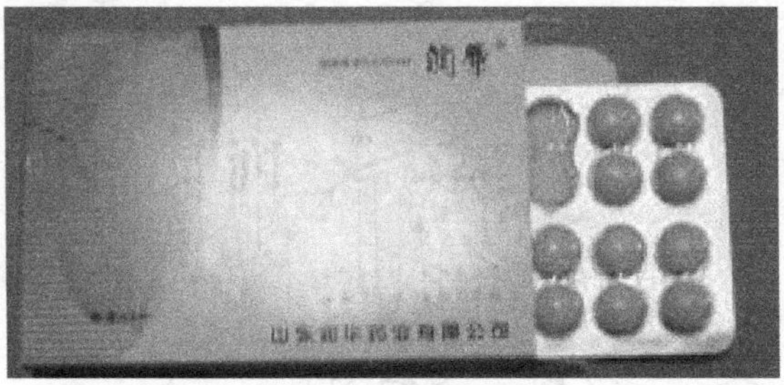

图 4-26　泡罩包装

这种包装具有重量轻，运输方便；密封性能好，可防止潮湿、尘埃、污染、窃启和破损；能包装任何异形品；包装不另用缓冲材料，同时具有外形美观、方便使用、便于销售等特点，此外对于药片包装还有不会互混服用，不会浪费等优点，所以近年来发展很快。20 世纪 80 年代初，针对普通泡罩包装阻隔性能有限等问题，研究人员又开发了冷冲压成型工艺，用复合高强度合金铝箔的冷冲压成型硬片做成泡罩材料，使其具有较好的阻隔水蒸气、氧气及隔光性能，提高了药品的保存期。

1. 泡罩包装的结构

泡罩包装的结构形式有很多（图 4-27），有泡罩直接封于衬底，如图 4-27（a）；衬底插入泡罩的沟槽内，如图 4-27（b）；压穿式泡罩，如图 4-27（c）；罩泡封合于冲有孔的衬底上，如图 4-27（d）；泡罩或浅盘插入带槽的衬底后封口，如图 4-27（e）；衬底有盖片可关合，如图 4-27（f）；衬底部分可折叠，可将产品立于货架上，如图 4-27（g）；自由取用产品而无须打开泡罩，如图 4-27（h）；双面泡罩，衬底为冲孔式，如图 4-27（i）；全塑料无衬底条状包装，如图 4-27（j）；双层衬底的泡罩包装，如图 4-27（k）；分隔式多泡罩包装，如图 4-27（l）；全塑料或双泡罩无衬底的泡罩包装，如图 4-27（m）等多种结构形式。

2. 泡罩包装的材料

从泡罩包装的结构来看，它主要由热塑性的塑料薄片和衬底组成，有的还用到黏合胶或其他辅助材料。

在选用泡罩包装的材料时要考虑塑料片材和被包装物品的适用性，即选用材料要达到泡罩包装的技术要求，同时尽量降低成本。

泡罩包装用的硬质塑料片材主要有乙烯树脂、纤维素和苯乙烯三类。

药片和胶囊的泡罩包装衬底常用带涂层的铝箔，无毒无味，有优良的遮光性，有极高的防潮性、阻气性和保味性；衬底也常用白纸板，还可选用B型或E型涂布瓦楞纸及各种复合材料。

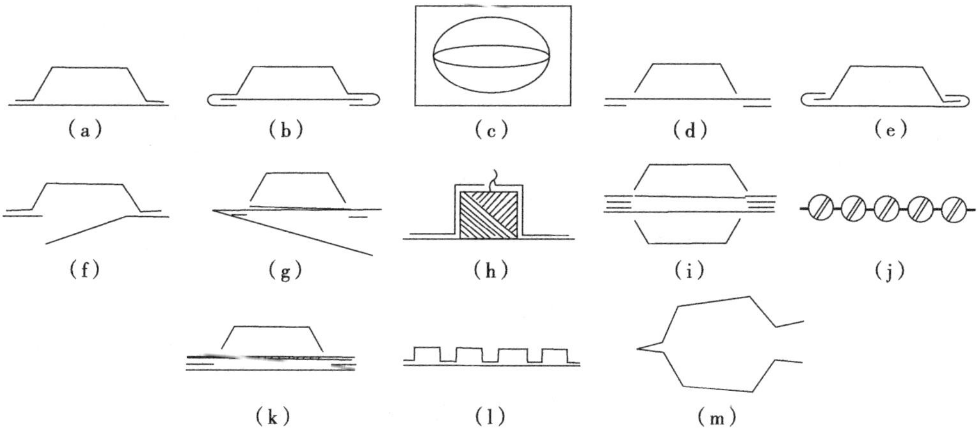


图4-27　泡罩包装

热封涂层应该与衬底和泡罩有兼容性；要求热封温度应相对低，以便能很快地热封而不致使泡罩薄膜被破坏，常用热封涂层材料有耐溶性乙烯树脂和耐水性丙烯酸树脂等。

### （二）贴体包装技术

贴体包装与泡罩包装类似，由塑料片材、热封涂层和卡片衬底三部分组成。

贴体包装的特点：一是透明性好，可作为货架陈列的销售包装，如悬挂式；二是保护性好，特别是包装一些形状复杂或易碎、怕挤压的产品，如计算机配件、灯具、工具、玩具、礼品和成套瓷器等。如图4-28所示的贴体包装在保护产品的同时，在卡片衬底上挖孔可悬挂于货架，不仅节省货架空间，透明的塑料片材还可以展示内装物品。

贴体包装与泡罩包装在操作方法上有所不同，主要区别在于：一是不另用模具，而是用被包装物作为模具；二是只能用真空吸塑法进行热成型。

贴体包装材料主要有塑料薄膜和衬底材料。常用的塑料薄膜有聚乙烯和离子键聚合物薄膜；衬底材料有白纸板和经涂布的瓦楞纸板，为抽真空，衬底上需要开若干小孔。

## 四、热收缩（膜）裹包与拉伸（膜）裹包技术

热收缩（膜）裹包技术是用加热后可收缩的塑料薄膜预先包裹产品或包装件，然后加热使薄膜收缩紧紧包裹产品或包装件的一种包装方法。热收缩（膜）裹包技术在成本、包装物重量、容量、货架展示能力及回收方面极具优势，无论在销售包装还是运输包装方面都应用很广。目前市场上已有用热收缩包装完全取代纸箱或半托盘纸箱的案例，若用热收

缩包装取代纸箱，成本可下降 30%，但这种包装对物流环境要求较高。如图 4-29 所示。

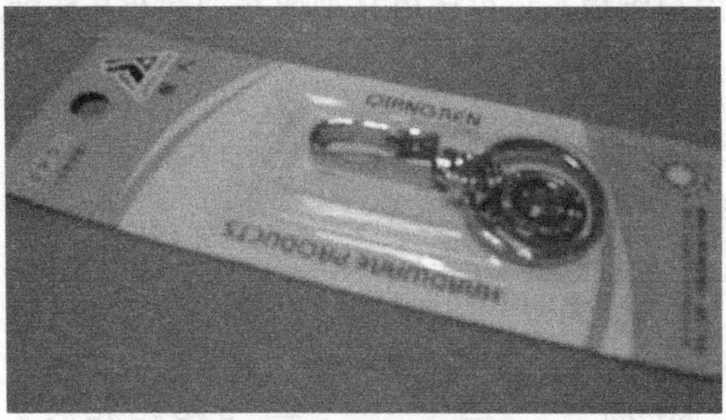

图 4-28　贴体包装

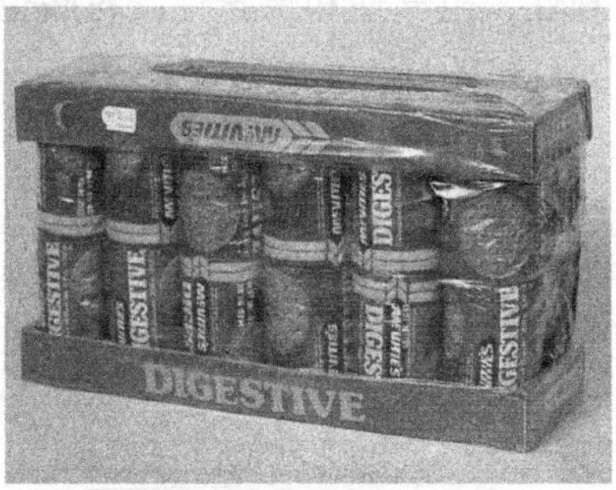


图 4-29　收缩包装

拉伸（膜）裹包技术是用可拉伸的塑料薄膜在常温和张力下对产品或包装件进行裹包的方法，适用于某些不能受热的产品的包装，可节约能源，便于集装运输，降低运输费用。

这两种包装方法原理不同，但产生的包装效果基本一样。

**（一）热收缩（膜）裹包技术**

热收缩薄膜是收缩包装材料中最主要的一种。根据热塑性材料在加热条件下会复原的特性，在由塑料原料制成薄膜的过程中，预先进行加热拉伸，经冷却而制成收缩薄膜，使薄膜具有“记忆性”，其受热后会收缩。常用的收缩膜有聚氯乙烯、聚乙烯、聚丙烯、聚偏二氯乙烯、聚酯、聚苯乙烯、乙烯 - 醋酸乙烯共聚物和氯化橡胶等。

热收缩裹包作业工序一般分两步，首先是用对产品和包装件进行预裹包，即用收缩薄膜将产品包裹起来，注意热封时应留下口与缝；然后是热收缩，将预裹包的产品放到热收缩设备中加热，使薄膜收缩包紧产品。

用于热收缩（膜）裹包的薄膜形式有平膜、筒状膜和对折膜三种，可根据不同包装方法加以选择。

热收缩（膜）裹包方法有两端开放式、四面密封式、一端开放式、套筒收缩标签等多种。如图 4-30 所示是一种用平膜进行两端开放式热收缩（膜）裹包的典型工艺流程。

**（二）拉伸（膜）裹包技术**

拉伸（膜）裹包起初主要应用于超级市场禽类、肉类、海鲜产品、新鲜水果和蔬菜的销售包装。自从比较理想的拉伸薄膜，如聚氯乙烯薄膜用于拉伸包装后，拉伸包装得到了飞速发展，并从销售包装的领域扩展到运输包装领域（图 4-31），而且节省设备投资和材料、能源，便于集装运输，降低运输费用，是一种很有前途的包装技术。

常用的拉伸薄膜有聚氯乙烯、线性低密度聚乙烯、乙烯 - 醋酸乙烯共聚物等。

按包装用途分，拉伸（膜）裹包技术方法可分为销售包装和运输包装两类。

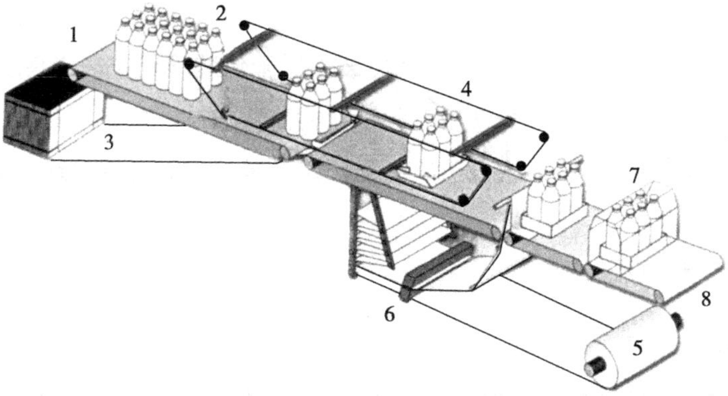


**图 4-30　热收缩膜包装工艺流程**

1- 进瓶；2- 分瓶；3- 上纸；4- 赶瓶；5- 胀膜；6- 上膜；7- 赶膜；8- 烤箱

（图片来源：广州达意隆包装机械有限公司）

销售包装按使用设备自动化程度的不同，又可分为手工操作方法、半自动操作及全自动操作三种。

手工操作时，一般由人工将被包装物放在浅盘内，特别是软而脆的产品及多件包装的零散产品，但有些产品本身具有一定的刚性和牢固程度，如小工具和大白菜等，可不用浅盘。

手工操作是超市加工间常用的一种拉伸（膜）裹包方法。

（1）从卷筒拉出薄膜，将产品或盛装产品的浅盘放在其上并卷起来，向热封板移动，用电热丝将薄膜切断，再移到热封板上进行封合；

（2）用手抓住薄膜卷的两端，进行拉伸；

（3）将薄膜拉伸到所需程度，将两端的薄膜向下折至薄膜卷的底面，压在热封板上封合。

半自动及全自动操作是将拉伸（膜）裹包操作中的部分或全部工序机械化或自动化，可节省劳力，提高生产率。

拉伸（膜）裹包的运输包装操作已基本实现自动化，自动拉伸裹包的主要环节是卷包和拉伸，如图 4-32 所示是一种常用的托盘拉伸包装机。

**图 4-31　托盘拉伸包装**

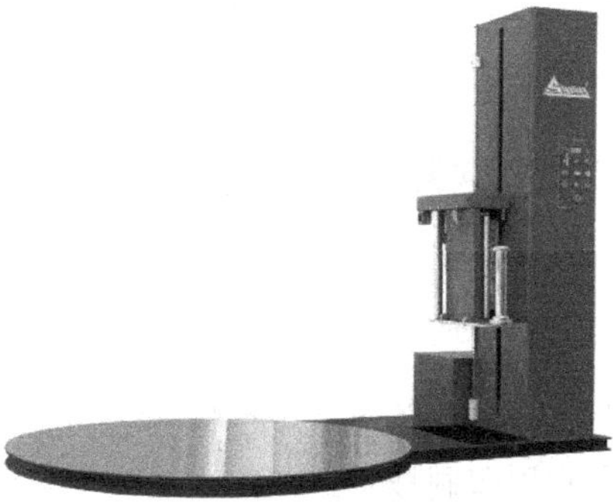

**图 4-32　托盘拉伸包装机**

按所用拉伸薄膜的不同，用于运输包装的拉伸（膜）裹包可分为窄幅薄膜缠绕包装法和整幅薄膜缠绕包装法两类。窄幅薄膜缠绕包装法适于包装堆码较高或高度不一致的货物，以及形状不规则或较轻的货物，可使用一种幅宽的薄膜包装不同形状和堆码高度的货物。整幅薄膜缠绕包装法适于包装形状方正的货物，如批量较大而且规格均一的货物。

## 五、防伪包装技术

### （一）防伪包装概述

防伪包装，就是借助产品包装技术，防止商品在流通与转移过程中被人为地、有意识地窃换和假冒的技术与方法。利用包装技术防伪是目前大多数产品生产厂家采用的主要防伪措施。

近年来，随着科学技术和经济发展水平的不断提高，防伪技术的发展呈现出两个特点：一是防伪手段的技术含量越来越高；二是防伪手段的有效周期越来越短。防伪技术不可能绝对可靠和永远有效，伪造与反伪的“斗争”会持续进行下去。利用包装技术防伪是目前大多数生产厂家采用的主要防伪措施。因此，对防伪包装原理和选择使用原则做系统而科学的研究与定位是十分必要的。

### （二）防伪包装技术的定位与选择

设计某种产品的包装时，应考虑是否需要采用防伪包装及采用何种防伪包装形式。需要考察的因素主要有以下几点。

（1）产品本身的经济价值和社会价值；

（2）所采用的防伪包装的技术开发费用和生产成本；

（3）产品的属性特点和消费层次；

（4）应有与防伪包装技术对应的识别检测方法；

（5）流通中防伪辅助管理手段的有效选择；

（6）产品生产规模化、自动化和标准化的程度；

（7）所采用的防伪包装技术手段的可改进性和升级换代的可能性。

### （三）防伪包装的常用手段

防伪包装手段名目众多且层出不穷，按技术层次和方法的不同，大体上可分为以下几类。

（1）采用防伪标志；

（2）采用特种材料与工艺；

（3）利用印刷技术；

（4）利用包装结构形式等。

选择防伪技术，应视产品属性与价值而定。根据所作的防伪包装定位分析，可采用单一技术防伪，也可多重技术防伪。无论如何，简单、实用、有效和经济是选择防伪包装手段的重要原则。常用的防伪包装技术有以下几种。

1. 激光防伪标志

（1）激光全息图像。

激光全息图像标志（图4-33）是防伪标志中比较有代表性的一种防伪包装技术，是当前最流行的防伪手段。由于综合了激光、精密机械和物理化学等学科的最新成果，其技术含量较高。合格的全息模压图需要美工技术、专业技术人员和全息技术专门工作环境的合作，对多数小批量伪造者而言，激光全息标志的技术含量高，全套制造技术的掌握和制造设备的购置难以做到。

**图4-33　激光全息商标**

（图片来源：深圳市天意通防伪包装材料有限公司）

激光全息防伪商标的制作工艺流程：

图案的选择与设计→拍摄全息图→制作全息图母版→制作金属模板→压印→复合→模切→成品。

激光模压全息图价格低廉、容易验证，且具有奇异的光学效果，广泛地应用于防伪包装上。目前国内外许多厂家为达到整体防伪效果，改变了以一小块激光全息图标志的局部防伪方式，整个包装都经激光处理，呈大面积立体化防伪，使造假者无从下手。

（2）激光防伪的包装结构形式。

① 软包装袋（用于糖果、食品、饮料、茶叶、药品、化妆品等的包装）。它是用高新技术制出的激光薄膜，然后再和普通塑料膜复合，加上印刷形成激光材料软包装袋。

② 硬包装盒（用于酒类、药品、保健食品、牙膏、香皂、化妆品等的包装）。一种是先用高新技术制出激光薄膜，然后再和硬纸板复合，加上印刷形成硬盒。另一种是先在硬盒上印刷，然后再和经激光处理的上光膜复合，形成上光式硬盒。

③ 手提袋（用于西服、大衣、药品、食品等的包装）。

④ 激光纸（用于烟盒、瓶贴、标签、税条、礼品包等的包装）。它是直接在纸上进行激光处理形成的。其生产工艺难度较大，成本也较高，但由于其具有良好的印刷性能及便于处理等特点，特别适合做食品盒、礼品包等。

市场上有一种由厚度为 200 ～ 500μm 的 PVC 材料经模压处理后形成的激光材料。这种材料在光线的照射下有着五彩缤纷且变化无常的激光全息图像。它既有精美的外观又可采用专版专用，使造假者难以仿造。这种材料既可用于各种食品的包装盒，又可作为文具、办公用品、工艺品、日用品、高档服装等的透明包装盒。

2. 隐形标志系统

隐形标志系统包括：使用特殊机能的防伪油墨印刷的标志、计算机生成的图案和食品中添加生物抗体三大类。

特殊机能的防伪油墨包括光变油墨、磁性油墨、荧光油墨与磷光油墨、热敏油墨等四大类。

计算机生成全息图、计算机密码图案、计算机光学图案系统等，形成的密码不易被破译，防伪性强。

在产品中加生物抗体是美国生物码公司开发的一种全新隐形标志系统。此系统包括两种物质：加入产品中的标志化合物和用于识别标志存在与否、做定量分析的抗体。

3. 激光编码防伪

主要用于产品的生产日期、产品批号的印刷（图 4-34）。激光编码技术也称激光“烧字”技术。

激光编码封口技术是一种较好的容器防伪技术。在产品被充填完并封口加盖后，在盖与容器接缝处进行激光印字，使字形的上半部分印在盖上，下半部分印在容器上。包装容器在复用时，新盖与旧容器残留字迹很难对齐；此外，激光器价格昂贵，且在生产线上编码印字。一般制假者难以投巨资购买此设备，因此也被称为投资型防伪包装设计；厂家可任意更换印字模板，不同日期用不同模板，更换细节隐秘，外人较难破解。

从防伪效果看，激光编码技术不比激光全息图像技术差。激光全息标志是由印刷厂印刷，使用标志的厂家不能确保该母版不从印刷环节外流或非法复制。激光编码机价格昂贵，且必须在线使用，加上字形模板的更换变型的隐秘性等几大特点，使那些分散的中小型工厂难以制假。

4. 特殊的包装结构

一次性使用的包装容器，也可以实现防伪，又叫作破坏性防伪包装。此种容器一旦开启，即自行报废，不能重复使用，可以防止“旧瓶装新酒”式的伪造。

食品饮料中大量使用的防（显）窃启包装也具有一定的防伪功能，可以防止产品被偷换与掺假（图4-35）。目前，市场上的饮料、矿泉水及瓶装木糖醇的瓶盖都采用防窃启包装，即瓶盖打开后，无法恢复，使消费者能够判断产品是否已被开启。某些容器可以设计得比较复杂或在容器结构、制造工艺方面加入产品生产企业的独有技术等，使造假者难以假冒。

**图4-34　激光喷码**

（图片来源：成顺和喷码技术有限公司）

**图4-35　防窃启瓶盖**

实例1：儿童百服咛——破坏性防伪包装

中美上海施贵宝制药有限公司生产的“儿童百服咛”使用的是破坏性防伪包装，当取出药品时，必须将纸盒破坏掉，防止重复使用或者真品包装装假品的情况，有效地保护了消费者的权益。

实例2：酒类产品的包装结构防伪技术

当前假冒酒类产品的途径一般可归纳为三类：一是制假者利用回收旧包装容器、标签等实施制假活动；二是制假者从黑市上买来新的包装容器、标签等实施制假活动；三是一些经济实力雄厚、规模较大的制假企业，仿制出各种名优产品，大批量制假。

针对这三类制假途径，可以考虑以下防伪设计原则。

（1）防止利用旧容器制假的防伪包装设计原则（“防旧”）。

为了防止不法分子通过回收旧瓶灌入劣质酒坑害消费者，许多厂家目前采用的一次性破坏防伪包装结构有多种，用于外包装的破坏性酒盒，如有一款浏阳河酒的外包装带有一把无孔锁，一旦开启外包装就会将酒盒破坏。也有用于内包装的单向保护阀门结构、防盗盖结构、一次性防伪酒瓶等防伪设计，如董酒全部采用金属防盗盖，茅台酒内外包装瓶盖均使用红色扭断式防盗螺旋铝盖，西凤酒采用铝质扭断式防盗盖，五粮液酒采用金属扭断盖等。

（2）防止利用新包装制假的防伪包装设计原则（“防新”）。

即防止造假者利用新的包装进行造假活动。目前采用的技术有特种包装材料、激光烧印等。激光烧印技术需要对设备进行高昂的投资，且这些设备是在包装现场使用，因而具有较好的防伪效果。如一些白酒包装，在瓶盖扭断连接处喷上出厂日期、批号，起到了“防旧”和“防新”的目的。

单靠某一种防伪技术进行防伪往往容易被破解、仿制。市场上高档产品的防伪包装设计一般都是综合运用了多种防伪技术。

## 本章思考题

（1）简述无菌包装技术的原理，举出无菌包装的产品实例说明其采用的灭菌处理方法。

（2）你所关注的通用包装技术有哪些？试分析它们的技术特点和适于包装的产品。

# 第5章 包装机械概述

包装机械的作用是为包装行业提供必要的技术装备，以完成所要求的产品包装工艺过程，或用来加工包装材料及包装容器。随着社会经济、科技的发展，以及包装工业的进步和商品新型流通方式的变化需求，其已成为机械制造的一个重要分支和现代包装工业的重要支柱之一。从包装机械在工农业产品生产中所起的作用看，其主要功能包括以下几点。

（1）提高劳动生产率，减轻劳动强度；

（2）减少工作环境污染，改善劳动条件；

（3）提高包装质量及可靠性，提高市场竞争力；

（4）降低包装成本，节省原材料；

（5）提高包装的标准化水平，降低生产和物流成本；

（6）促进包装工业和包装科学技术的快速发展。

对包装工程从业技术人员来说，了解包装机械的类型、功能和用途，掌握常用包装机械基本原理与方法，非常重要。

从广义上讲，包装机械包含包装行业中的所有机械装备。但从包装工程学科体系和包装行业的特点出发，习惯上把包装机械分为用于完成包装过程的机械和加工包装材料及容器的机械两大类。狭义上的包装机械一般指前者。

我国国家标准《包装术语　第二部分：机械》（GB/T 4122.2—2010）中对包装机械下的定义为：“完成全部或部分包装过程的机器”。这里所指的包装过程包括成型、充填、封口、裹包等主要工序和清洗、干燥、杀菌、贴标、捆扎、集装、拆卸等辅助工序。从这个定义出发，包装机械按照功能又被分为13类：充填机械、灌装机械、封口机械、裹包机械、无菌包装机械、标签机械、清洗机械、干燥机械、杀菌机械、捆扎机械、集装机械、多功能包装机械及辅助包装机械和设备等。

从我国包装行业的实际情况看，用于加工包装材料和容器的机械也常被人们习惯上列作包装机械。这类机械主要有瓦楞纸板加工机械、蜂窝纸板加工机械、纸浆模塑包装制品加工机械、纸盒加工机械、纸罐加工机械、复合材料加工机械、发泡塑料加工机械、制袋机械、塑料容器加工机械、金属容器加工机械和玻璃容器加工机械等。在生产中，它们大部分都是成套设备形式。在一些国家，此类机械已成为一个独立的行业，称为“转换”机械，即将原材料经加工、印刷和成型等工艺“转换”成包装板材或包装容器的机械。

在第3章里，读者大体了解了主要包装材料及其包装容器的形式；在第4章里，学习了四类常用的通用包装技术方法。本章将简要介绍典型包装机械的组成、工作原理及特点，使读者对包装机械这一领域有一个初步的了解。

## 第一节　计量充填机械

计量充填机械是指将待包装的物料（产品）按所需的精确量（质量、容量和数量）充填到包装容器内的机械。充填液体产品的机器常被称为灌装机。

计量充填机械一般由物料供送装置、计量装置、下料装置等组成。计量充填包装机械的技术关键是高速度、高精度与高可靠性的统一。在物品定量包装时，计量充填是一个很重要的工序，而且必须根据内装物的不同而采用相应的计量充填装置。计量充填机械可以作为一种单机单独使用，也可以与各种包装机组成机组联合工作。

根据第四章中介绍过的计量充填原理，计量充填机械大体上分为三类。

（1）容积式充填机。将产品按预定容量充填到包装容器内。其结构简单，体积较小，计量速度高，计量精度低。

（2）称重式充填机。将产品按预定质量充填到包装容器内。其结构复杂，体积较大，计量精度高，计量速度低。

（3）计数式充填机。将产品按预定数目充填到包装容器内。其结构较复杂，计量速度较高。

## 一、容积式充填机

容积式充填机适用于固体粉料或稠状物体的充填。主要有以下几种：量杯式充填机（图5-1）、柱塞式充填机、气流式充填机、螺杆式充填机、计量泵式充填机（图5-3）、插管式充填机等。

容积式充填机把精确容积的物料装进容器，而不考虑物料的密度或重量。容积的改变通过更换量杯来实现。这种机械虽然结构简单，但计量精度不高。流动性差的或易结块的产品不宜用此种方法进行充填。

图5-1是固定式量杯充填机的定量装置。物料经供料斗1落入量杯3内，圆盘口上装有四个量杯和对应的活门底板4，当转盘主轴8带动圆盘7旋转时，刮板10将高于量杯顶面的物料刮去。当量杯转到容器上方时，活门底板打开，物料在自重作用下充填到容器中。可以看出，量杯、活门底板和刮板构成一个一定容积的容器用以计量，更换量杯则可以改变物料计量的容积。图5-2是采用了这种计量装置的颗粒粉末高速包装机，图中左上角就是计量充填装置。

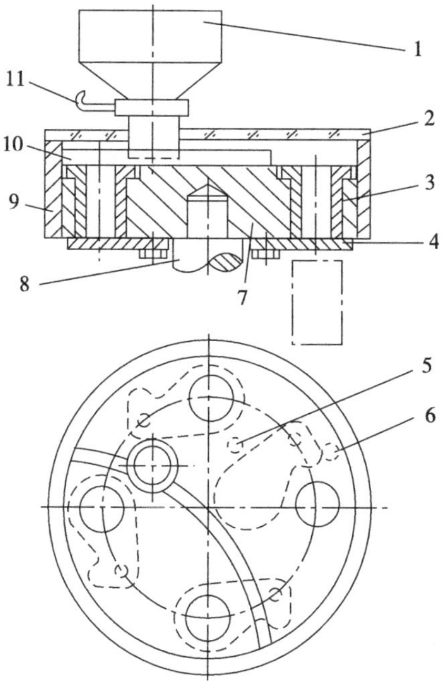


**图5-1　固定式量杯充填机的定量装置**

1-料斗；2-外罩；3-量杯；4-活门底板；
5-闭合圆销；6-开启圆销；7-圆盘；
8-转盘主轴；9-壳体；10-刮板；11-下料闸门

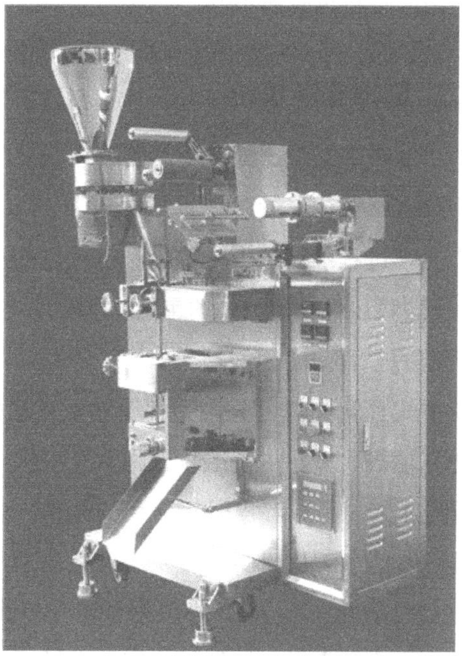

**图5-2　颗粒粉末高速包装机**

（图片来源：大川责任机械有限公司）

图5-3为计量泵式充填机计量部分的结构。转鼓有圆柱形、菱形及齿轮形等形状。图

示的计量腔为转鼓 3 外沿的圆弧与转鼓机壳 2 内圆所构成的空间。当传动装置驱动转鼓转动时，计量腔会被进料斗 1 中落下来的物料填满。这部分物料随转鼓转到排料口 4 时，在重力的作用下排出到包装容器中完成包装计量。

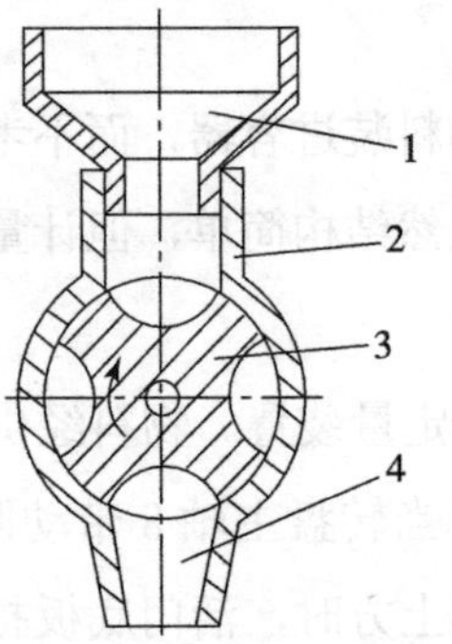


**图 5-3　计量泵式充填机**

1- 进料斗；2- 转鼓机壳；3- 转鼓；4- 排料口

其他形式的容积式充填机工作原理都是一样的，但由于其计量容积的结构、形状不同，它们适用的物料也有所不同。

## 二、称重式充填机

对于易吸潮结块、粒度不均匀、容重变化较大或计量精度要求较高的粉粒状物料，必须采用称重法进行计量，然后充填。

在充填过程中，应事先称出预定重量的产品，然后充填到包装容器内。根据被称量物体的特点，可以仅称出物体的重量（净重），也可在过程中把产品连同包装容器一起称量（毛重），然后进行充填。

称重式计量充填机分为无秤斗称量充填机（毛重充填机）、单秤斗称量充填机、多秤斗称量充填机、多斗电子组合式称量充填机、连续式称量充填机等。

图 5-4 为一种单斗电子组合秤的结构。它的工作原理是：闸板 6 打开时，物料由料斗 5 经过粗供料斗 7 及细供料斗 9 送入秤斗 11 中，荷重传感器 10 对其进行计量。当物料达到预定计量的 80%～90%时，粗供料斗停止供料，此时细供料斗继续供料；当秤斗中的物料达到预定计量时，细供料斗停止供料。此时，开斗电机 8 使秤斗打开，物料将被排出。采用两个供料斗就是为了兼顾计量速度与精度的要求。

把上述装置成对配置、多个配置起来，就形成所谓双秤斗、多秤斗计量充填机，可以大大提高充填计量的效率。图 5-5 为一种多秤斗式的电子组合秤。

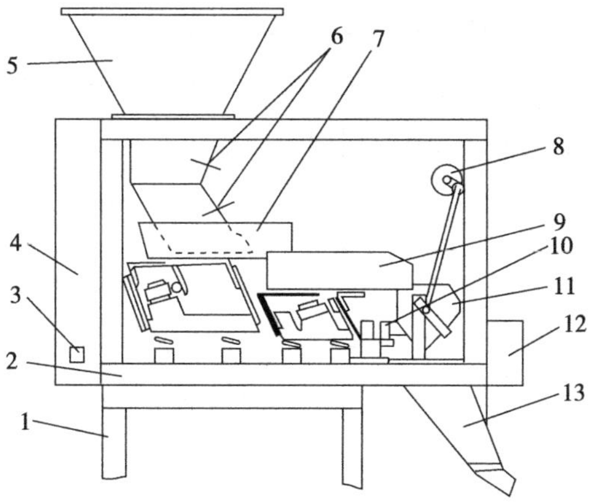


图 5-4 单秤斗称量充填机结构

1- 支架；2- 框架；3- 电源开关；4- 电源箱；5- 料斗；
6- 闸板；7- 粗供料斗；8- 开斗电机；9- 细供料斗；
10- 荷重传感器；11- 秤斗；12- 操作面板；13- 出料斗

图 5-5 多秤斗电子组合秤

（图片来源：上海大和衡器有限公司）

## 三、计数式充填机

计数定量的方法分为两大类。

第一类是被包装物品可以按一定规则排列整齐。其中包括本身就规则而整齐的产品排列和经过整理的产品排列，计数式充填机对这些产品进行计数；第二类是从混杂的被包装物品集合体中直接取出一定个数或数量进行包装。

排列整齐的物料可以采取按长度、容积、堆积厚度等几种计数方式。图 5-6 为一种厚度一定的、四种花色组合包装的计数方式。包装时，计量托体 1 与上下推头（图 5-6 中未示出）协同动作，完成产品的计量及大包装工作。首先，托体 1 做间歇式水平运动，每移动一格，从料斗 2 中落送一包物料 3 至托体中，托体移动 4 次后完成一大包四件不同产品的计量充填。

颗粒、块状等呈杂乱状不定向排列的物品，可用转盘、转鼓及推板的形式进行计数。其中转鼓式计数机构主要用于规则颗粒物品的集合包装。图 5-7 即为一种计量包装药品的转盘式计量机构。

包装时，定量盘 2 转动到其上的小孔与料斗 1 底部接通，料斗中的物料落入小孔中（每孔一颗）。盘上的小孔计数区分为三组，互成 120° 方位。当定量盘上的小孔有两组进入装料工位时，另一组在卸料工位卸料，物品通过卸料槽 3 充入包装容器中。盘上孔的布局可以一次充填一个或几个容器。容器的移动也可调整以便进行二次充填，这就可以使几组孔的物料一次充入较大的容器。例如，每次充填 50 个物品，充填两次每瓶就有 100 个物品。

当物品尺寸变化或每次充填数量改变时，可以换上有合适尺寸形状的定量盘。物品通过振荡等方式进入板孔以保证充填率。定量盘转动时带走物料，物料经过卸料槽进入容器；也可以在物料区下方装设阀门，阀门打开即向其下方的包装容器内充填物料。

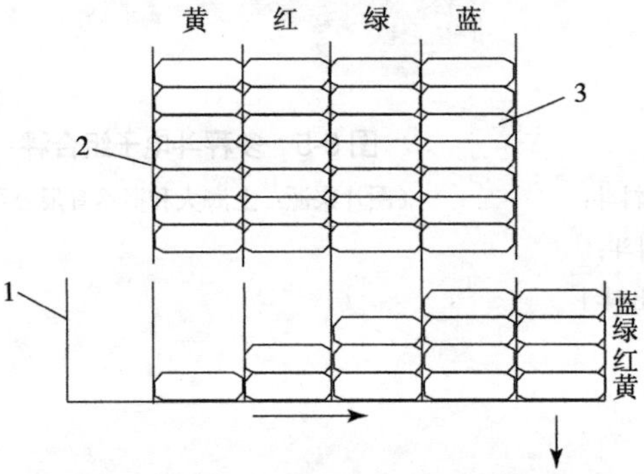


图 5-6　堆积计数机构示意

1- 托体；2- 料斗；3- 被包装物品

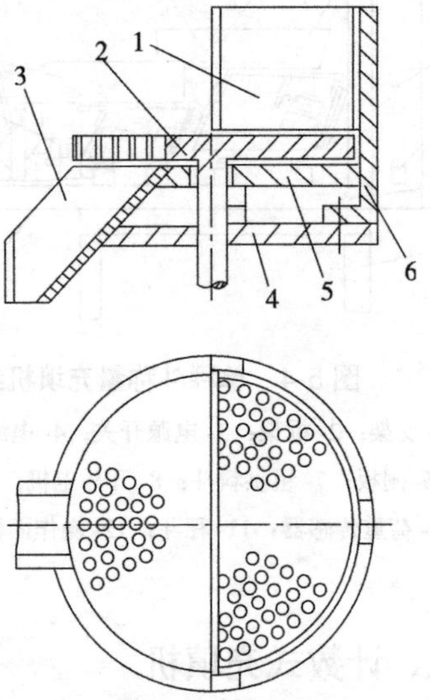


图 5-7　转盘式计数机构示意

1- 料斗；2- 定量盘；3- 卸料槽；
4- 底盘；5- 卸料盘；6- 支架

和转盘式计数机构相仿，转鼓式计数装置是靠计数转鼓上的孔数和转数来实现计数的，它比较适合球形物料的计数充填。

可以看出，不同的充填原理对应着不同的机构，而这些机构就是计数充填机的核心部件。

# 第二节　液体灌装设备

将液体物料灌入包装容器内的机械称为灌装机或灌装设备。用于灌装的容器形式有很多，可以是玻璃瓶、金属罐、塑料瓶（杯）等硬质容器，也可以是用塑料或其他柔性复合材料制成的盒、袋、管等半硬质及软质容器。

生产中需要商品化包装的液体涉及很多领域，范围很广。包装容器各式各样，包装容量从几十毫升到上百升。食品行业（包括部分化工行业）常见的灌装容量在 150～2000mL 的各式灌装设备通常按灌装原理、灌装工艺流程、适用的包装容器或封口形式来分类。由于不同的灌装原理适用于不同的液体，大部分灌装机是按灌装原理进行分类的。

根据液体性质区分的各种灌装技术原理已在第4章中讲过，本章仅对各种类型灌装机械结构及工作过程做简要介绍。

## 一、不同灌装原理的灌装机

（1）等压灌装机。等压法灌装是使贮液箱上部气室内与包装容器内二者的空气压力接近相等，然后被灌液料靠自重流入该容器内的灌装方法。其工艺过程为：① 充气等压；② 进液回气；③ 停止进液；④ 释放压力，如图5-8所示。

对于啤酒、碳酸饮料及其他含气饮料（如可乐），灌装机应能保证其在灌装过程中尽量减少二氧化碳的损失量，这也是衡量灌装机性能的重要标志。饮料中的二氧化碳是通过混合机在高于大气压的条件下溶入的。如果按照常规方式灌装，由于压力的变化，必然造成二氧化碳的大量外逸，不仅会使饮料的含气量降低，而且会产生灌装中的涌瓶冒沫现象，常会导致灌装过程无法进行。所以含气饮料的包装多采用等压法。这种方法也可以灌装不含气的饮料。

（2）真空灌装机。真空灌装机在灌装时，瓶口被灌装阀的密封圈密封，瓶子被抽成真空，贮液箱内的液料在重力或重力压差综合作用下被灌入瓶内。当瓶内液面上升到吸嘴时，排气管吸入液料，液面停止上升。这种设备只能用于流动性好的不含气液体的灌装，如白酒、葡萄酒及矿泉水等。其结构简单，灌装定量准确，几乎没有液损，而且由于破损的瓶子无法抽真空而不能形成灌装，也有利于剔除不合格的容器。用于真空灌装的包装容器主要是玻璃瓶和PET瓶等具有一定抗压强度的容器。这类灌装机灌装速度快，但由于灌装精度受制于包装容器本身的形状误差，故其灌装度直接取决于包装瓶的容积精度，行业上称为“以瓶定量”。

（3）常压灌装机。常压灌装属重力灌装，是被灌装液料在大气压力下直接依靠自重流入包装容器内的灌装方法。其灌装速度只取决于进液管的流通截面积及贮液箱的液位高度。常压灌装与真空灌装的最大区别是不需要抽真空装置，不需要密闭的贮液箱，制造成本大大下降。常压灌装时容器与灌装阀可以不接触或接触并密封，后者可以避免液料滴漏，污染设备。

常压法主要用于灌装低黏度、不含气的液料，如酒类、乳品、调味品等产品。

（4）压力灌装机（图5-9）。压力灌装是借助机械或气液压等装置控制活塞往复运动，将黏度较高的液料从贮液箱吸入活塞缸内，然后再强制压入待灌包装容器中。用于不含气饮料（如水饮料）的液面灌装时，由于其中不含胶体物质，形成的泡沫易于消失，故可依靠本身所具有的气体压力直接灌入未经预先充气的瓶内，从而大大提高灌装速度。容积式压力灌装机采用背压式（柱塞）灌装，定量准确并可调节，可用于植物油、洗涤类日用化工产品等低黏稠度液体的灌装。

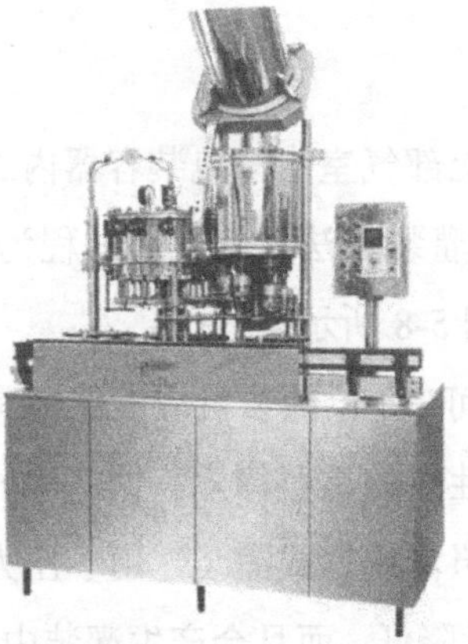

图 5-8　等压灌装机

图 5-9　压力灌装机

（5）称重式定量灌装机。称重法灌装是指在灌装前先设定好需灌装的液料的重量，然后进行灌装。用于饮料原浆、酒类、药品和植物油等要求定量准确液体的灌装。称量的方法有电子秤和机械秤两种。

## 二、灌装阀排列形式不同的灌装机

（1）直线式灌装机（图 5-10）。间歇式步进输送，适用于特殊形状包装容器、大容积的液体包装。生产效率较低。

（2）回转式灌装机（图 5-11）。由直线式灌装机发展而成。可高速连续工作，设备的生产效率较高。

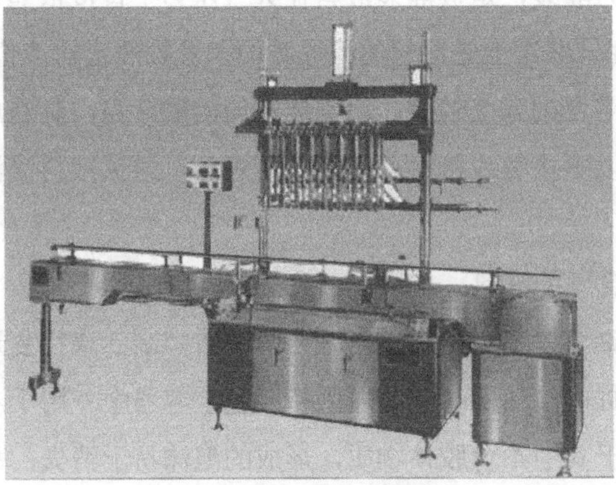

图 5-10　直线式灌装机

图 5-11　回转式灌装机

## 三、适用于不同包装容器的灌装机

（1）玻璃瓶灌装机。包装含气或不含气液体的等压、真空、常压压力灌装机。

（2）聚酯瓶灌装机。包装含气或不含气饮料、乳品、植物油、调味品、洗涤类日用化学品等液体的等压、负压、常压压力灌装机。图 5-12 为 PET 瓶装饮料灌装系统。

图 5-12　聚酯瓶装饮料灌装系统

（3）金属罐灌装机。包装啤酒、碳酸饮料等含气液体的两片罐易拉罐等压灌装机，包装果汁、蔬菜汁、植物蛋白饮料等不含气液体的三片罐常压灌装机。

（4）复合纸包装灌装机。采用无菌包装的复合纸包装灌装机，可以灌装乳品、果汁、蔬菜汁等不含气饮料。

## 四、不同封口形式的灌装机

（1）皇冠盖压封灌装机。用来包装含气或不含气饮料，采用冠形瓶盖进行玻璃瓶封口。

（2）塑料盖封口灌装机。其中压封式封口灌装机用于包装不含气饮料，瓶盖为撕开式塑料防盗盖；拧封式封口灌装机用于包装含气或不含气饮料，塑料防盗盖为爪式盖拧封。

（3）铝质扭断盖压纹封口灌装机。用于对玻璃瓶或塑料瓶螺旋口的铝质盖压纹封口，适用于含气或不含气饮料灌装。

（4）易拉罐二重卷边封口灌装机。包括用于啤酒、含气饮料或果汁、植物蛋白饮料的易拉罐的等压、常压灌装机。

（5）三（四）旋盖旋封灌装机。广口玻璃瓶的封口常使用三（四）旋盖旋封，用于包装果汁、果酱类产品。

（6）锡箔热封灌装机。多用于容积式灌装、乳制品塑料包装容器的封口。

（7）软木塞压封灌装机。一般用于负压或常压灌装下的干葡萄酒瓶软木塞封口。

（8）压塞－塑料盖拧封灌装机。属复合封口方式，用于洗涤类日化产品包装。

（9）锡箔热封－塑料盖拧封灌装机。属复合封口方式，用于乳制品类饮料包装。

当前，液体类商品的包装容器主要以金属、塑料、玻璃和复合纸软包装四类为主，市场上大多数的灌装机械均围绕这四类包装容器进行设计。近几年，复合纸软包装开始风行，最成熟的纸包装灌装机是用于果汁及牛奶的利乐包装设备，一般为无菌灌装，灌装容量为 0.25 ～ 2L，有砖形、屋形和三角形等。

由于客户所要求的包装容器、灌装的液体和封口形式不同，灌装设备可以是模块化设计，可按需要任意组合，这样就形成了各种不同系列的灌装封口机。所以，液体灌装设备多为专用机械。在许多情况下，一种液体的包装可以有几种灌装机械供其选用。

## 第三节　封口机械

封口机械是指在充填和灌装工序之后，对包装容器进行密封封口的机械。根据包装容器的形式、封口的形式和要求的不同，封口机械可以有不同的分类方法。在实际应用中，一般都是按照被封口包装容器进行分类的。

根据被封口包装容器的不同，封口机械可分为封袋机、封瓶机、封罐机、封箱机四大类。

### 一、封袋机

顾名思义，封袋机主要用于各种塑料袋、纸袋、编织袋、布袋、复合袋等的封口。机器通过加热、加压的方式完成热塑性材料包装袋的封口（图 5-13 和图 5-14），或者是采用封口辅助物（如缝纫线、胶带、U 形卡等）完成包装袋的缝合（图 5-15）、胶合、钉合（图 5-16）及扎合等。

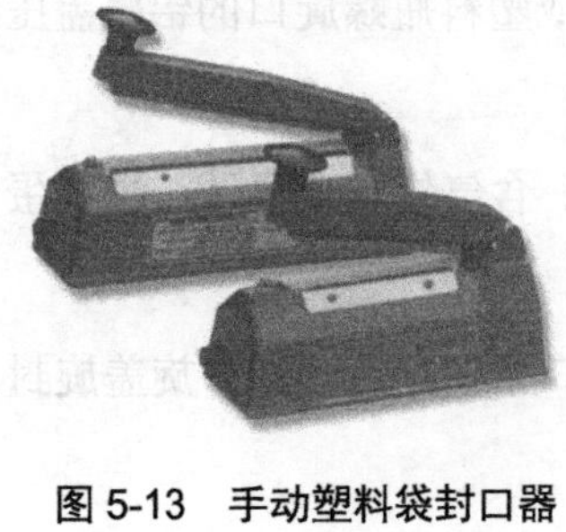

图 5-13　手动塑料袋封口器

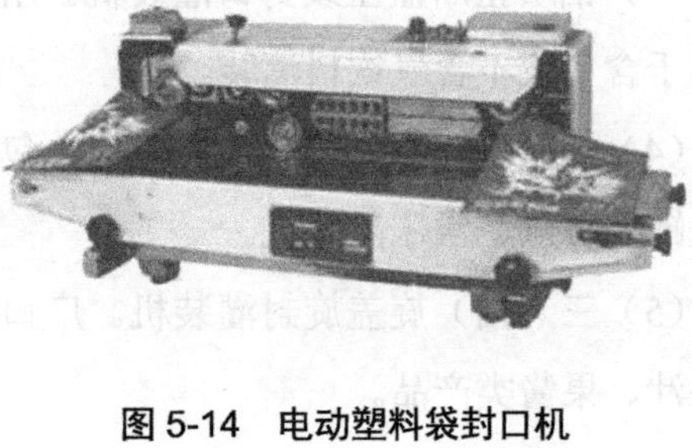

图 5-14　电动塑料袋封口机

图 5-15　布袋封口机

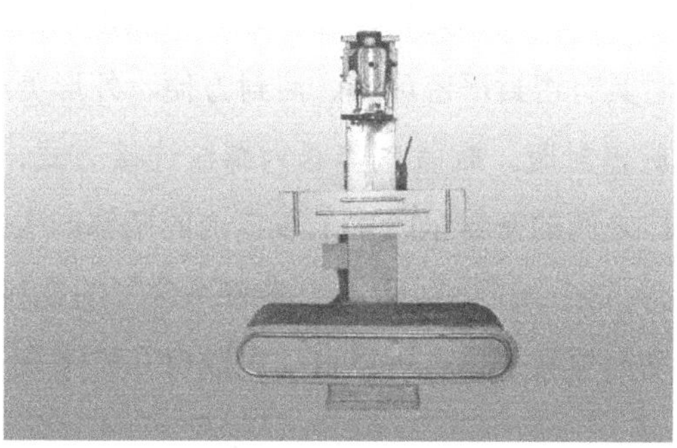
图 5-16　纸袋封口机

## 二、封瓶机

封瓶机主要用于玻璃瓶、塑料瓶等的封盖。有以下几种形式（图 5-17）。

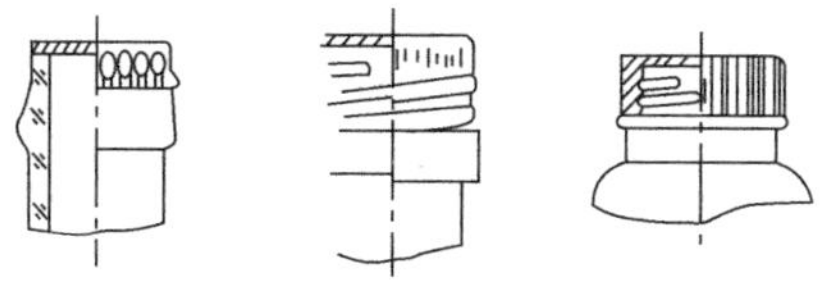
(a) 压盖封瓶　(b) 滚纹封瓶　(c) 旋盖封瓶

图 5-17　封瓶形式

（1）压盖封瓶（皇冠盖封）。用皇冠形圆盖的波纹形周边连接瓶子所形成的封口，称为压盖封瓶，如图 5-17（a）所示。在瓶盖与瓶口端面之间衬有橡胶或软木制成的弹性密封垫片，通过瓶盖牢固连接，使压盖封瓶密封可靠，易于启封，是盛装含碳酸气液体饮料——啤酒、汽水和酒类用玻璃瓶容器包装时常见的封瓶形式。图 5-18 为皇冠盖的压盖封瓶过程。

图 5-18　皇冠盖封瓶过程

（2）滚纹封瓶。通过套住瓶口上的特制铝盖，滚压出与瓶口螺纹形状完全吻合的螺纹的密封方法，称为滚纹封瓶，见图 5-17（b）。由于启封时，铝盖将沿着裙部周边预成型的压痕断开，所以又称为扭断盖；这种封瓶也便于识别是否已启封，故又称为防盗盖。滚纹封瓶同时具有密封严密可靠、启封方便、外形美观等优点。

（3）旋盖封瓶。瓶盖与容器为螺纹连接方式，见图 5-17（c）。封瓶是靠旋转瓶盖时盖底与瓶口之间的密封垫或置于瓶口内的瓶塞产生弹性变形而实现密封的，是玻璃容器常用的封瓶形式之一。特别适用于盛装不含气的饮料和药品的玻璃瓶封口。图 5-19 是一种自立袋自动充填旋盖机，可以自动完成自立软塑袋的灌装和塑料盖旋合。

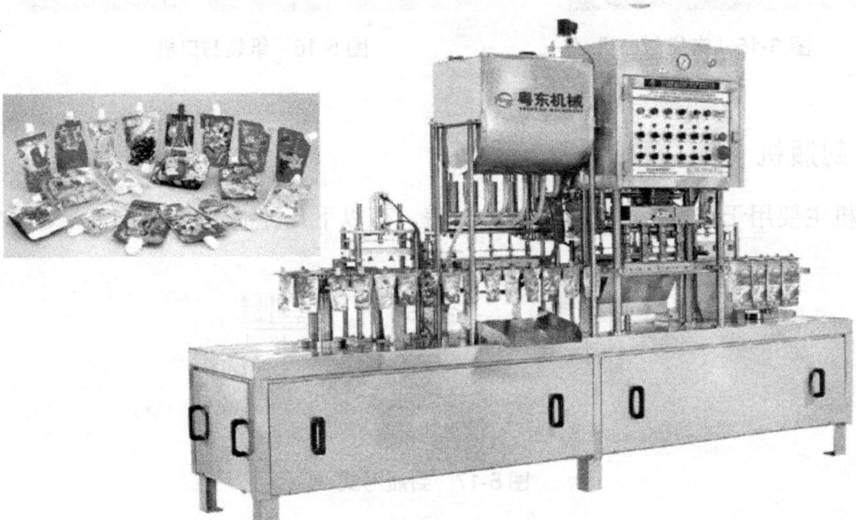


**图 5-19　自立袋自动充填旋盖机**

（图片来源：广东省汕头市粤东机械厂有限公司）

（4）铝箔封瓶。铝箔封瓶作为容器的密封措施，通常不会单独使用，经其密封后还需用上述的滚纹或旋盖再次封口。铝箔封瓶主要利用电磁感应原理使瓶口上的铝箔片瞬间产生高热，与瓶口材料熔合而实现封瓶，适用于塑料瓶和玻璃瓶封口。

（5）压塞封瓶。压塞封瓶指压入瓶口内的瓶塞，靠其本身的弹性变形构成瓶口严密密封的方法。瓶塞经常用软木、橡胶和塑料等具有弹性的材料制成。瓶塞封口可以提高产品的密封性，延长其保存期。其中，压塞直接封口常用于瓶装酱油、醋等液体调味食品的封口；压塞与瓶盖一起的组合封口常用于瓶装高档酒、药品和有毒产品的封口。

## 三、封罐机

口部直径大于 38mm 的广口容器称为罐。常见的封罐形式有以下几种（图 5-20）。

（1）卷封式封罐。玻璃罐盖用镀锡薄板或涂料铁制成，橡皮胶圈嵌在罐盖盖边内，卷封时由于辊轮的挤压作用将盖边及其胶圈紧压在玻璃罐罐口边上，如图 5-20（a）所示。

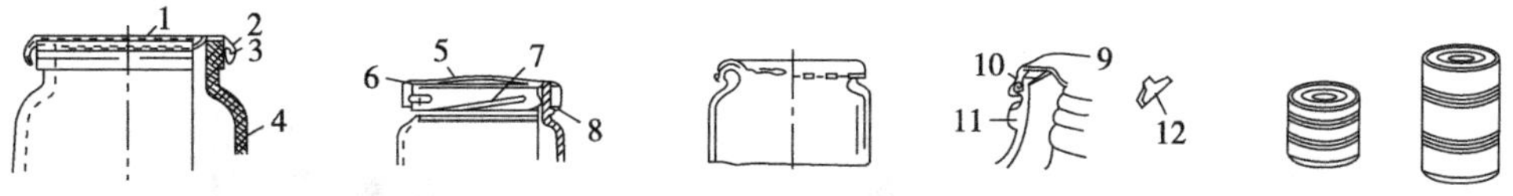


（a）卷封式玻璃罐　（b）旋转式玻璃罐　（c）抓式玻璃罐　（d）侧封式玻璃罐　（e）卷边封罐

**图 5-20　封罐机的封罐形式**

（a）1- 罐盖；2- 罐口边凸缘；3- 胶圈；4- 玻璃罐身

（b）5- 罐盖；6- 胶圈；7- 罐口螺纹；8- 凸缘

（d）9- 瓶盖；10- 特种胶圈；11- 供开盖用瓶口凸缘；12- 开盖工具

（2）旋转式封罐。金属罐盖上部内侧有凸缘，玻璃罐颈上有螺纹，与凸缘相互吻合，旋紧后使盖内底部的胶圈紧压在玻璃罐口上保证密封，如图 5-20（b）所示。

（3）抓式封罐。抓式封罐适用于玻璃罐，罐上没有螺纹，加盖后施用压力下压时，罐盖上有几处向内侧弯曲部分可以将罐身钩住，如图 5-20（c）所示。

（4）侧封式封罐。这种封罐方式适合侧封式玻璃罐。罐盖底部向内弯曲，并嵌有橡胶垫圈，当其紧密贴合在罐颈侧面上时，便保证了密封性，如图 5-20（d）所示。

（5）卷边封罐。机器通过滚轮将罐盖与罐身凸缘的边缘，通过互相卷曲钩合的形式以封闭罐盖和罐身。这是用于三片罐、二片罐和金属桶的封口方式，如图 5-20（e）所示。常用的有二重卷边（图 5-21）和三重卷边。

图 5-22 为一种使用卷边封罐方法的真空封罐机。

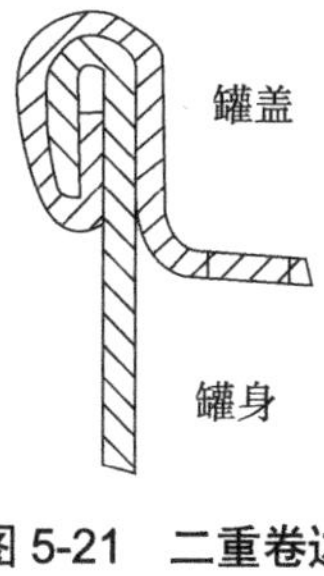


**图 5-21　二重卷边**

**图 5-22　真空封罐机**

（图片来源：汕头市东兴实业有限公司）

## 四、封箱机

封箱机主要用于各种尺寸的外包装箱的封口。使用封箱机可以用胶带、箱钉或黏合剂等对包装箱进行钉合或黏合。图 5-23 是一种常见的瓦楞纸箱钉箱机，可以快速自动钉合瓦楞纸箱的接头。图 5-24 是一种封箱机，用于瓦楞纸箱摇盖的封合。

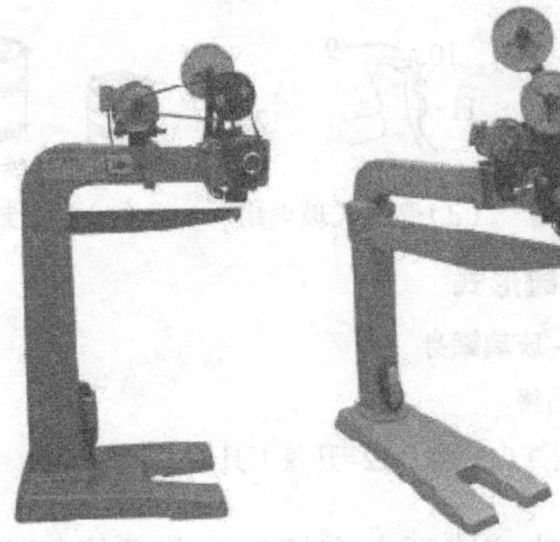

图 5-23　钉箱机

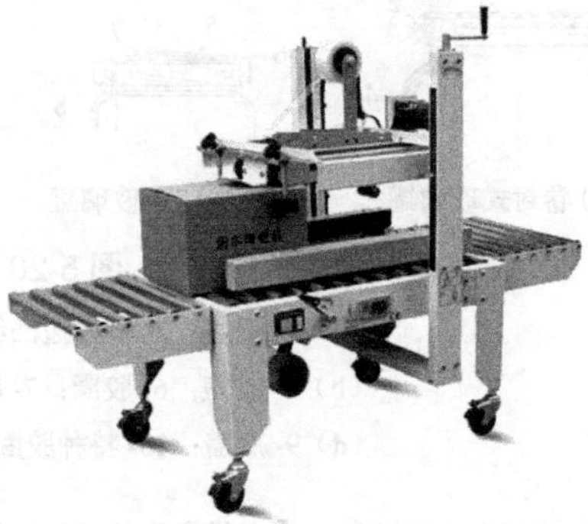

图 5-24　封箱机

封口机械种类很多，除了上述几大类封口机外，还有根据不同容器形式和封口要求的其他封口机械，如图 5-25 所示为一次性饮料用塑料杯的自动灌装封口机；图 5-26 为一种吸塑封口机；图 5-27 是一种专为塑料软管设计的充填封口机。

图 5-25　塑料杯自动灌装封口机
（图片来源：中国杭州中亚机械有限公司）

图 5-26　吸塑封口机

图 5-27　塑料软管封口机

# 第四节 裹包机械

裹包是指采用挠性包装材料（如纸、塑料薄膜、有压痕的盒坯和箱板等），通过折叠、扭结、缠绕、黏合、热封、热成型和收缩等操作，使包装材料全部或局部包覆被包装物品。

裹包机械是完成裹包操作的机器。按包装形式，一般又分为半裹包式裹包机、全裹包式裹包机、折叠式裹包机、扭结式裹包机和接缝式裹包机等。按裹包工艺，可分为覆盖式裹包机、缠绕式裹包机、拉伸裹包机、贴体包装机及收缩包装机等。

裹包机械的应用范围十分广泛，可适用于食品、医药、化工、五金、电器、日用百货及烟草等行业中各种形状物品的自动包装（如方便面、碗面、馒头、面包、巧克力、糕点、冰棒、冰激凌、香烟、香皂、面巾纸、影碟、录音带、扑克、电池及盛装颗粒、粉状物的托盘、盒或箱装物品的包装）。因此，裹包机械是包装机械的重要组成部分。本节将从包装形式、用途、机械结构等方面简要叙述常用的折叠式裹包机、扭结式裹包机和接缝式裹包机等裹包机械。

## 一、折叠式裹包机

折叠式裹包机是用挠性包装材料裹包物品，将末端伸出的裹包材料折叠封闭的机器。它可对单件、多件方形或盒状物品进行六面自动包装；也可以对同一规格形状的条状、圆形、块状、棒状物等进行数件集合包装。折叠式裹包机是食品、医药、化工、日用品及烟草等行业产品自动包装的理想设备。

折叠式裹包机一般由电机、电器控制箱、传动机构、包装材料供给机构、被包装物供给机构、包装执行机构、产品送出机构、机身等部分组成。所完成的裹包动作主要有以下几种。

（1）推料，将被包装物品和包装材料由供送工位移送到包装工位。移送时，有的还要完成一些折纸工序。

（2）折纸，使包装材料围绕被包装物品进行折叠裹包。根据折纸部位的不同，可分为端面折纸、侧面折纸等。

（3）扭结，在围绕被包装物品裹成筒状的包装材料的端部，完成扭转封闭。

（4）涂胶，将黏合剂涂在包装材料上。

（5）热封，包装材料加热封合。

（6）切断，将连接在一起的裹包件加以分离。

（7）成型，使包装材料围绕被包装物形成筒状。

（8）缠包，将包装材料缠绕在被包装物品上。

图 5-28 为一种折叠式裹包机的工艺路线图，大致表示出用防潮玻璃纸裹包卷烟小包的过程。输送带 14 将被包装物 13 送到工位 I，借推料板 12 向前推移。带有真空吸孔的送纸辊 11 吸附包装材料 10 并送至预定位置。当推料板 12 将被包装物推送到工位Ⅱ时，包装材料被固定折纸板（图中未示出）推成“⊏”形裹在被包装物上。接着，侧面折纸板 1 向上运动将包装材料折成“□”形。托板 2 上升后，将物品上移一定距离，包装材料又被固定折纸板推折进一步缠绕在物品上。在工位Ⅲ，侧面热封器 3 将搭接在各个物品侧面的包装材料加以热压封合；待叠满四个物品后，折角器 9 对移至顶部的物品两端伸出的包装材料进行折角，并将物品移向工位Ⅴ，在移送过程中由固定折角器完成另一侧折角。到了工位Ⅳ，端面折纸板 4 将两端下部的包装材料向上折叠，托板 5 将物品向上推送，此时两端上部的包装材料又被固定折纸板折叠；在工位Ⅴ，端面热封器 6、8 对两端的包装材料热压封合；待叠满四个物品后，由推板 7 将顶部的两个已裹包好的成品输出。

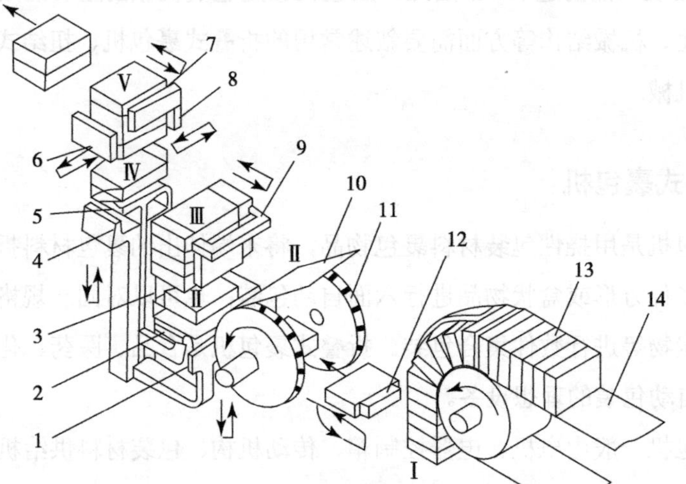


**图 5-28　裹包工艺路线图**

1- 侧面折纸板；2- 托板；3- 侧面热封器；4- 端面折纸板；5- 托板；6- 左端面热封器；7- 推板；8- 右端面热封器；9- 折角器；10- 包装材料；11- 送纸辊；12- 推料板；13- 被包装物；14- 输送带

## 二、扭结式裹包机

扭结式裹包机是用挠性包装材料裹包物品，将末端伸出的裹包材料扭结封闭的机器。可分为单扭结和双扭结两种，主要适用于糖果、冰棒、食品、药丸（圆柱形、长方形）等物品的自动裹包。也适用于日用品、小五金等行业中各种物品的自动裹包。可利用单张、双层或多层纸包装。

扭结式裹包机是典型的包装过程机械，包含了较为复杂的各类机械传动机构，其工作过程基本上是使用机械模仿人手进行扭结包装。一般需要完成被包装物的整理、排列、输送、包装纸的切断供给、夹紧裹包、扭结、排出等动作。双扭结式裹包机裹包糖果工艺流程如图 5-29 所示。可以看出，图示的双扭结糖果包装机有 10 个工作步骤。图中第 9 步由扭结机械手对糖纸进行双端扭结，最后由出糖部位打糖杆把包装好的糖块打出工序盘完成全部包装过程。图 5-30 是一种扭结式糖果包装机的外形图。

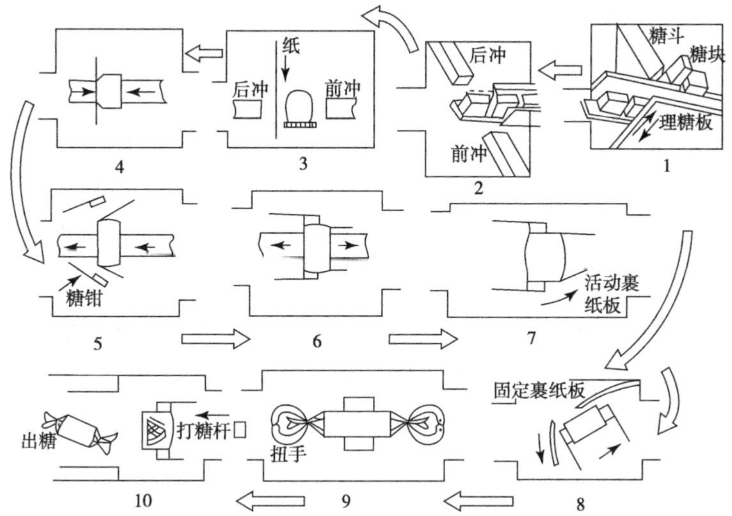


**图 5-29　双扭结式裹包机包糖果工艺流程**

1- 理糖；2- 送糖；3- 供纸；4- 前后冲夹糖、纸；5- 纸、糖送入钳盘；6- 闭钳夹糖、前后冲退出；7- 下折纸；8- 上折纸；9- 扭结；10- 打糖出盘

**图 5-30　扭结式糖果包装机**

## 三、贴体包装机

用挠性包装材料经加热软化后，衬底纸板以被包装物自身为模成型，靠衬底纸板上的黏结剂与衬底封合，冷却后包装材料贴合在被包装物上。图 5-31 是一种典型的半自动贴体包装机，其左上角是包装材料，下方的机体内设有真空装置。

## 四、收缩包装机

收缩包装机是指将产品用热收缩薄膜裹包后进行加热，使薄膜受热收缩后裹紧产品的机械。一般由裹包装置、热收缩烘道和输送装置组成。热收缩烘道多用电加热，并采用强制循环系统促使热风循环，保证热风能均匀地吹到被包装物上，以使薄膜收缩均匀。要求高的场合还需要设置自动控温装置以保证烘道内温度恒定；自动和半自动机器还设有调速装置调节输送装置的移动速度以便于对加热时间进行调整。

按结构形式可分为隧道式、烘箱式、框式和枪式。图 5-32 是一种小型隧道式热收缩机。

图 5-31　贴体包装机

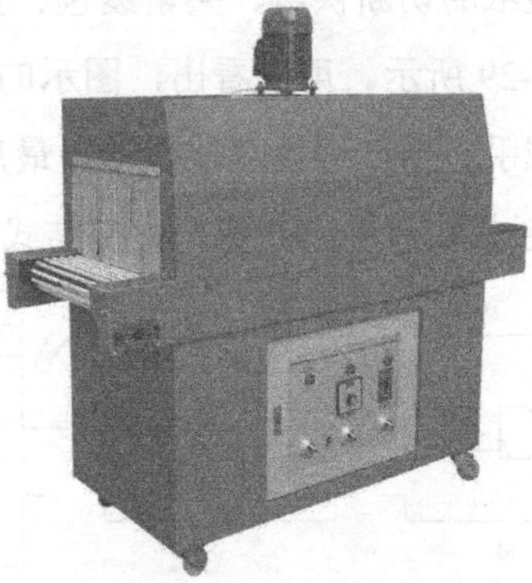

图 5-32　热收缩包装机

（图片来源：深圳市威泰机械设备有限公司）

收缩包装是目前市场上较为先进的包装方法之一，它能充分展示物品的外观，提高其展销性，以增加美观及价值感；同时，包装后的物品能在一定程度上密封、防潮、防污染，并保护商品免受来自外部的冲击，有一定的缓冲保护性能，尤其当用于玻璃器皿包装时，能防止容器破碎时飞散。此外，可降低产品被拆、被窃的可能性。薄膜收缩时产生一定的拉力，还可把一组需要包装的物品裹紧，起到一定的捆扎作用。

### 五、拉伸包装机

拉伸包装机也是近年来发展很快的包装机械。其原理和机械结构已经在第 4 章中讲过，此处从略。

从降低产品的包装成本角度来说，裹包是最理想的包装形式之一。因此，创新裹包的结构形式、提高机械裹包的质量和性能及自动化水平等，都是需要包装技术人员着重考虑的问题。

## 第五节　真空（充气）包装机械

真空包装机是将产品装入包装容器后，抽去容器内部的空气并达到预定真空度，然后完成封口工序的机器。充气包装机是将产品装入包装容器后，用氮气、二氧化碳等气体置换容器中的空气，并完成封口工序的机器。也有的厂家将两机的功能结合在一起，即先抽真空后充气，称为真空充气包装机。其原理相同，都是除去包装容器内的氧气，以实现防氧包装，所以经常把它们归为同一类机械。

为了满足生产的需要，真空（充气）包装机除了要完成上述主要功能外，往往还需要增添部分辅助功能。例如，制备容器、称量、充填、贴标和打印等。

真空（充气）包装机主要用于包装易于氧化、霉变或易于受潮变质、生锈的产品，如食品、药品、纺织品、文物资料、五金及电子元件等，产品形态包括各种固体、散粒体、半流体和液体。其中真空包装不适用于脆性食品、易结块的食品、易变形的物品和有尖锐棱角的物品等；充气包装则适用于上述所有产品的包装，包括炸薯片、蛋糕等易碎产品的包装。

常见的真空（充气）包装机按原理分为挤压式、插管式、腔式；按操作方式分手动（单腔、双腔）、半自动、自动（回转式、直线式）等三类。这里简要介绍常用的几种。

## 一、插管式真空（充气）包装机

插管式真空（充气）包装机是将包装物品放入包装袋中，开口处套插在抽口上，然后进行抽真空（充气），封口、冷却后，取下包装成品。该机结构简单，包装物品大小不限，适用性强，占地面积小，重量轻。外抽式真空（充气）包装机（图 5-33）也是利用这种原理。

图 5-33 为外抽式真空包装机。其产品是放在外部的不锈钢台面上，可根据待包装物的厚度调整高度。其最大的优点是对产品的外型尺寸不限，适用于特大件或异形物品的包装，如电子产品（半导体、电路板、电子成品等）及金属加工件；布料、棉羊毛制品；海鲜、水果、茶叶、盐渍物品、豆制品等产品的真空包装。

## 二、腔式真空（充气）包装机

腔式真空（充气）包装机是将包装物品放入包装袋中置入真空腔，用手动或其他动力来关闭真空腔盖。然后抽真空（充气），封口、冷却后，开启真空腔，取出包装成品。腔式真空（充气）包装机有台式真空（充气）包装机、立式真空（充气）包装机、双室单盖真空（充气）包装机（图 5-34）、双室双盖真空（充气）包装机、回转式真空（充气）包装机等多种形式。这种真空包装机适用性强，真空度较高，设备造价低，技术成熟，因此应用十分广泛。

腔式真空（充气）包装机相对于插管式包装机的结构较为复杂，但包装效果要好些。

为提高防氧化能力，延长产品的保质期，大部分真空包装机都可以在对产品包装抽真空以后充入氮气、二氧化碳等保护性气体，以保鲜保味，并可以防止冲击及产品上的尖角戳破包装薄膜。

图 5-33 外抽式真空包装机
（图片来源：广东省中山市一高包装机械厂）

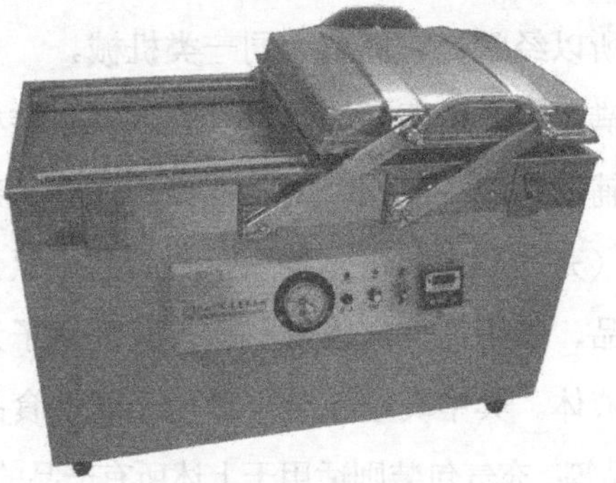

图 5-34 双室真空包装机
（图片来源：杭州佑天元包装机械有限公司）

# 第六节 成型－充填－封口包装机

成型－充填－封口包装机就是在一台机器上直接完成包装容器成型、物料充填和包装袋封口的机械。一般按功能将其分为袋成型－充填－封口包装机和热成型－充填－封口包装机两大类型。有时也直接称为成型充填封口机，它们是多功能包装机的重要组成部分。

## 一、袋成型－充填－封口包装机

袋成型－充填－封口包装机是将卷筒状的挠性包装材料制成袋筒，充入物料后，进行封口，三个功能自动连续完成的机器。袋成型－充填－封口包装机应用广泛，可包装液体、糊状物料，也可包装颗粒和固体物料。包装形式有枕形袋、三封袋、四封袋、砖形袋、屋形袋、角形自立袋等多种类型。

三封袋立式成型－充填－封口机的原理如图 5-35 所示，机械结构如图 5-36 所示。该机可一次性完成计量、充填、封合、打印批号和切断等过程。

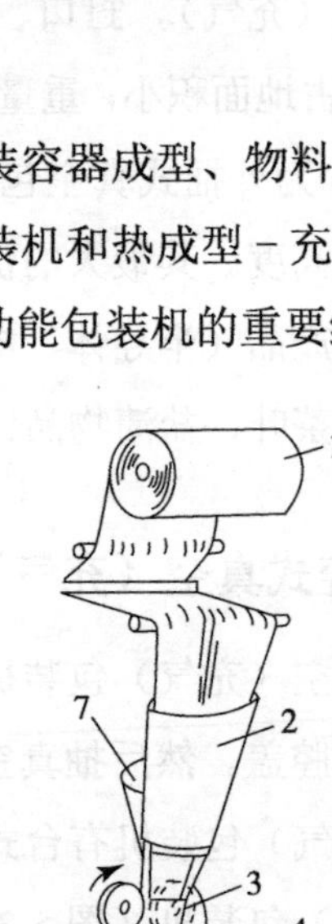

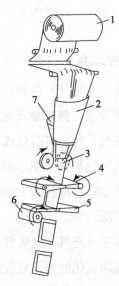


图 5-35 三封袋立式成型－充填－封口机
1- 卷筒薄膜材料；2- 象鼻式成型器；3- 纵封滚轮；4- 横封器；5- 固定切刀；6- 旋转切刀；7- 下料槽

如图 5-35 所示，卷筒薄膜材料 1 经多道导辊后引入成型器，薄膜逐渐被卷曲成对接圆筒，接着被连续回转的纵封滚轮进行加热加压封合。纵封辊除起热封作用外，还可以进行薄膜的拉送。被包装物料经计量装置定量后由下料槽与成型器内壁组成的充填筒导入塑料袋内。横封器横封时其回转轴线与纵封器的回转轴线平行，封好口后连续由切刀在封合部位切断分开，得到的是三边封袋。

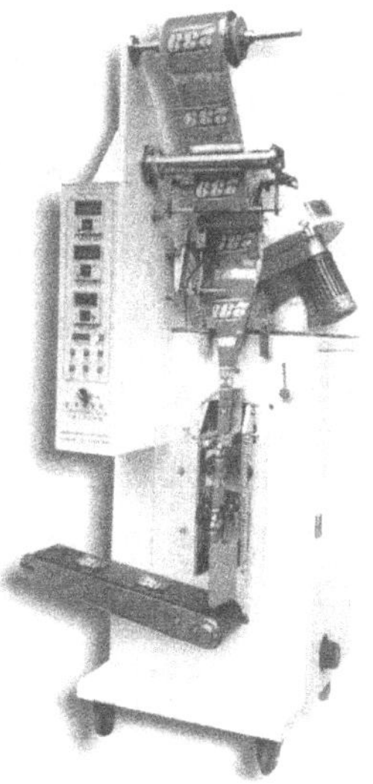

图 5-36　立式成型－充填－封口机

（图片来源：沈阳白桦林食品机械有限公司）

枕形袋是较为常见的一种包装形式，广泛用于糖果、巧克力等产品的包装。立式枕形袋成型－充填－封口机的原理如图 5-37 所示，这种机械的外形如图 5-38 所示。立式枕形袋成型－充填－封口机一般也具有自动计量、日期打印、袋成型、充填、封口切断、成品输送等多种功能。如图 5-37 所示，供膜驱动机构 16 由电机驱动，使薄膜卷 15 转动，薄膜 1 在 2、3、4、6、7 各部件的作用下连续地送至翻领式成型器 9 及充填筒 8 处，经过翻领成型器自动卷成圆筒形，先用纵向热封器将筒形纵向搭接缝加热封合，形成密封的筒状，计量好的物料由充填筒装入筒袋中，同步齿形带式拉膜辊 11 向下拉膜，再由横向热封器 12 做横向封口和切断，形成枕形包装袋。图 5-38 是一种枕形袋立式成型－充填－封口机。立式枕形袋成型－充填－封口机一般能完成自动计量、日期打印、袋成型、充填、封口切断、成品输送等多种功能。

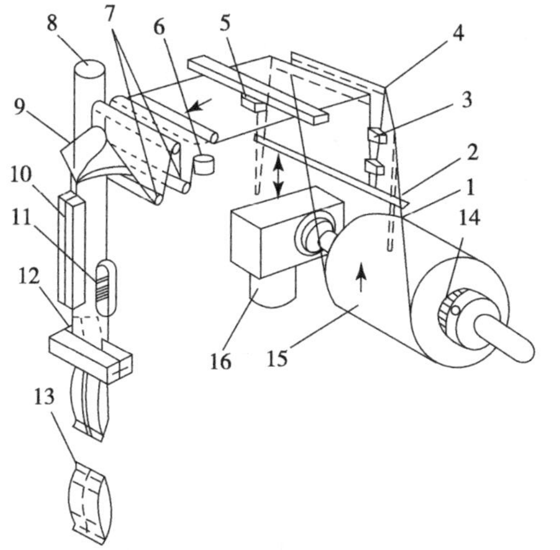


图 5-37　枕形袋立式成型－充填－封口机原理

1- 薄膜；2- 张紧辊；3- 接近开关；4- 导向辊；5- 打印机构；6- 光电开关；7- 调整辊；8- 充填筒；9- 翻领式成型器；10- 纵向热封器 11- 拉膜辊 12- 横向热封器 13- 枕形包装袋 14- 调节手柄；15- 薄膜卷；16- 供膜驱动机构

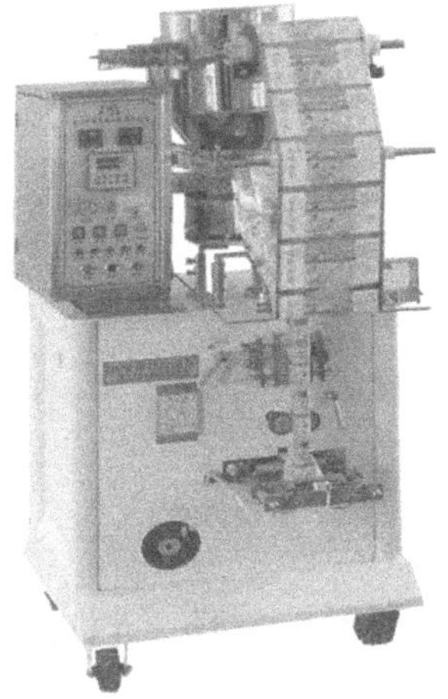

图 5-38　枕形袋立式成型－充填－封口机

在各种袋形中，角形自立袋具有其独特的外观和性质，它可以任意放置在平面上而呈直立状态，有较好的展示效果。

角形自立袋有四个侧面，外形像粽子，常用于包装小分量的咖啡、牛奶、乳品、蜂蜜、糖浆、果汁或其他类似产品。角形自立袋立式成型－充填－封口（图 5-39）与图 5-37 的立式枕形袋工艺非常相似，其主要区别在于封口位置和使用的液体充填管不同。工作时，卷筒薄膜绕过一系列的滚筒、张紧辊和导向辊，控制好薄膜的送进方向和张力。滚筒轴端装有送膜电机，通过电磁离合器、制动器放出薄膜。每拉一次薄膜制动器就会脱开，电动机送膜。拉膜机构停止时，制动器就发生作用，使薄膜保持一定张力。

除了立式袋成型－充填－封口机以外，这类机械还大量采用卧式结构形式。例如，卧式三、四边封袋成型－充填－封口机、筒状薄膜袋成型－充填－封口机和卧式多功能枕式包装机（图 5-40）等。卧式袋成型－充填－封口机是物料充填与袋子成型沿水平方向进行，可以包装块状、枝梗状、颗粒状等固态物料，如点心、面包、方便面、香肠、糖果等。包装尺寸可以在很大范围内调节，包装速度较快。如果待包装物料为颗粒状，在输送带上方还需安装计量充填装置。为正确控制横向封切位置，一般都设有光电定位装置。

相比较而言，立式机占地面积小，而卧式机便于安排传动和辅助设备。

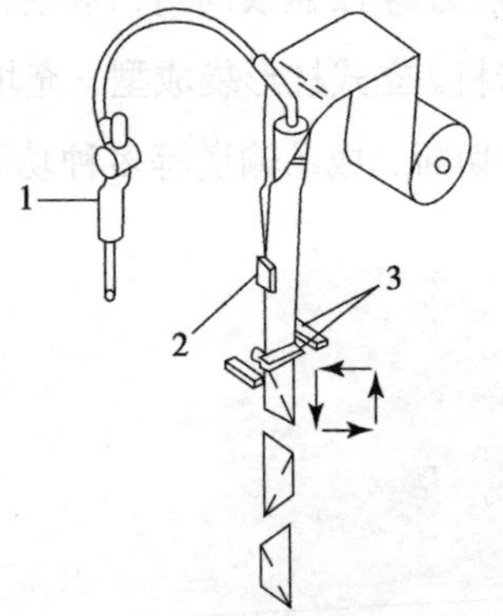


图 5-39　角形自立袋立式成型－充填－封口包装

1- 泵；2- 纵封器；3- 横封器

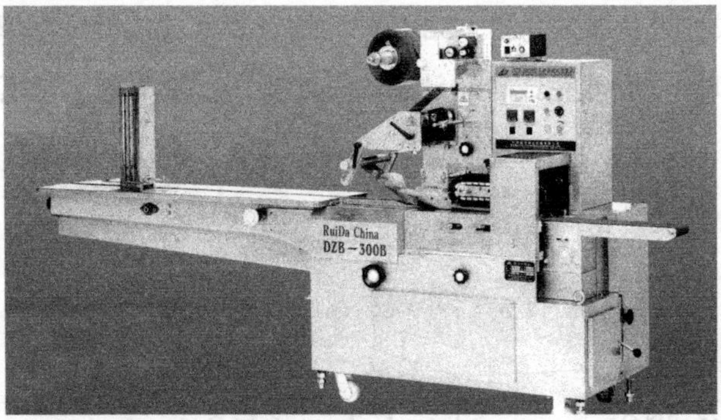


图 5-40　多功能枕式包装机

（图片来源：温州瑞达机械有限公司）

## 二、热成型－充填－封口包装机

热成型－充填－封口包装机又叫吸塑包装机，是把聚氯乙烯或聚二氯乙烯等热塑性硬质塑料片加热软化，并用真空吸塑或冲模冲压等方法将塑料片成型为容器，然后进行充填和封口的机器。该类机器的适用容器一般使用两层材料，一层是“成型”材料，另一层是“盖封”材料。“成型”材料经过热成型制成包装容器，由人工或自动充填装置装填物料后，再将“盖材”覆盖在容器上，用加热的方式与容器主体密封，再由冲裁装置冲裁成单个的包装。

1. 热成型包装的特点和工作过程

（1）包装适用范围广，可以用于冷藏、微波加热、生鲜和快餐等各类食品的包装，可以满足食品储藏和销售对包装的密封和高阻隔性能的要求，也可实现真空包装和充气包装。

（2）容器成型、物料充填和封口可一机完成，包装生产效率高。

（3）容器大小、形状可按包装需要设计，特别适用于形状不规则的物料的包装，且透明可见，外形美观。

（4）热成型法制成的容器壁薄，可减少材料用量，而且容器对内装物品有固定作用，可减少物品受振动、碰撞所造成的损伤，装箱不需另加缓冲材料。

热成型－充填－封口机适用范围很广，因而，近年来发展速度很快。从包装物料的状态看，它适用于颗粒状、粉末状、枝梗状、块状、黏稠状等物料的包装；从包装技术看，它能适用于真空包装、充气包装和无菌包装，也适用于包装打开前要消毒的保健品和医用品包装。其容器可以设计成方形、杯形、浅盘形等各种形状，其包装的盖片上可以印刷或压印商标图案和有关内装物的说明文字。

热成型－充填－封口机的包装工艺过程如图5-41所示。成型卷材1送出的片材，经加热装置2加热软化，移至成型装置3制成容器，容器冷却后脱模，随送料带送到计量充填装置4进行物料的充填；盖封卷材5放出的薄膜将连续输送过来的容器口覆盖，并送至热熔连接封口装置6加热盖封；然后经冲裁装置7将盖封周围的多余片材切除，废料由废料卷取装置8卷收；成品10由输送装置9送出。

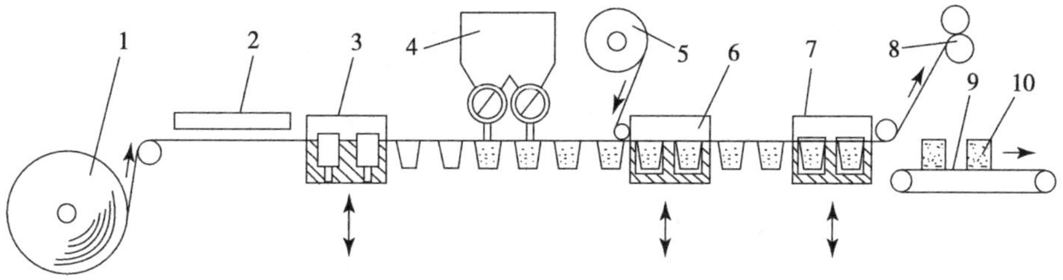


**图5-41　热成型－充填－封口机工作原理**

1-成型卷材；2-加热装置；3-成型装置；4-计量充填装置；5-盖封卷材；
6-热熔连接封口装置；7-冲裁装置；8-废料卷取装置；9-输送装置；10-成品

2. 热成型－充填－封口机的主要工作机构

（1）加热装置

加热装置的作用是使塑料片材达到成型所要求的温度。加热方式有两种，一是直接加热，即加热部件与薄膜接触加热；二是间接加热，即利用辐射热靠近薄膜加热。

（2）成型装置

按成型时施加压力的方式的不同，可分为压差成型法、机械加压成型法和助压成型法三种。其中压差成型使用较多。

压差成型是靠塑料片材上下方气压差产生的压力使其成型。又分为气压成型和真空（负压）成型两种（图 5-42）。前者是经过预热的塑料片材被夹持送到模具上方并压紧在模口上，从片材上方送入压缩空气，片材被压缩空气压向膜腔而变形成型，片材下方模腔内空气由模具底部的排气孔排出。后者是塑料片材经过预热被夹持送到模具上方并压紧在模口上，抽真空装置从模具下方的抽气孔将模腔内的空气抽出，使塑料片材封闭的模腔成负压，利用真空吸力使片材向模腔方向变形成型。

差压成型的特点：① 与模具面贴合的一面，结构上比较鲜明和精细，而且光洁度较高。② 坯料与模面贴和得越晚的部位，其厚度越小。

（3）封口装置

常用热封方法有滚封和板封两种。滚封一般为连续封合，即利用热封滚筒的转动将盖材与容器进行加热封合；板封一般为间歇传送。即利用热封平板对盖材进行加热与容器封合。

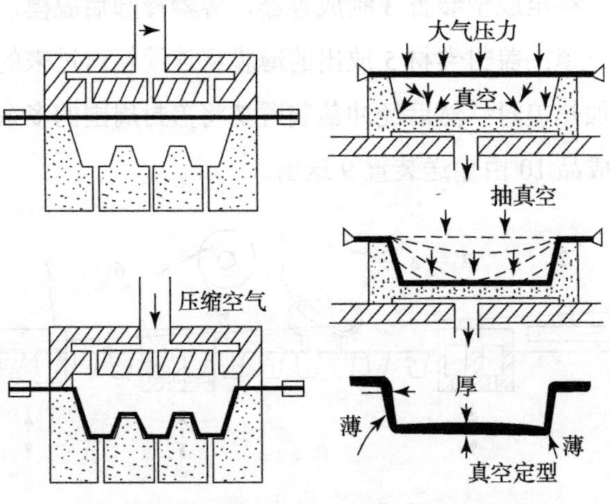


（a）气压成型　　（b）真空定型

图 5-42　压差热成型法示意

目前的多功能热成型包装机，不仅能在同一台设备上完成容器热成型、计量充填、加盖封口等一体化操作，某些机型还可实现真空、充气，甚至无菌包装。根据其功能、结构形式、运动形式的不同，主要有两种类型：间歇卧式热成型－充填－封口机和热成型－真空－充气包装机。前者薄膜的运动是间歇式的，成型器每往复运动一次可成型多个容器。

后者则在容器充填物料后与盖膜同时进入真空－充气－热封室内，抽出容器内的空气，再用充气管充入惰性气体，然后进行封合。

图 5-43 是一种气压成型的热成型包装机。

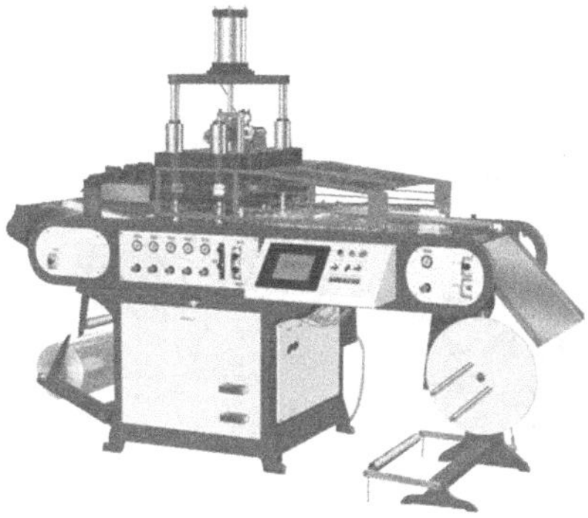

**图 5-43　气压成型的热成型包装机**

（图片来源：瑞安市茂兴包装机械有限公司）

# 第七节　其他包装过程机械

## 一、贴标机械

在包装件或产品上贴上标签的机器叫作贴标机械。标签是现代包装必不可少的部分，它除了对商品起到装潢、标识商品的规格、参数、使用说明和商品介绍作用外，还对商品的管理与销售起着重要作用。标签的品种繁多、贴标要求也各不相同，主要与所用的标签材料和黏结剂有关。

从贴标的要求看，其工艺过程大体包括以下几种。

（1）取标，将标签从标签盒内取出；

（2）标签传送，将标签传送给贴标部件；

（3）印码，在标签上印刷生产日期、批次等信息；

（4）涂胶，在标签背面涂上黏结剂（不干胶标签则无须涂胶）；

（5）贴标，将标签粘在容器或包装的指定位置；

（6）抚平，使标签平整，消除皱褶、翘曲、卷边等缺陷。

为满足不同要求的贴标，贴标的工艺和执行机构有许多种类型。

图 5-44 为平面自动贴标机。该机能将自动输入产品贴标和压滚等全部过程一次完成，调校、操作简单、方便，常用于食品、制药、化工、化妆品等行业。

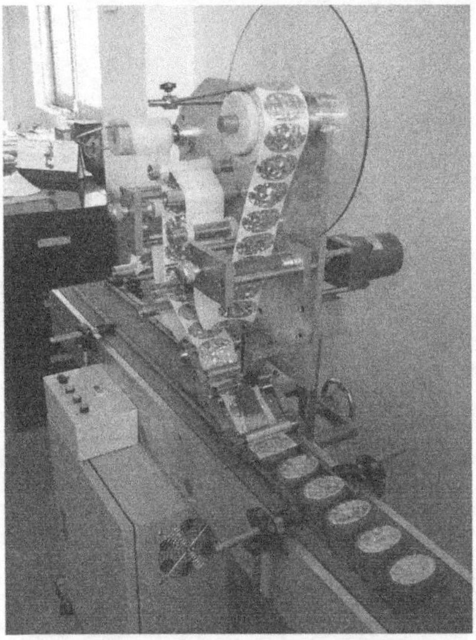

图 5-44　平面自动贴标机

（图片来源：深圳市胜安自动化机械设备厂）

图 5-45 为上糊式自动贴标机。它以沾有树脂胶的标贴杆粘取标签，旋至真空皮带由皮带传送到被贴瓶子上滚粘完成作业。包装产品的标签位置统一，标签成本低，能达到节省人力、降低成本、提高效率的目的。更换标贴杆、真空皮带系统等少量零件，即可快速调整满足各种规格的瓶子。机器上还设有光电检测装置，无瓶时无标签供给。

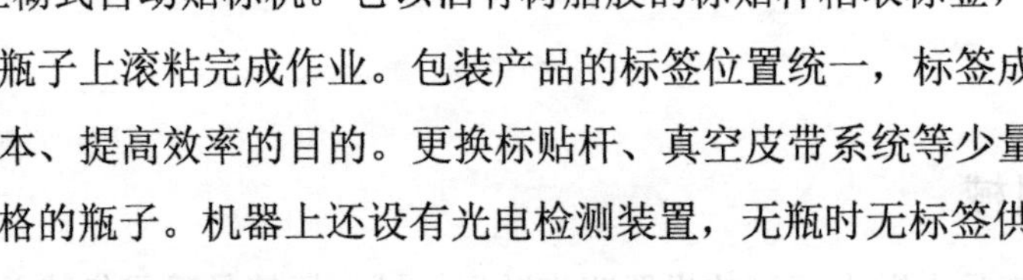

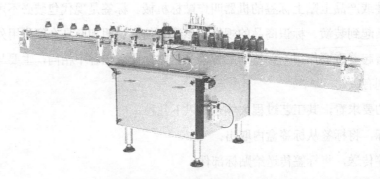

图 5-45　上糊式自动贴标机

（图片来源：上海纪正机械有限公司）

使用收缩膜套标，可以使标签平整、光滑，不易脱落，生产效率高，而且可以适用圆瓶、方瓶、椭圆瓶、瓶口及瓶身等的贴标，因而在近年来发展很快。图 5-46 是一种收缩膜套标机。

图5-46 收缩膜套标机
（图片来源：杭州金达莱包装设备有限公司）

贴标机的种类还有很多。按自动化程度分，有半自动和全自动机；按机器的配置方向分，有立式和卧式；按标签的种类分，有片状、卷筒状；按粘贴方式分，有热粘贴、压感粘贴和收缩套标；按容器的运动路线分，有直线式和转盘式等。由于贴标是提高包装效率、美化商品外观的重要环节，因此，应当了解各种贴标方式，选择和设计高效、高质量的贴标机。

## 二、清洗机械

清洗机械是采用不同的方法清洗包装容器、包装材料、包装辅助材料、包装件，达到预期清洁度的机器，它主要用于包装的前期工作过程。清洗机械的种类很多。常用的分类方法有以下几种。

### 1. 按清洗方法分类

通常采用清洗剂配合清洗。主要包括静态浸泡式清洗机、浸泡与机械洗刷式（图5-47）、动力喷射式和超声波（机械振荡）清洗机（图5-48）等。

图5-47 玻璃瓶清洗机
（图片来源：海门市南虹精密机械有限公司）

图5-48 超声波清洗机
（图片来源：上海科伟达超声波科技有限公司）

图 5-47 为玻璃瓶的清洗设备，它适用于各种异形或圆形瓶子的清洗。该机采用平行夹瓶翻转传送技术进行瓶子输送，且夹瓶链带间距可调，因而，有较好的适用性和可靠性；每个瓶子都能经过多道回用水、纯水和净化压缩空气的清洁处理，达到预期的清洗效果。

图 5-48 为超声波清洗机。超声波清洗效率超过常规的清洗方法，特别是包装件的表面比较复杂，像表面凹凸不平、有盲孔的产品等，使用超声波清洗都能达到很理想的效果。超声波清洗的原理是由超声波发生器发出的高频振荡信号，通过换能器转换成高频机械振荡而传播到介质——清洗溶剂中，超声波在清洗液中疏密相间地向前辐射，使液体流动而产生数以万计的微小气泡。这些气泡在超声波纵向传播的负压区形成、生长，而在正压区迅速闭合。在这种被称为“空化”效应过程中，气泡闭合可形成超过 1000 个大气压的瞬间高压，连续不断地产生瞬间高压，就像一连串小“爆炸”不断地冲击物件表面，使物件的表面及缝隙中的污垢迅速剥落，从而达到物件表面净化的目的。超声波清洗还具有高效节能的特点，可以使容器产生自振，从而促使污物脱落，对玻璃、金属等反射强的物体清洗效果较好，但不适宜纺织品、多孔泡沫塑料、橡胶制品等声吸收强的材料。因而，在玻璃、陶瓷、金属容器的清洗中得到了广泛应用。

2. 按清洗剂不同分类

包装上常用的清洗剂主要有液体（水、酸、碱液等）、气体（空气或其他气体）或固体（粉末、粒状）三种形态。所以可以将清洗机分成干式、湿式两类。上述的两种清洗机都属于湿式清洗。

3. 按所采用的能量形式不同分类

各种清洗机使用的能量各不相同。有采用机械能（包括超声波）的，有采用化学能的，也有采用电能的（采用电离、电解等方式），等等。

清洗机的种类很多，常用的一般是液体浸泡（机械刷洗或超声波式）类型的。清洗的效率取决于清洗持续的时间、清洗液的温度、浓度和刷洗的压力等。

## 三、捆扎机械

捆扎机械是利用带状或绳状捆扎材料将一个或多个包件紧扎在一起的机器，属于外包装设备。利用机器捆扎替代传统的手工捆扎，不仅可以加固包件，减少体积，便于装卸保管，确保运输安全，更重要的是还可大大降低捆扎劳动强度，提高工效，因此是实现包装机械化、自动化必不可少的设备。

根据包装产品的不同，捆扎机械有很多种类型。一般按捆扎材料、设备自动化程度、设备传动形式、包装件性质、接头接合方式和接合位置的不同，捆扎机械可有多种不同的形式。

（1）按捆扎材料，可分为塑料带、钢带、聚酯带、纸带捆扎机和塑料绳捆扎机；

（2）按自动化程度，可分为全自动、自动、半自动捆扎机和手提式捆扎工具；

（3）按包件类型，可分为普通式、压力式、水产式、建材用、环状物捆扎机；

（4）按接头接合形式，可分为热熔搭接式、高频振荡式、超声波式、热钉式、打结式和摩擦焊接式捆扎机；

（5）按接合位置，可分为底封式、侧封式、顶封式、轨道开闭式和水平轨道式捆扎机。

目前我国生产的各类捆扎机均属中小型包件捆扎用机，大部分是选用宽度为10～13.5mm的聚丙烯塑料带（PP带）作为捆扎用带，利用热熔搭接的方法使紧贴包件表面的塑料带两端加压黏合，从而达到捆紧包件的目的。对于体积较小、重量较轻的包件，也有选用宽度为30mm的中空聚乙烯塑料筒绳作为捆扎用带的塑料绳捆扎机。这两种捆扎机的应用较为普遍，其适应性较强，并已具有大批量生产的能力。

对于沉重大件的捆扎，则可选用钢带捆扎。目前钢带自动捆扎机的应用还不普遍，一般只能选用手提式钢带捆扎工具。近年来应用日趋广泛的聚酯带（PET带，俗称塑钢带），具有强度高、易操作、外观好和易于回收等优点，大有取代钢带的势头。它的捆扎也多是利用手动捆扎机操作。

常用的捆扎机分为机械传动和液压传动两大类，带端黏合位置一般为底封式或侧封式，有全自动、自动、半自动捆扎机。

机械式自动捆扎机采用机械传动和电气控制相结合，无须手工穿带，可连续或单次自动完成捆扎包件的机器，适用于纸箱、木箱、塑料箱、铁箱及包裹、书刊等多种包件的捆扎。

图5-49为一种纸箱捆扎机（打包机），可以实现半自动打包，而且易于保证捆扎质量。

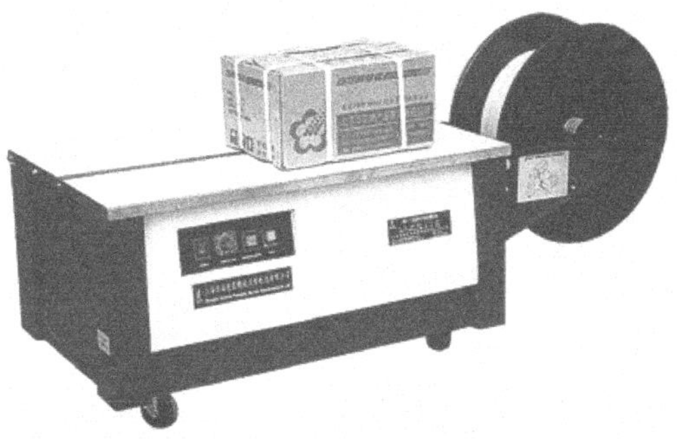

**图5-49　纸箱捆扎机**

图5-50为手动捆扎机，可以十分方便地进行一般包装件的捆扎。

图5-51为半自动绳索捆扎机，可将任一形状的被包装物放置在机器里进行捆扎。使

用时脚踏踏板，被包装物将自动捆上绳子，并打上一绳结扎紧包装品，这一动作仅需2秒钟。

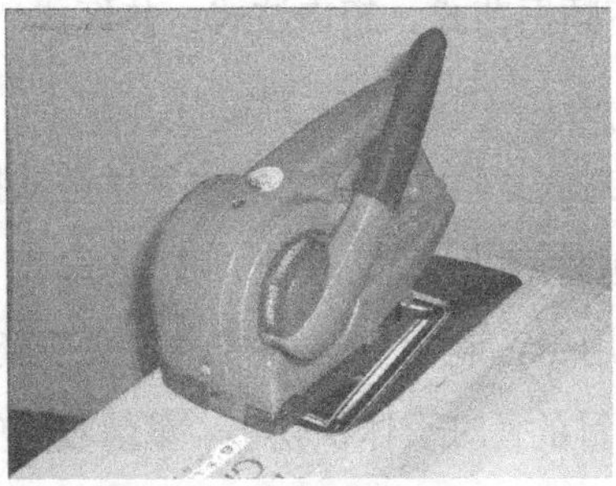

图 5-50　手动捆扎机

（图片来源：中山市达隆包装机械设备有限公司）

图 5-51　绳索捆扎机

（图片来源：天津市派克威包装设备销售有限公司）

## 四、集装机械

将若干产品或包装件包装在一起，使其形成一个合适的运输单元，叫作集装。完成这一过程的机械称为集装机械。集装的目的是方便运输、节省运输费用、减少货差和货损事故，还可以提高仓库和货位利用率。

根据包装要求和流通环境不同，集装的方式有以下几种。

（1）捆扎集装，用打包带将产品或包装件捆扎成一个运输单元（图 5-52）；

（2）拉伸集装，使用拉伸膜把产品或包装件缠绕、裹包成一个集装单元（图 5-53）；

图 5-52　捆扎集装

图 5-53　拉伸集装

（3）袋式集装，使用网袋或塑料袋、布袋进行集装，形成一个运输单元（图5-54）；

（4）桶式集装，对于液体产品，使用方便运输的集装桶作为一个运输单元（图5-55）；

**图5-54 袋式集装**

（图片来源：上海仁宝包装制品有限公司）

**图5-55 桶式集装**

（图片来源：北京华盾雪花塑料集团）

（5）箱式集装，将若干产品或包装件盛装在箱式容器中形成一个运输单元（如集装箱等）。

除使用集装箱进行集合包装之外，上述捆扎、拉伸、袋式和桶式集装通常都需要使用托盘作为集装器具之一。

根据上述不同的集装方式，使用的集装机械也各有不同。常用的有两类：集装机和堆码机。

1. 集装机

集装机将产品或包装件以预定的方式装到集装器具上或完成集装的过程。集装的类型分有托盘和无托盘两种，因此集装机也可据此分为有托盘集装机和无托盘集装机两类。

按集装工艺分，有塑膜拉伸集装机、塑膜收缩集装机、集装箱装载机、集装机器人、装箱机和捆扎机等（图5-56）。

2. 堆码机

堆码机将预定数量的产品或包装件按一定规则进行堆叠，便于进行捆扎或薄膜缠绕。

常用的堆码机包括集装用和仓库用两类。其中集装用的堆码机又包括托盘堆码机、无托盘堆码机和托盘堆码机器人等（图5-57）。

集装机械和堆码机械可以大大提高包装的工作效率，因此，近些年来，各行业对此十分重视，主要的发展方向是全自动集装与堆码机器集装和堆码机械手、机器人。

在产品包装过程中，还要用到许多辅助机械，如产品整理机械、包装物重量选别机械和异物检测与去除机械等，本书不再叙述。

图 5-56　拉伸包装机

图 5-57　堆码机

随着包装科学与技术的发展，将产品包装中完成内、外和运输包装的各种相互独立的自动或半自动包装设备及辅助设备等，按具体产品的包装工艺顺序组合起来，再配置适当的自动控制、检测、调整、供料与输送装置等，就能够使被包装物品按一定的工序和生产节拍自动完成全部包装工艺过程，这就是包装自动生产线。近代包装自动生产线已经能够做到将各个工序的操作通过计算机进行管理，其整个包装过程已不需要人直接参与。

包装自动生产线已经在饮料、酒类、卷烟、香皂、农药、牙膏等产品的包装生产方面得到应用。

# 第八节　包装材料和容器制造机械

前已述及，包装材料和容器制造机械包含了各类包装材料和各类包装容器及制品的加工设备。由于篇幅有限，本书仅简要介绍常见的瓦楞纸板加工机械和塑料中空容器加工机械两方面内容，其他包装材料与容器制造机械可参阅相关文献。

## 一、瓦楞纸板加工机械

瓦楞纸板是重要的包装材料之一，它是制造瓦楞纸箱和其他瓦楞纸板产品的重要原料。

### 1. 瓦楞纸板的生产工艺

瓦楞纸板的生产工艺有很多种，按使用设备主要分为三种：间歇式、连续式和半连续式生产。

（1）间歇式生产。

间歇式生产由裁纸、轧瓦、涂胶及贴合加压等工序完成。这种方式手工操作多，劳动强度高，生产效率低，产品质量差。国外已基本淘汰，我国在一些特殊产品的生产中还有应用，如特大楞纸板、微瓦楞纸板和部分彩面瓦楞纸板的生产等。

（2）半连续式生产。

连续式生产设备投资大，中小型厂常选用半连续式生产设备，它使用单面机生产出单面瓦楞纸板，然后再涂胶贴上另一层纸板形成双面纸板，其质量和产量较单机间歇式生产要高得多。一些小厂采用这种方法加工多层瓦楞纸板和微瓦楞纸板。

（3）连续式生产。

连续式生产使用瓦楞纸板生产线，轧瓦、涂胶、层合、干燥定型在同一台机器上连续完成。与多台单机组合生产的方法相比，不仅生产效率高、劳动强度低、操作集中控制、简便、安全、噪声小，而且生产出的瓦楞纸板质量高，楞型、波形形状规范、标准。连续式生产的瓦楞纸板外观和物理性能均优于单机或组合单机联动线生产的产品。

2. 瓦楞纸板生产的主要设备

（1）单面瓦楞机。

单面瓦楞机是众多小型纸箱厂广泛使用的一种设备，简称单面机。它是使瓦楞原纸压成波形瓦楞芯纸并在其顶端涂上黏合剂后，使其与面纸直接黏合，并通过加热瞬间糊化，制造出符合质量要求的单面瓦楞纸板的机械装置。是瓦楞纸板生产线的基本设备（见图 5-58）。在图 5-58 中，瓦楞原纸通过预处理器加热并调节适当的水分后进入上、下瓦楞成型辊，在加热加压轧制过程中形成具有波浪形的楞形。加热加压后轧制的楞形强度高，挺度好，不易变形。

轧制后的瓦楞芯纸在随下瓦楞成型辊运动过程中与上浆装置中的胶料转移辊接触而使楞顶涂上胶黏剂，然后与从压力辊方向过来的里纸会合，同样在加热加压条件下形成单面瓦楞纸板（两层纸板）。这是加工制造瓦楞纸板的基础。图 5-59 为一种典型的单面机。

图 5-60 是单面瓦楞纸板生产线的组成。通常一台瓦楞机应配备两台放纸架（原纸架），分别位于瓦楞机的前后方，一台供应瓦楞原纸，另一台放置面纸或里纸。也有为节约投资而仅用一台放纸架的，其两组摆臂分别放原纸与里纸。

（2）三层瓦楞纸板生产线。

图 5-61 是三层瓦楞纸板生产线示意图。请扫描封底二维码观看视频。

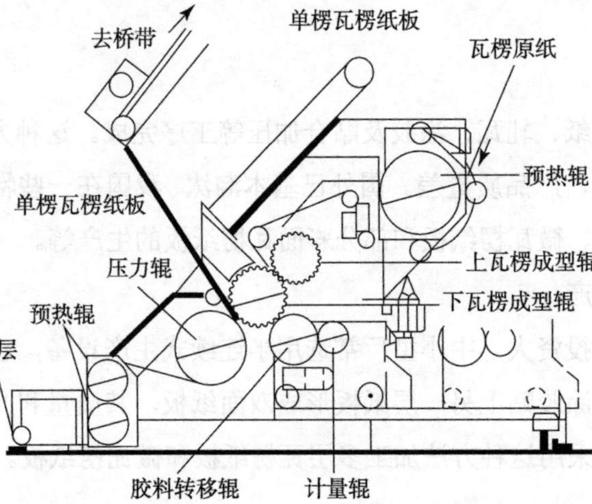


图 5-58　单面瓦楞机原理

图 5-59　单面瓦楞机

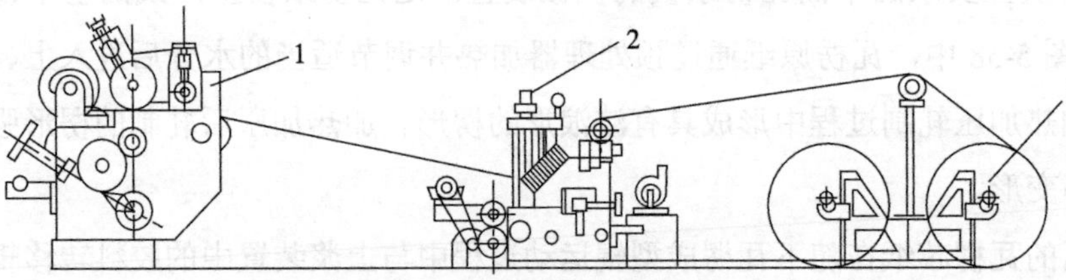


图 5-60　单面瓦楞纸板生产线示意

1- 横切机；2- 瓦楞机；3- 有轴放纸架

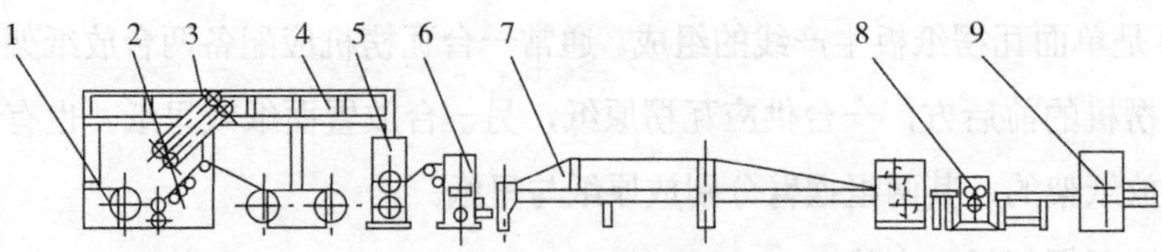


图 5-61　三层瓦楞纸板生产线示意

1- 放纸架；2- 瓦楞机；3- 提升装置；4- 桥架；5- 预热器；6- 裱糊机；7- 双面机；8- 纵切机；9- 横切机

在瓦楞纸板生产线中，不管是单面瓦楞纸板生产线还是多层瓦楞纸板生产线，其主要由原纸架、瓦楞辊、压力辊、预热辊、涂胶系统、双面机（多层生产线设置）、贮胶及循环系统、加热系统、气动元件、分切等部分组成。

① 放纸架，又称原纸支架（或退纸架、料架、原纸架等），作用是搁置纸卷并在放纸过程中对纸幅施加一定的张力。

② 瓦楞辊，由上、下瓦楞辊组合将瓦楞原纸压成波形瓦楞纸。

③ 压力辊，对面纸和涂上胶的波形瓦楞纸施加一定的压力（0.4 ～ 0.5MPa），使其牢固地贴合在一起，形成单面瓦楞。

④ 预热装置，包括预热器、多重预热器和预处理器。主要用来对面纸、里纸和瓦楞原纸等进行预热、蒸发水分和调整纸幅的湿度，并调节纸幅在运行中的张力。对于瓦楞原纸则增设了蒸汽喷雾装置，使原纸纤维吸收水分，为压楞提供可塑性。

⑤ 单面瓦楞机，即图 5-60 所示的单面瓦楞纸板生产线。

⑥ 涂胶机，作用是在压制好的波形瓦楞浆面上涂上一层均匀的胶膜。

⑦ 双面机，双面机位于涂胶机之后，作用是把由桥架送来并经过预热和上浆的单面瓦楞纸板和面纸黏合在一起，在一定的压力、温度作用下黏合成三层、五层或七层瓦楞纸板。

⑧ 加热系统，对瓦楞辊、压力辊、预热辊等部件进行加热。

⑨ 气动装置，自动线上的单面机上的瓦楞辊、压力辊间隙的调整都是使用气动装置。

⑩ 其他装置，包括导纸板、真空吸附装置和分切部分等。

生产 5 层或 7 层瓦楞纸板时，只需配备 2 套或 3 套单面机系统，生产出 2 层或 3 层单楞单面瓦楞纸板，分层叠置在输送桥架上，送入下一系统层合即可。图 5-62 是一条五层瓦楞纸板生产线的外观。

**图 5-62　五层瓦楞纸板生产线**

## 二、塑料中空吹塑容器加工机械

中空吹塑成型是利用空气压力使闭合在模具中的热型坯吹胀成为中空塑料容器的方法。这种方法可以吹塑成型几毫升的药水瓶到几千升的大型贮罐，生产口径不同、容量不同的瓶、壶、桶等各种包装容器、日常用品和儿童玩具等。

中空吹塑的成型过程包括塑料型坯的制造和型坯的吹塑（成型）。

用于中空吹塑的塑料品种有聚乙烯、聚氯乙烯、聚丙烯、聚苯乙烯、线形聚酯、聚碳酸酯、聚酰胺、醋酸纤维素和聚缩醛树脂等，其中高密度聚乙烯的消耗量占首位。它广泛应用于食品、化工和处理液体的包装。高分子聚乙烯适用于制造大型燃料罐和桶等。聚氯乙烯因为有较好的透明度和气密性，所以在化妆品和洗涤剂的包装方面得到了普遍应用。随着无毒聚氯乙烯树脂和助剂的开发，以及拉伸吹塑技术的发展，聚氯乙烯容器在食品包装方面的用量迅速增加，并且已经开始用于啤酒和其他含有二氧化碳气体饮料的包装。线形聚酯材料是近几年进入中空吹塑领域的新型材料。由于其制品具有光泽的外观、优良的透明性、较高的力学强度和容器内物品保存性较好，废弃物焚烧处理时不污染环境等方面的优点，所以在包装瓶方面发展很快，尤其在耐压塑料食品容器方面的使用最为广泛。聚丙烯因其树脂的改性和加工技术的进步，使用量也在逐年增加。

中空吹塑的工艺基本上可以分为两大类：挤出－吹塑和注射－吹塑。两者的主要不同点在于型坯的制备，其吹塑过程则基本相同。在这两种成型方法的基础上发展起来的有：挤出－拉伸－吹塑（简称挤－拉－吹），注射－拉伸－吹塑（简称注－拉－吹）以及多层吹塑等。

### 1. 挤出－吹塑中空容器成型机

这是中空容器成型的主要设备，世界上 80% 以上的中空容器都是采用挤吹成型的。在我国中空塑料成型机的发展历程中，挤－吹中空塑料成型机是发展最快最完善的中空塑料成型机，特别是小型挤吹中空塑料成型机的发展速度特别快。现在，我国已有多家制造厂家能生产成型 1000L 单层中空容器的挤吹中空塑料成型机。

单层小型挤吹中空塑料成型机，一般指成型 20L 以下的单层挤吹中空塑料容器。单层小型挤吹中空塑料成型机在我国制造的挤吹中空塑料成型机中占绝大多数，5L 及 5L 以下的挤吹中空塑料成型机占小型挤吹中空塑料成型机中绝大多数。

多层共挤出中空塑料成型机是很有发展前途的中空塑料成型机。多层吹塑高阻隔性中空制品必将在中空制品领域内占的比例越来越大。多层吹塑制品不仅在食品包装工业发展很快，而且在化学品、化妆品、医药卫生及其他工业包装方面也增长迅速。

挤出吹塑设备由挤出机、机头、夹坯块和吹塑模具等构成，如图 5-63 所示。

其工艺过程如下。

（1）将热塑性塑料从进料口进入机筒内，由挤出机将塑料熔化成熔料流体，经过挤压系统塑炼和混合均匀的熔料以一定的容量和压力由机头口模挤出形成型坯；

（2）将达到规定长度的型坯置于吹塑模具内合模，并由模具上的刃口将型坯切断；

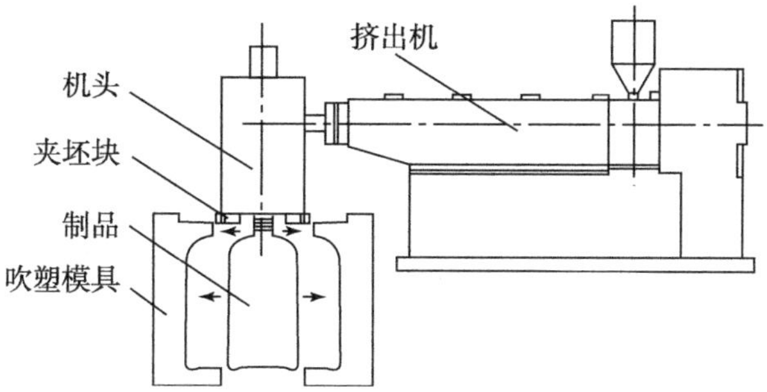


图 5-63　挤出吹塑设备示意

（3）由模具上的进气口通过压缩空气以一定的压力吹胀型坯；

（4）保持模具型腔内压力，使制品和模具内表面紧密接触，然后冷却定型，开模取出制品。

2. 注射－吹塑中空容器成型机

注射－吹塑容器成型机不对注射型坯进行拉深，只对型坯进行吹塑，是“一步法”完成从原料到塑料瓶的整个生产过程（图 5-64）。这种设备自动化程度高，特别适用于大批量成型形状复杂的、带有螺纹瓶口的小型中空容器。

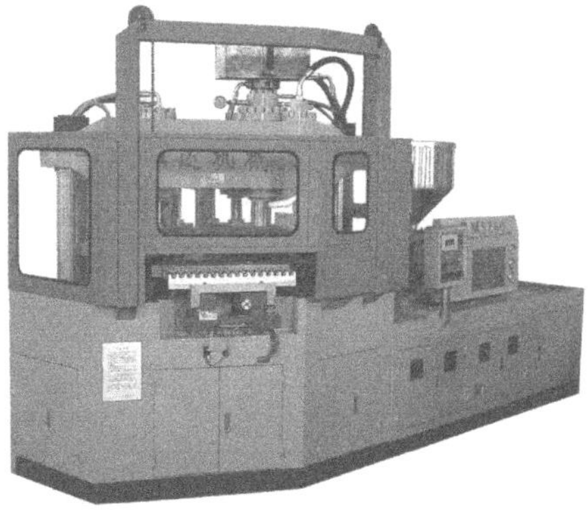

图 5-64　注射－吹塑中空容器加工设备

（图片来源：江苏维达机械有限公司）

注射－吹塑中空成型机是把注塑机同中空成型机的吹塑系统结合成一体的设备。该设备具有所用材料广泛、成型的瓶口螺纹精度高且密封性好、制品无接缝且强度高、无边角料而使成本更低等方面的优点，在医药包装行业得到了更广泛的应用。

## 本章思考题

（1）包装机械的作用是什么？

（2）试简要说明鲜乳、奶粉、速溶咖啡三种产品分别应选用什么包装机械来完成包装过程，并简要说明道理。

# 第6章 包装与环境

## 第一节 包装对环境的影响及对策

随着人类文明的推进、世界经济的发展及人们消费水平的提高，包装已成为人们生活和世界贸易往来不可缺少的重要部分，在国民经济的总产值中具有举足轻重的地位。它不仅推动着其他相关工业的发展，而且繁荣了市场，美化了人民的生活。中国是世界第二贸易大国，大量的进出口商品对包装的需求更是促进了包装行业的飞速发展，但由于包装的产业属性，大部分包装都是一次性的。随着人们对环境、生态意识的加强，人们越来越关注包装以及包装废弃物对环境的影响。

### 一、包装废弃物与白色污染

包装工业的发展，使包装材料从天然植物、矿物和石化资源等演变成为纸、塑料、玻璃、金属四大类材料为主体的格局，包装形式也日趋丰富、多样化，凡是商品，几乎件件均有包装。然而伴随着商品的繁荣和包装工业的迅速崛起，包装废弃物也与日俱增，一些包装材料难以回收和处理，或回收管理不利，以及人们的环境意识差，随意丢弃废弃物，造成了极其严重的环境污染（如图 6-1 ～图 6-3 所示）。在城市固体废弃物（垃圾）中，包装废弃物占了很大比重。常见的包装废弃物主要有纸、玻璃、陶瓷、金属、塑料和复合材料等。

图 6-1　城市垃圾一

图 6-2　城市垃圾二

图 6-3　废弃塑料垃圾

（图片来源：http://www.chilema.cn）

2017 年我国规模以上（规上）企业纸包装制品中仅瓦楞纸箱一类的总产量就约 3699.55 万吨，按目前 30% 回收率进行计算，还有近 1109.8 万吨纸废弃物被丢弃在自然环境中。这些纸包装废弃物一般最快经过 7 天可腐烂，最长则需要几年才能分解。如果不进行回收，会给环境治理造成很大压力。

塑料包装废弃物带来的“白色污染”更是令人担忧（图 6-3）。2017 年，我国规上企业累计完成塑料薄膜产量 1454.29 万吨，泡沫塑料 278.7 万吨，所谓“白色污染”就主要由这些回收难度大、价值不高而又不可降解的泡沫塑料、塑料薄膜等组成。它们带来的危害很多，包括视觉污染、生态污染和其他潜在危害等。其中潜在危害又分为很多类，如一次性发泡塑料饭盒，当温度达到 65℃时有害物质就会渗入食品中；废旧塑料使土壤环境恶化，影响农作物生长；用焚烧法处理包装废弃物，会造成空气的“二次污染”，危害着人类的健康等。目前，我国塑料包装制品的年产量已达到1300万吨左右，但回收率仅有10%~13%，而且能够回收的多为聚酯瓶、塑料桶等较大的容器类，小型的塑料制品、塑料布、薄膜袋、发泡塑料制品则回收很少。

金属包装的主要品种不仅有盒、罐、提桶、钢桶和大型金属贮罐，还有占相当比例的金属瓶盖、罐盖、气雾剂罐、铝箔和钢带等。由于金属材料资源的非再生性，金属包装废弃物回收再生利用的意义就更为重大，节省原材料和能源的效果则更为显著。例如，回收1吨金属铝包装废弃物，经再熔利用可节省4吨铝土原料、降低能耗50%。然而，我国金属废弃物的回收同其他包装废弃物回收一样不理想。目前，我国金属包装年总产量约为3200万吨，除大容量钢桶回收重复使用次数较多外，其他品种回收很少，而铝易拉罐的回收也只有百分之十几。

2017年，我国规上企业玻璃容器及制品年产量约为1827.53万吨，但回收率仅为20%左右，除部分被回收复用外，其余大部分以废弃瓶罐和碎玻璃形式丢弃，与发达国家40%~80%的回收率相比相差甚远。这是我国资源、能源的巨大浪费。

## 二、绿色包装及其发展

### （一）绿色包装的兴起

针对上述问题，绿色包装已逐渐成为当今社会人们追求并为之奋斗的目标。发展绿色包装，开发绿色材料，解决包装废弃物的污染，已成为各国实施环境保护和实施低碳经济的重大举措之一，也是对包装行业一种理性的意识和行为。

1992年6月，在巴西里约热内卢召开的联合国“世界环境与发展”大会上，183个国家和70多个国际组织就长远发展的需要一致通过了国际环境保护纲要，正式确定“可持续发展”是人类社会的主题。所谓可持续发展，即在满足当代人需要的同时，不损害人类后代的需要；在满足人类需要的同时，不损害其他物种需要的一种发展战略。

如今，人们已越来越深刻地认识到包装废弃物对环境的破坏作用和对资源的浪费。要求减少废弃物排放、充分有效地进行包装回收利用，以及开发更多更好的绿色包装产品等，已成为整个包装行业的共识。许多国家和地区都相继出台了许多有关环境保护和绿色包装的法令法规和具体的实施方案。

1991年，欧共体（欧盟）就已将包装废弃物的回收与利用列为重点，并颁布了关于包装废弃物的指令，即欧共体包装与环境法规。1993年7月正式推出欧洲“环境标志”。1994年底正式颁布了《包装和包装废弃物的指令》。目前，欧盟的进口商要取得绿色标志，就必须向各国申请，没有绿色标志的产品要进入欧盟国家将受到极大的限制。

1996 年 6 月，中国在环境保护白皮书中指出：我国政府将在“九五”期间实施《中国跨世纪绿色工程计划》，为创造绿色产品，绿色包装指明了方向，使企业有规可循，有章可依。

国际标准化组织（ISO）于 1993 年 10 月成立了 ISO/TC207——“环境管理标准化技术委员会”，正式开发环境管理领域的标准化工作。该委员会制定了 ISO 14000 环境管理标准体系。自 1995 年起陆续颁布实施。“ISO 14000”是 ISO 组织为 TC207 预留的自 ISO 14001 至 ISO 14100 这 100 个标准号的统称。已正式发布的六个标准如下。

（1）ISO 14001 环境管理体系—规范及使用指南；

（2）ISO 14004 环境管理体系—原理、体系和支撑技术通用指南；

（3）ISO 14010 环境审核指南—通用原则；

（4）ISO 14011 环境审核指南—审核程序—环境管理体系审核；

（5）ISO 14012 环境审核指南—环境管理审核员的资格要求；

（6）ISO 14040 生命周期评价—原则和框架。

ISO 14000 是一套严格、严谨的标准体系，它科学地规范了人类环境保护的准则和条件。它的颁布对全球各国政府及所有组织改善环境管理的行为具有持续作用，对工业、商业和国际贸易也产生了深远的影响，它将成为国际贸易中十分重要的非关税壁垒、技术壁垒。

综上所述，在可持续发展战略的烘托下，绿色生产，绿色消费已成为人们新的追求。而绿色包装作为绿色沧海中的一粟，其顺应潮流的技术核心和符合市场需求的设计理念，已越来越被人们理解并逐步形成行业的共识。

**（二）绿色包装的定义**

绿色包装（Green Package）又称为无公害包装和环境之友包装（Environmental Friendly Package），指对生态环境和人类健康无害，能重复使用和再生，符合可持续发展的包装。它的理念有两个方面的含义，一个是保护环境，另一个就是节约资源。这两者相辅相成、不可分割。其中保护环境是核心，节约资源与保护环境又密切相关，因为节约资源可减少废弃物，其实也就是从源头上对环境的保护。

从技术角度来讲，绿色包装是指以天然植物和有关矿物质为原料研制成对生态环境和人类健康无害，有利于回收利用，易于降解、可持续发展的一种环保型包装，也就是说，其包装产品从原料选择、产品的制造到使用和废弃的整个生命周期，均应符合生态环境保护的要求，应从绿色包装材料、包装设计和大力发展绿色包装产业这三方面入手实现绿色包装。

绿色包装是一种理想化的包装，要达到它的要求需不断探索与实践。可以分阶段逐步达到这个目标。例如，一种按食品分级标准的办法制定的绿色包装分级标准，它将绿色包装分为 A 级绿色包装和 AA 级绿色包装两种。A 级绿色包装是指废弃物可以循环使用、再生利用或降解腐化，所含有毒物质在规范范围内的适度包装。AA级绿色包装是指废弃物可以循环使用、再生利用或降解腐化，所含有毒物质在规范范围内，且在产品整个生命周期中对人体和环境不造成公害的适度包装。前者较容易实现，后者的要求则较高。只有当前者得到广泛应用、技术达到一定水平时，后者才有广阔的发展空间。

### （三）绿色包装的内涵

从本质上说，绿色包装涵盖了保护环境和资源再生这两个方面的意义。包装件所经历的整个过程可称为包装材料的生命周期：在绿色环境中经过绿色生产，形成洁净绿色的产品，再经绿色的回收和再生利用，构成一个封闭的环，一个真正符合自然规律的生态自然循环。通俗的说法就是：取之于自然，回归于自然。如图6-4所示。

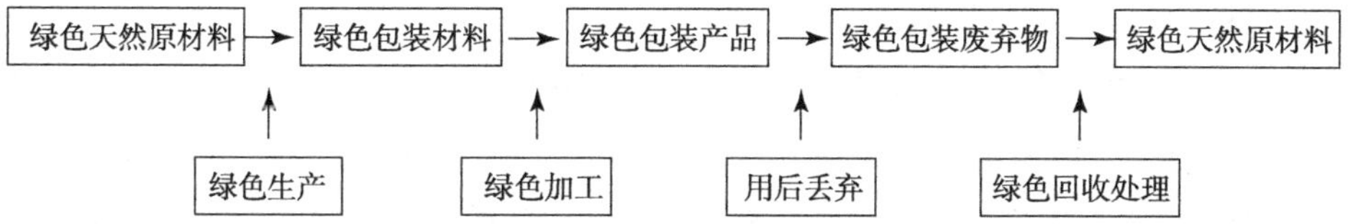


**图6-4　包装材料的生命周期**

绿色包装的内涵是制定绿色包装评价标准的主要依据。包装产品在整个生产周期中，即从原料采集、加工、制造、使用、回收再生，直至最终处理的生命全过程均不造成污染，则是对绿色包装提出的最高要求。如果人们在包装产品的制造和加工过程中、在使用和丢弃的行为中，能够遵守这一符合生态平衡的规律，人类的生存就能获得良好的环境，人类的需求也将有更长久的支持。

绿色包装的兴起源于人们对白色污染泛滥的关注，然而白色污染绝非仅是塑料包装废弃物的代名词，它也包括所有随便丢弃的环境污染物，所以在研究二者的关系时，必须要弄清以下三个问题。

（1）绿色包装材料取之于自然，但不一定是绝对天然，关键取决于它是否能够进行回收处理，是否能回归于自然。在生产实践中，人们更关注的是各种人造材料对环境的影响。那些取自于自然，但需要进一步生产处理才形成包装材料的，如用小分子合成的无毒塑料，它们在成为废弃物后，只要能回收处理再利用，仍然属于绿色包装。

（2）白色污染的形成，依科学原理应取决于材料的性质与回收处理的实施。但现实中很大程度上却取决于条件因素和人为因素。例如，造成污染的塑料包装，除了少部分品种外，大部分是能够回收处理和再生的。然而，仅限于目前科技的水平、人们环境意识的淡薄和国家环保法令法规的不完善，致使能处理的塑料没去处理，该回收的没人去收。

（3）发展绿色包装与充分进行包装废弃物的回收和处理再生并不冲突，它们是一个事物的两个方面，是循环圈中的两个不同环节。回收处理是绿色包装的一个必要条件，一个不可缺少的部分。

（四）绿色包装产品设计的基本原则

绿色包装产品设计的基本原则可以概括为五个原则，称为 4R1D 原则。

（1）Reduce：减少包装材料。反对过分包装，即在保证盛装、保护、运输、储藏和销售的功能前提下，首先要考虑尽量减少包装材料的使用量。这样才能从源头上达到节约资源，降低能耗，降低成本，减少排放物和废弃量的目的。

（2）Reuse：可重复使用。为实现节约材料和降低能耗，不轻易废弃可以再用于盛装产品的包装制品。而在设计时则要考虑包装材料的选取、包装结构的设计都应符合这一理念。

（3）Recycle：可回收再生。即把废弃的包装制品进行回收处理、再利用。例如，废弃的瓦楞纸箱是一般性包装用纸的原料之一，又是纸浆模塑工业包装的主要原料。理论上，废弃的纸浆模塑制品能够重复使用 5 ～ 6 次以上。再生纸、再生纸板、再生塑料、玻璃、陶瓷和金属包装制品等废弃后，可经再熔再造，制成新的同样的材料或包装制品。

（4）Recover：获得新的价值。即利用焚烧来获取能源和燃料。有些材料和包装制品，可通过处理而获得新的可利用的物质，产生新的价值。例如，废弃塑料的油汽化处理，可获得使用价值较高的油气或燃气等。

（5）Degradable：可降解腐化。包装材料可降解腐化有利于消除白色污染。那些废弃后既不能重复使用，也不能回收循环再生处理的，或是回收价值不大的包装废弃物，应当能够在自然环境中降解销蚀，使其不对自然生态环境构成污染。

绿色产品的生产需要绿色管理。所谓绿色管理是指把环保的观念融于经营管理之中。原料和生产工艺过程的选择都要符合环境标准。现在企业界也纷纷提出了要重视生产过程中废弃物的排放标准，建立合理的管理体系和检测系统，实行绿色管理。绿色管理的推行，从表面上看是给企业增加了“额外”的负担，使企业的必要资金不能“完全”投入生产，其实绿色管理的推行就会带来绿色产品的效益。例如：富士公司废旧胶片的循环利用率已达 100%；东芝、尼桑、日本电力公司则共同出资 2500 万美元建立环境基金。绿色管理的推行，在增加了企业必须的环保投入的同时，也促进环保理念日益深入人心。

绿色管理也可以归纳为七个原则，又称为 5R2E 原则。

5R 是指以下五点。

（1）Research：重视研究企业的环境，把环境治理纳入企业的决策之中。

（2）Reduce：不断采用新的科学技术与创新工艺，减少废弃物的排放。

（3）Recycle：对生产中的边角料，残品进行循环处理。对使用过的产品实行回收复用。

（4）Rediscover：使所生产的产品成为绿色商品。

（5）Reserve：加强对员工的环保及节能的宣传。

2E是指以下两点。

（1）Economic（低能耗）：企业要充分挖掘资源的潜在价值，充分利用原料的属性，将其弃用率降至最低度，实现能量消耗的最低点。

（2）Ecological（生态维护）。企业要积极参与社区的环保工作，推动员工和公众的环保宣传，树立“绿色企业”形象。

绿色革命是世界经济的一次技术革命，是在人们追求环境保护和节约资源的意识和行动中，对观念、材料、生产、消费等方面进行的一次大变革。

## 三、绿色贸易壁垒及其对包装的影响

由于各国生产力水平的不同，特别是出于经济利益和资源保护上的考虑，发展中国家和发达国家在环境和贸易问题上仍存在许多矛盾，这些矛盾伴随着国际经济形势的变化而日趋尖锐，给本来就不平衡的国际贸易格局增加了复杂性。由于不同国家的经济和技术发展水平的差异，环境标准各有不同。可以说，环境标准是一定经济发展时期环境资源价值的一种体现。发达国家利用由于经济水平差异所造成的不相同的环境标准，在掠夺发展中国家的资源及初级产品的同时，还把产生污染的企业转移到发展中国家，使发展中国家的环境更加恶化；他们又不遗余力地将环境问题与贸易条约机制紧密相连。把环境问题作为新的贸易壁垒来抵消发展中国家资源与廉价劳动力方面的优势，从而限制发展中国家的经济发展，来维持其在国际多边贸易经济领域中的主导地位，从而形成所谓绿色贸易壁垒。绿色贸易壁垒又称环境壁垒或绿色壁垒，产生于20世纪80年代后期，90年代开始兴起，是指在国际贸易领域，进口国以保护人类的健康和安全、动植物的生命和健康，保护生态和环境的名义，凭借经济、科技优势，通过立法制定严格、苛刻的环境技术标准和繁杂的动植物卫生检验检疫措施，以及利用国际社会已制定的多边环境保护条约中的贸易措施，对来自外国的产品或服务进行限制和制裁的一种手段。判断其合理与否的依据是世贸组织的《卫生与植物卫生措施协议》。

### （一）“绿色贸易壁垒”出现的时代背景

#### 1. 来源于生态环境和国民健康保护的需要

1972年，联合国通过了《人类环境宣言》。发达国家的经济发展开始从单一的追求经济效益方式转变为追求“经济、社会、环境”三个目标均衡发展的模式。发达国家对衣食住行的条件、卫生和安全的要求日益严格，对国外进口产品的要求也逐步提高。

2. WTO 支持正当的“绿色贸易壁垒”

世贸组织负责实施管理的《实施卫生与植物卫生措施协议》规定成员方政府有权采取措施，以保护人类与动植物的健康，确保人畜食物免遭污染物、毒素、添加剂的影响，确保人类健康免遭进口动植物携带疾病而造成的伤害。但同时强调，在设立和实施上述措施时，要把对贸易的消极影响减少到最低程度。

3. 发展中国家环保意识与相关法规滞后

不少发展中国家牺牲环境来换取经济的发展，有的甚至成了发达国家的“垃圾场”。发展中国家因财力不足、检验技术落后，缺乏对产品标准的科学检验手段，产品难以达到发达国家的要求，更难以跨越发达国家设立的“绿色贸易壁垒”。

4. 竞争的压力

世贸组织建立以后，世贸组织成员关税下降，非关税措施受到了抑制和规范。为了在竞争中取胜，世贸组织成员，尤其是发达国家成员有意利用世贸组织协议下允许的“绿色贸易壁垒”，作为竞争手段，这加大了发展中国家跨越发达国家“绿色贸易壁垒”的难度。

### （二）绿色贸易壁垒特点分析

1. 隐蔽性

绿色贸易壁垒是利用环保之名行贸易保护之实，使对方难以了解其内容及变化而难以对付和适应，但又不易产生贸易摩擦。

2. 歧视性

由于制定绿色壁垒措施的主要是发达国家，其中的相关标准是以发达国家的国内技术发展情况为基础而制定的，所以发展中国家的贸易利得通常成为其牺牲品。它的实施没有考虑到发展中国家工业化进程中的历史欠账，超越了发展中国家经济、技术发展的现实，对各类不同水平国家的产品规定同样的市场准入条件，这是很不公平的。

3. 关联性

绿色贸易壁垒中一个最显著的特点就是它往往会产生连锁反应，容易从一国扩散到多国。1998 年，我国输往美国的木质包装由于含有天牛病虫而受限制后，英国也迅速采取了类似的措施。2002 年 11 月，欧盟宣布完全禁止我国的动物源商品进口后，瑞士、日本、韩国等国家也相继采取措施，加强对我国动物源商品的检测，德国和荷兰则提出了更高的要求，沙特更是暂停了对我国此类商品的进口。

### （三）与包装相关的绿色贸易壁垒

（1）市场准入制度。每个国家都可以根据自己的选择制定本国的环保标准。但是，在某些情况下，进口国可以对出口国的生产设备进行检查，从而保证进口产品能满足本国的环保标准。这种检查无疑会增加出口产品的成本。

（2）绿色技术标准制度。发达国家的科技水平处于垄断地位，他们以保护环境的名义通过立法手段制定严格的强制性的环保技术标准，给发展中国家的产品进入发达国家市场设置障碍。

（3）环保指标标准制度。根据《卫生与植物卫生措施协议》的设立宗旨之一协议序言——环境保护，各成员国纷纷采用具有环境保护内容——主要表现为“绿色环境壁垒”，作为限制他国制造商和贸易商向本国出口的主要手段。例如，欧盟禁止使用以偶氮染料作为主要染料的纺织品进口；德国曾经还专门颁布了《德国消费者法令第二修正案》，规定禁止所有与皮肤有接触的产品中使用可以通过偶氮基团分解形成多种致癌物质的进口；美国也公布了环境“优先污染物”名单等，以此来限制他国的出口。

（4）绿色包装制度。绿色包装是以节约资源、减少废弃物，用后易于回收再用或再生，易于自然分解，又不污染环境的包装，在发达国家广泛流行。目前，世界许多国家采取各种立法的形式来规范绿色包装的使用，如日本的《再利用法》《新废弃物处理法》等。

（5）环境卫生检疫制度。乌拉圭通过的《卫生与动植物检疫措施协议》建议使用国际标准，并明确规定各国有权采取措施，保护人类和动植物的健康。发达国家制定了严格的环境与技术指标。由于各国环境和技术标准的指标水平和检测方法不同，以及对检验指标设计的任意性，而使卫生检疫制度成为绿色贸易壁垒手段之一。

绿色包装有着很强的竞争力，并以崭新的面貌出现在世人面前，优质的产（商）品，使用了对生态环境和人体健康无害无环境污染、能循环复用和再生利用，并经过权威部门进行环保质量认证的包装，才算领取了“绿色护照”，这样，不仅使商品身价倍增，还具备了保鲜保质、便于储存运输、吸引顾客购买、增加附加值的功效。

## 第二节　绿色包装的系统要素

绿色包装是一个完整的工程系统，其设计是最为关键的环节。因为设计是工程的龙头，设计的成功与否，决定最终产品的目标是否到位，产品中所有生产环节是否符合预期的节能及环保的要求。所以，绿色包装系统的设计要求有很强的目的性、足够的市场意识、超前的设计思想及符合国际环保潮流的设计理念。

### 一、绿色包装设计的目标及要素

突出“绿色”包装设计，就是除了在设计上满足包装体的保护功能，视觉功能，经济方便，满足消费者的心愿之外，还要十分注意产品应符合绿色的标准，即对人体、环境有益无害；包装产品的整个生产过程符合绿色的生产过程，即生产中所有的原料、辅料要无毒无害；生产工艺中不产生对大气及水源的污染，以及流通、储存中保证产品的绿色质量，以达到产品整个生命周期符合国际绿色标准的目标。

作为一个完整的系统，绿色包装应该包括产品原料的采集，包装材料的生产，包装的设计（包括造型设计、结构设计、装潢设计及工艺设计），包装产品的加工制作及流通储存，包装废弃物的回收处理与再造及包装工程的成本核算。最后是生命周期评价。

若对整个系统划分成若干要素，则包括产品、流通的环境条件、包装材料、消费者、包装设计、加工制造（清洁生产）、生命周期评价、回收再利用、包装成本和环境保护等。

### （一）产品

绿色包装设计时应考虑到产品的物理性质和化学性质，这涉及它的保护功能。从物理角度来看，要使内装物完好无缺，要求包装体的强度、结构、造型要合理，其形状在常温或其他温度下保持原有状态。从化学角度来看，要保证内装物不变质，也就是化学稳定性要好，即对温度、日光、湿度、气体要保持稳定。再有要考虑到包装的视觉效果；应用方便、经济；是否可重复使用或回收再造；最重要的是对人体、环境不产生损害和污染，具有绿色的实质。

### （二）流通的环境条件

绿色包装在设计时应考虑到包装件流通的环境、条件、时间，包括库存、储存与运输。其中运输的工具，仓储的设施、温度、气候条件及变化，生物环境条件，流通过程中的装卸条件，原则是应保证在流通过程中内装物完好、质量不变、不受污染。

### （三）绿色包装材料

绿色包装材料（包装原材料和成型前的材料）首先应具备自身无毒无害（无氯、无苯、无铅、无铬、无镉等重金属），对人体、环境不造成污染。制造该材料所耗用的原材料及能源少，并且生产过程中不产生对大气、水源的污染，废弃后易于回收再利用或易被环境消纳。材料具有所需的强度，与内装物不发生化学作用，性能稳定，易于加工制造，来源丰富，价格低等特点。

包装物是否符合绿色要求，一个重要因素在于是否采用了绿色包装材料。绿色包装材料应符合绿色的要求。

#### 1. 绿色包装材料的特征

绿色包装材料具有以下四个特征。

（1）废弃后的包装制品或材料，可回收处理，再生利用，或重复使用，不对生态环境构成污染和损害；

（2）不易回收的包装制品或材料，应在短期内腐蚀、降解，在自然条件下回归自然；

（3）在满足包装功能的要求下，可实现优质、轻量设计，减少自然资源的消耗及能源消耗，减少包装物废弃量；

（4） 包装材料生产成本低，有合理的性能价格比，可以生产和推广使用。

2. 绿色包装材料的分类

（1）可回收处理、利用的包装材料。

包装制品及其材料，能回收重复使用或再生利用，是一种对保护环境最经济有效的办法，世界各国都在大力推行。可重复使用、再生利用的包装材料有如下七类。

① 纸质材料。纸包装材料在整个包装工业中占有重要地位，是包装支柱材料之一，约占整个包装工业总产值的45%。它分为包装纸、纸板和纸浆模塑三种，纸属软性薄片材料，主要用于制袋（图6-5），层合技术的发展弥补纸袋渗透性高、防潮性差及易撕裂等缺点；纸板则为刚性材料，主要用于制盒（图6-6），作为小型产品的内包装；纸浆模塑近年来的发展较快，主要用于制作缓冲衬垫（图6-7）。瓦楞纸板和纸浆模塑代替发泡材料作为缓冲包装材料已逐渐成为现代包装的发展趋势，并被人们所接受。

图6-5 可回收的纸袋

图6-6 可回收的纸盒

前已述及，纸包装的特点有：经济、重量轻、缓冲性好、折叠成型性好、具有适当的坚牢度、耐磨耐冲击性较好、容易达到卫生标准，经化学方法处理可反复利用多次，直至纤维消失为止。

② 玻璃陶瓷材料。玻璃包装材料在包装工业中也相当重要。从传统的包装发展到今

天的现代包装，玻璃包装材料一直以它特殊的性能和特征用于液体包装。它干净、直观，造型优美，保质、保味，可回收重复再用（图 6-8），或以回收碎料的形式再生利用，玻璃可以实施薄壁化、高强度、低脆性的轻量设计，其在包装上的优良品质是其他材料难以替代的。

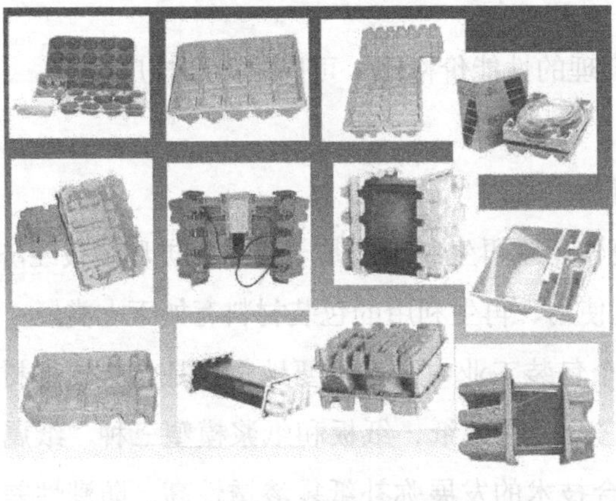

图 6-7　可回收的纸浆模塑制品

图 6-8　可回收复用的玻璃瓶

③ 金属材料。金属在包装材料中用量相对不大，其种类主要有钢材、铝材，成型材料是薄板和金属箔。前者属刚性材料，一般是直接制桶、制罐；后者为柔性材料，一般采取真空蒸镀的方法在其他材料上镀上一层金属膜，这样不仅节省金属材料，也能达到强化材料、阻光的效果。金属的特点有：延展性好、强度高、阻隔性好、表面光滑光亮易于印刷、可在包装上极大地轻量化节省材料、金属包装制品（如铝质罐）及其材料可回收回炉再造利用，或回收重复利用，利用率高。

金属包装制品的循环使用、轻质金属制品代替木制包装等都属于绿色环保设计。

④ 塑料材料。塑料包装是现代商品包装的重要标志。塑料包装从出现到大量广泛地应用，发展很快，可以说在包装历史上是具有里程碑意义的。它的出现大大地改变和调整了整个包装材料的结构和布局，令商品包装呈现出崭新的面貌，使包装水平上了一个台阶。塑料的特点与性质有：质轻、易成型加工、物理性能优越、强度高、韧性、耐磨性、防潮性好、阻隔性强、加工形式多样化、可配合各种新的加工技术、材料透明光泽、易于印刷、生产过程节能、原材料来源丰富。热塑性塑料可以回收后重新造粒生产塑料制品，如 PS、PVC、PET 等；也可以回收后再与其他杂物混合焚烧处理；有些塑料容器，回收清洗后可多次重复使用，如 PET 瓶、FC 瓶等。

塑料包装材料的合理使用，特别是通过改性增强塑料的环境可消纳性；选用易回收、易再生的塑料品种；选用不会产生危害的塑料等也是使塑料包装材料摆脱“白色污染”的重要措施。

⑤ 农作物秸秆包装材料及其制品。农作物秸秆可以制造秸秆纤维发泡材料、秸秆托盘、秸秆直接造纸、稻麦草纸浆压铸技术生产易拉罐，以及利用秸秆制作一次性餐具等。其问题主要是产品工艺、制品外观、性能均不成熟。

⑥ 木塑复合包装材料及其制品。用 50% 废旧塑料和 50% 木屑或其他纤维材料可以制造木塑复合材料，加工成木塑型材，在包装上主要是用于制造托盘、底座等。

⑦ 木制包装的绿色化。使用天然木材已经越来越和社会的潮流背道而驰了。推广使用人造木板及胶合板，使用如钢边箱、钢片箱和围板箱等可拆式木制包装制品（参见第 4 章）等都是使木材这种古老包装材料焕发青春的技术措施。

（2）可降解包装材料。

在一定条件下，可降解包装材料属于绿色环保包装材料。可降解材料，通常指可降解塑料。是指在特定的时间及造成性能损失的特定环境下，其化学结构发生变化的塑料材料。质量轻，加工方便，包装性能好，易于表面装饰，不污染环境，而且能回收再利用，体现出这种材料的优点和价值。但由于可降解材料的制造设备复杂，一次性经济投资大，加之多数可降解材料的降解性能并不稳定，所以，这种材料的开发与应用也受到了一定的制约。

可降解塑料，按降解机理的不同，可分为光降解、生物降解和复合降解塑料等类型。

① 光降解塑料。塑料在光的作用下发生降解。分合成型与添加型两类。合成型光降解，是在聚合物合成过程中引入一些低能易断开的弱链，或接上一些见光分解的感光基团和转移的原子，这样遇到光的作用就会发生化学反应，从而导致聚合物大分子的降解，其长链断裂为易被微生物吞食的小分子碎片。而添加型光降解，是在塑料的配料中加入一定量的光敏剂，遇到光的作用同样也发生降解，方法较为简单，成本也较低。

② 生物降解塑料。塑料在细菌、霉菌等各种微生物的作用下发生降解。因其材料内部结构或成分存在能被普通微生物分解的因素，当包装废弃后，在自然环境中经微生物的吞噬、吸收而分解成小分子化合物，直至最后被分解成水和二氧化碳等无机物。生物降解分为微生物合成型、合成高分子型和掺和型。掺和型生物降解塑料，是在塑料中掺和一定量的淀粉、天然秸秆、稻草、果壳等具有生物降解性的物质，经加工后形成有一定生物降解性的包装制品。

③ 复合降解塑料。塑料在光、生物共同作用下发生降解。在塑料中加入生物降解淀粉、可控降解光敏剂及自动氧化剂等物质，使塑料经使用后性能下降，并定时分裂成碎片，此后再经微生物作用和自动氧化剂的反应，塑料将迅速分解。

（3）可食性包装材料。

即对人体无害，可以被人食用的材料。这种材料既然可被人体自然吸收，当然也可以在自然环境中风化销蚀。所用原料都是天然有机小分子和高分子物质，如氨基酸、凝胶、蛋白质、植物纤维等，具有无毒、无味、透明、质轻和卫生的特点。可食性包装材料可以有效地解决污染问题，其应用、开发前景极好。我国以特有的植物——魔芋制成的替代包装，具有可食性和较好的强度、韧性和包装性。

材料的选择固然重要，但除此之外，在进行包装设计中注意节省包装材料、尽量不用复合材料也是符合绿色环保包装理念的做法。

### （四）消费心理

绿色包装应符合消费者心理特点，尤其是当今“绿色浪潮”的兴起，国内外消费者尤其偏爱采用绿色包装的商品。各国也为了推广和宣传环境保护的思想，设计出了各具特色的环境标志，如图 6-9 所示。

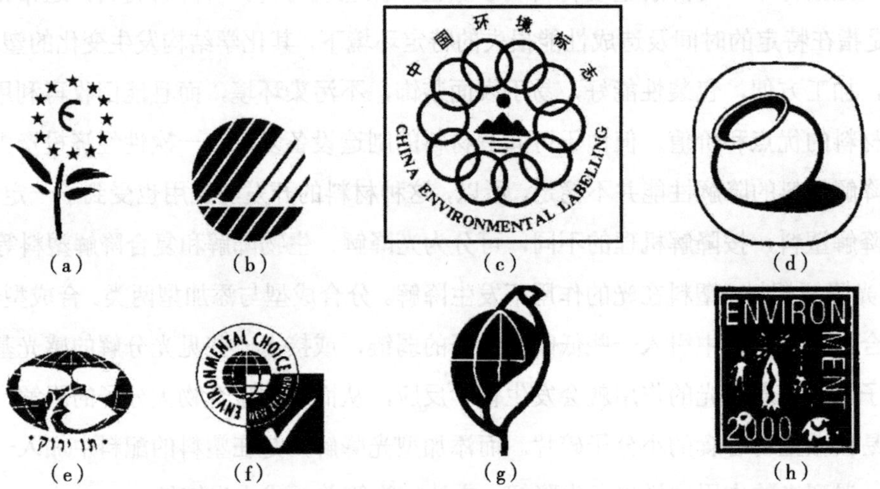


图 6-9　世界各国的环境标志

图 6-9 中的标志自上排从左至右依次为欧盟、北欧理事会、中国和印度的；下排从左至右是以色列、新西兰、中国台湾和津巴布韦的（摘自《环境与包装》美国绿色商标指南，包装与可再循环，汤普生出版社授权使用，华盛顿特区，1997 年）。

绿色包装还应考虑到消费者应用的便利，好开启、好装卸、好携带等体现包装方便性的设计，是一般消费者所普遍追求的。同时还应顾及人们的风俗习惯及个性、喜好等。

### （五）包装设计

设计前，应对绿色包装订货单位进行设计定位，核定设计条件和设计要求。包括企业形象、内装产品、消费对象、销售市场、竞争环境等方面的定位。绿色包装的设计要根据最终产品的需要而设计。① 要有保护功能，结构要符合力学强度，即对产品的形态完整和质量有保证。② 产品的外观、造型要符合内装物的需要和美观，同时轻量化、材料单一化，外装潢要典雅、美观。具有很好的广告效果。加工制作工艺设计要简单、经济、清洁、节能、无污染。

包装设计的绿色化技术还包括包装材料的简单化、单一化、减量化、易拆解、易回收、重复使用等设计原则及其运用。

### （六）包装加工制造（清洁生产 / 绿色生产）

绿色包装加工制造工艺要考虑采用“清洁生产”，即生产过程中不使用任何有害的辅料，不产生任何污染环境的副产物和废气废水等、节省材料，节省能源，充分利用现有设备的能力。

### （七）包装设计的节本增效

绿色包装设计还应关注包装的成本问题。这也是大多数企业在进行包装改进时首先考虑到的问题。应当分析包装成本与内装产品的价值，杜绝“过分”包装，在满足使用、保护功能的前提下，应尽量减少包装材料的消耗，减少加工制造的工序，降低能源消耗，人力资源有效使用，以有效地降低包装成本，增加利润。

### （八）包装的循环复用和回收再利用

在进行某些产品的包装设计时，应尽可能选用合理的循环复用技术，并应考虑到包装的回收再利用及包装废弃物的处理。选用的原料必须是可回收再造的原料，或者是可降解材料。

### （九）生命周期评价（LCA）

包装设计的绿色评价应采用生命周期评价方法，即考察包装的整个生命周期——原料的采集、包装产品的制造、包装产品的流通、使用废弃后的回收处理、再造等过程中对环境的影响，以达到国家及国际的绿色生产标准和环境保护标准为目的。若包装产品达到我国绿色包装标准要求，就可以赋予绿色包装标志（图6-10）。

图6-10　中国环境科学学会绿色包装标志

## 二、绿色包装的设计原则

绿色包装系统设计的原则主要如下。

（1）第一，要使整个工程系统成为绿色系统，其总系统中的各个子系统（环节要素）为无污染环节，以此全面保证最终产品的绿色。第二，在生产过程中要节约能源、节省材料、充分利用再生资源。

（2）要符合绿色包装产品的 4R1D 原则。

（3）要有较高的市场竞争能力，符合国际潮流，受人青睐，物美价廉，市场看好，实用性强，使用方便，迎合消费者的心理。并且能够融入国际环保环境，满足人们的绿色消费要求。

# 第三节　绿色包装的标准及评价

绿色包装工程作为一个完整独立的系统，应该符合以下三个要求。

（1）完整的绿色程序设计方案，包括整个系统中各个子系统的工程内容、实施方案、工艺路线、产品的分析检测手段等。在整套的程序方案中应该突出它自身各环节的特点和程序标示。

（2）具备一整套完备的绿色生产设备及有绿色保证的环保系统。

（3）具备一整套完善的绿色管理系统和方案，包括所有环节的管理与监控措施。

我国现行的国家标准对包装的环境影响评价及绿色包装已有明确的规定，颁布实施了一系列标准，并已在全国推行。这些标准包括以下五个。

（1）GB/T 23156—2010 包装包装与环境：术语；

（2）GB/T 16716.1—2018 包装与环境 第 1 部分：通则；

（3）GB/T 16716.2—2018 包装与环境 第 2 部分：包装系统优化；

（4）GB/T 16716.3—2018 包装与环境 第 3 部分：重复使用；

（5）GB/T 16716.4—2018 包装与环境 第 4 部分：材料循环再生。

绿色包装工程是否达到绿色的标准，需要进行评估。目前，实施评估最有权威的体系就是国际环境管理系统 ISO 14000 中的 ISO 14040（生命周期评价）。以下将进行简要叙述。

## 一、评估体系——生命周期评价

### （一）生命周期评价的概念与发展过程

生命周期评价（Life Cycle Assessment，简称 LCA），是一项自 20 世纪 60 年代就开始发展的一个重要概念和环境管理工具。它研究的是产品的整个生命周期，即从开始设计、原料的开采生产、产品的加工制造，到产品的使用、废弃及回收处理的全过程中的各个生命阶段对环境产生的影响，给予定性或定量的评价标准。同时通过分析比较这些影响效应的优劣，为产品的开发、生产改造提供信息支持。

生命周期评价最初是从20世纪60年代末由工业模式，特别是能量模式发展起来的。1969年，可口可乐公司在进行关于是否自行生产饮料容器及制造容器使用材料的投资决策前进行了资源及环保范围分析（Resource and Environmental Profile Analysis，简称REPA），考虑了各种经济和环境因素，并首次以“生命周期”的观念，对原料、能源消耗及污染物的排放情况做了详细、完整的计算。成为生命周期评价技术的初始应用。

20世纪80年代，一些个人机构开始从事生命周期的分析评估工作，但一直未形成可供遵循的统一的方法论或框架。直到20世纪90年代，一些著名的组织机构参与了此项工作，如美国环境毒物学及化学学会和国际标准化组织，这才使得此项工作得以更好的发展。到1993年国际标准化组织（ISO）在开始制定ISO 14000系列环境管理体系标准时，同时也成立了ISO/TC207/SC5（国际标准化组织 / 第207号技术委员会 / 生命周期评价分技术委员会）来负责制定相关的标准。1997年6月15日，国际标准化组织正式颁布《ISO 14040环境管理—生命周期评价—原则与框架》为国际标准。1998年又颁布了《ISO 14041 环境管理—生命周期评价—目标与范围确定及存量分析》为国际标准。

生命周期评价是一种客观方法，通过对能源和资源及废物排放的鉴定和量化分析来评估产品，以及对生产过程或活动给环境带来的影响及对环境的潜在影响进行评估，它可以促进环境的保护和改善。

### （二）生命周期评价的主要作用和重要性

生命周期评价的主要作用是它能够对任何一个复杂的、涵盖了多个领域的、一个完整的系统的各个环节做出一个统一标准的、全面综合的评价，以验证一个产品是否符合国际环境管理的标准。其特点是，它既能在一个很广泛的条件下抽出所针对的主题，又能以广泛的技术手段给予全面公平的验证。

过去人们对环境问题的分析往往局限于某一环节的单个问题，考虑到它生产中排污的问题，没有考虑回收处理形成的二次污染问题；只看到某产品在废弃后对环境的影响小，却忽略了它在其他生命阶段造成的极高的环境影响，甚至着重典型问题研究而对全局缺乏考虑。在这里所说的绿色包装工程系统中，“绿色”应该贯穿于整个生命周期的始终。

生命周期评价的重要性，首先是适应全球呼吁保持生态环境的大势浪潮，另外是生产持续发展的需要，更是国际贸易的必须。ISO 14000系列标准明确规定，凡是国际商贸产品（包装）一定要进行环境认证和生态评估（LCA），并使用环境标志。进行 LCA 的重要性可见一斑。

### （三）生命周期评价的内容与框架

根据 ISO 14040 标准的条文，生命周期评价是一项用以评估产品的环境因素与潜在环境影响因素的技术。它应该包括以下三个方面。

（1）编制一份与研究的产品系统有关的投入产出清单；

（2）评估与这些投入产出相关的所有环节的环境影响与潜在的环境影响；

（3）对与研究目的有关的清单的分析阶段及实质评估环境影响阶段的结果进行说明。

国际上对生命周期评价的程序方法已达成共识。一般是将产品的整个生命周期分为五个阶段，即原材料的采集和生产、产品的加工与制造、运输与分销、产品的使用与回收及产品的再循环 / 处置。图 6-11 为某一典型产品的生命周期评价分析流程。

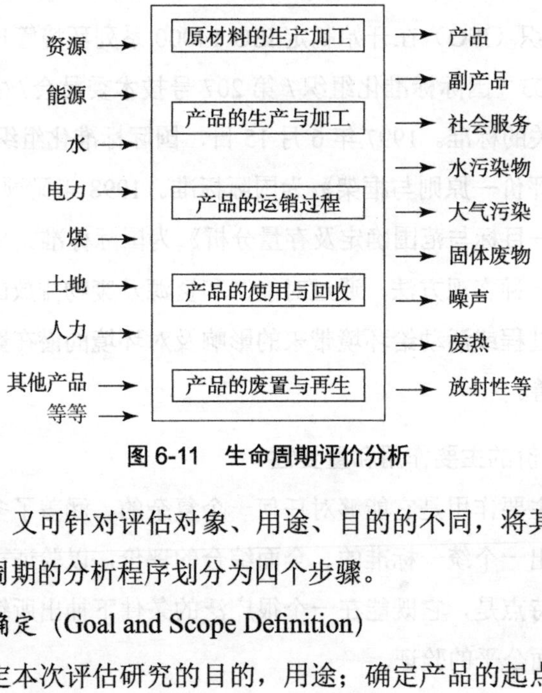


**图 6-11　生命周期评价分析**

在具体的评估中，又可针对评估对象、用途、目的的不同，将其五个阶段进一步拆分或合并，使整个生命周期的分析程序划分为四个步骤。

1. 目的及范围的确定（Goal and Scope Definition）

此阶段主要是确定本次评估研究的目的，用途；确定产品的起点、终点；确定分析的时间范围和地理边界。

2. 清单分析（也称数据分析）（Inrentory Analysis）

此阶段主要是包括资料收集及程序计算，即具体、深入、定量地取得产品各生命阶段的环境干预值引起的效应值，以量化一个产品系统的相关投入与产出，这些投入与产出包括资源的使用及对空气、水体及土地的污染排放。这阶段是一个难点，很可能由于数据的缺乏和不确定性给评估结果带来较大的不确定性和不准确性。

3. 影响分析及评估（Impact Analysis & Assessment）

此阶段是采用清单分析中的数据资料，定量地分析产品受环境及潜在环境因素影响的大小，并可以进行产品间的比较评估。

4. 生命周期解释说明（Interpretation）

也称完善化分析或改善环境评估，此阶段的内容是为生命周期的目的服务的，是将清单分析及环境影响评估所得到的结果结合在一起，形成结论与建议（改善环境的建议）。为开发新的产品，推广产品改进生产工艺及提供支持信息，也可以直接提供绿色产品的证明材料。

在评估的全过程中最关键的是数据的收集和分析阶段，它将影响后两个阶段的可靠性。

LCA 可以说是一个简单系统模型框架，为人们分析评估环境给出了一个战略性的指导原则，目标是揭示人类活动与自然环境相互影响相互制约的关系。

实际上，在 LCA 的系统中，产品对环境的影响最应该考察的是：① 对人和生物所产生的毒性及危害；② 对人类赖以生存的环境所产生的污染（包括水，空气等）；③ 对资源及能源的消耗；④ 对回收再生循环系统的保证。这几个方面都与产品的生产制造和人类的活动紧紧相连，它们都体现于产品整个生命周期的各个环节中，并以定量的形式对资源的消耗、能源的消耗及废弃物的排放给予表征。所以说 LCA 既是一种用于评估“环境承受能力”的方法，也是评价产品从摇篮到坟墓对环境污染程度的方法，还是评估和确定影响环境发展机会的方法。

## 二、生命周期评价体系的应用

根据生命周期的定义与内容，包装制品的生命周期可以说是最短的，因而它最早就被列入了 LCA 的评估对象，并在一些发达国家进行了实施。通过实质评估得到了一个重要的结论，即包装废弃物的回收再生只有在真正节约了资源，减少了能耗，消除了环境污染的前提下，它才是有价值的。这个结论进一步促进了包装废弃物在回收处理过程中的工艺改革和环境、能源上的效益。

### （一）评估的对象与内容

设定的评估对象是绿色包装产品。设定的评估内容是绿色包装产品的整个生命周期，即从原材料的采集与生产，产品的加工与制造，产品的使用与流通，产品的废弃及回收，产品的废置与再用的整个过程对环境及人类产生的污染和危害，给出结论性意见，并提出改善建议。同时要评价此系统工程中有无在设计上体现的绿色生产特征，评估企业系统中是否有保证绿色生产或产品的法规与环境方针。最后要提出一套绿色清洁生产系统和方法，这实质上就是对绿色包装产品生产的绿色包装工程系统做出是否是绿色系统的评价。

### （二）评估的程序策划

评估的程序应该包括以下六个步骤。

（1）组织评估委员会，明确工作任务；

（2）确定评估的目的及范围；

（3）现场评估前的准备——收集全方位的资料；

（4）现场分析评价；

（5）对比分析，量化评估；

（6）给出结论，提出改善建议。

上述各环节中，最为关键的是现场评估前的准备和现场分析评估。由于涉及的专业领域有很多，需要收集的评估资料也很多，因此，LCA 的实施往往是一个十分浩大的工作。

## 本章思考题

（1）包装对环境的影响主要体现在哪些方面？

（2）怎样理解绿色包装系统的设计原则？试尽量完整地叙述绿色包装系统的内涵。

（3）什么是生命周期评价？试述绿色包装与生命周期评价的关系。

# 第7章 包装印刷技术

国家标准《包装印刷产品分类》（GB/T 33255—2016）规定了包装印刷的定义：是将图文信息印刷在包装材料或包装容器上，以及进行表面整饰和（或）成型加工的过程。包装印刷是印刷工业中有别于书刊印刷的一种涉及面广、工艺复杂、具有特殊风格的印刷方法，它既具有与一般印刷方法相同的技术工艺，又有与一般印刷方法不同的特殊工艺。

包装印刷的最终目的是满足包装的要求及实现包装的功能。其产品是各种包装物，大体可分为以下四大类。

（1）以单体包装物为产品的“单体包装”印刷，如商标、贴标等；

（2）以内包装物为产品的内部包装物印刷，如酒盒、衬格等，如图 7-1 所示；

（3）以外部包装物为产品印刷，如彩色印刷高档瓦楞纸箱等，如图 7-2 所示；

（4）以彩色商品宣传广告、产品样本、产品说明等的产品印刷等。

**图 7-1　内包装印刷（酒盒）**

（图片来源：无锡鸿太阳印刷有限公司）

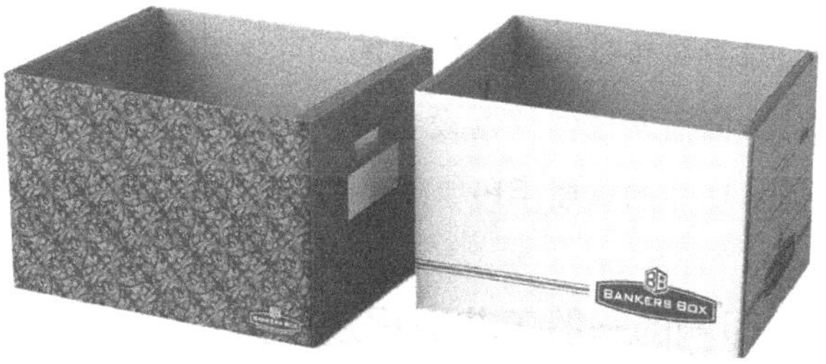


**图 7-2　外包装印刷**

（图片来源：浙江奥迪斯丹科技有限公司）

商品经济和商业流通的繁荣发展、消费水平的提高和各种新型包装材料、新工艺的使用，遍及人们衣食住行各个方面的商品包装和包装印刷工艺技术也在日趋发展。

在印刷方式上，除传统的凸版印刷、平版印刷、凹版印刷和孔版印刷这四大印刷以外，胶凸印工艺的结合、胶丝印工艺的结合和凹柔印工艺的结合等的应用，更大程度地满足了包装的需求，也大大提高了印刷效果和质量。

印后处理工艺如上光、烫金、压凸、模切等多样工艺也得到了广泛的应用。

在油墨上，除有凸印、平印、凹印油墨外，丝印、印铁、磁性、香味和发泡型等特种和专用油墨已经广泛应用，使印品的墨层各具特色。

在承印材料方面，除纸张外，金属、塑料薄膜、玻璃纸、玻璃、皮革及复合材料等多种多样的承印材料也得以使用，还可以直接在各种不规则形状的包装容器上进行印刷，使包装产品更加丰富多彩。

如今，包装印刷、包装材料、包装制品、油墨、印刷设备和感光材料生产等部门和行业共同发展，互为依赖，已成为包装工程中不可缺少的重要组成部分。

## 第一节　印刷的概念

### 一、什么是印刷

印刷术是我国古代的四大发明之一。在国家标准《印刷技术术语 第1部分：基本术语》（GB/T 9851.1 － 2008）中，对印刷的定义是：使用模拟或数字的图像载体将呈色剂/色料（如油墨）转移到承印物上的复制过程。

从工艺上来讲，印刷是制版（依据原稿复制成印版）、印刷（印版上的图文信息被转移到承印物的表面）、印后加工（将印刷产品按要求和使用性能进行的加工，如加工成册或制成盒等）的总称。

印刷品具有传播和储存信息的功能，它与录音、录像、电影、电视等的信息储存方法不同，它不需借助任何仪器设备，而只通过眼睛的感光即可获得信息。印刷是赋予产品包装促进销售功能的重要手段。

### 二、印刷的一般工艺流程及要素

印刷品的生产，一般要经过原稿的选择或设计、原版制作、印版晒制、印刷、印后加工等工艺流程。人们常常把原稿的设计、图文信息处理、（制版）印版的晒制等统称为印前处理或制版；把印版上的油墨向承印物上转移的过程叫作印刷；使印刷品的形状和使用性能达到要求的工序统称为印后加工，如制成盒或上光等。综上所述，一件印刷品的完成需要经过印前处理、印刷、印后加工等工艺过程。

传统包装印刷有五大要素。

1. 原稿

原稿是实物或载体上的图文信息，是制版、印刷的基础。原稿种类很多，有反射原稿、透射原稿和电子原稿等。反射原稿与透射原稿的区别在于其图文信息载体的不同，前者是不透明材料，后者为透明材料。在包装印刷中，透射原稿中的彩色反转片和电子原稿都是最常用的原稿。

2. 印版

印版是用于传递油墨至承印物上的印刷图文载体。按照印版上图文部分和空白部分的相对位置、高度差别或传递油墨的方式，可分为凸版、平版、凹版和孔版等。这也是通常人们区分各种印刷技术的依据。一般地，凸版的图文部分高于空白部分，平版的图文部分与空白部分几乎处于同一平面，凹版的图文部分低于空白部分，孔版的图文部分为通孔的印版。

3. 油墨

油墨是印刷过程中在承印物上成像的物质。油墨由颜料、连接料和助剂等组成。

油墨的种类繁多，分类方法也有很多种，但多以印刷版型作为油墨的分类依据，可分为平版、凸版、凹版、丝印油墨等；也可按照油墨产品的功能、承印物性质及连接料性质等分类。

4. 承印物

承印物是能够接受油墨或吸附色料并呈现图文的各种物质的总称。承印材料的种类随着商品需求和印刷技术的不断进步而日益增多，包括纸张、塑料薄膜、木材、纤维织物、金属、玻璃、陶瓷等，其中用量最大的是纸张和塑料薄膜。

5. 印刷机械

印刷机械是用于生产印刷品的机器、设备的总称，它的功能是使印版图文部分的油墨，转移到承印物的表面，并输出印刷成品。印刷机的种类很多，可以按以下四个方面来分类。

（1）按照版面形式分为：凸版印刷机、平版印刷机、凹版印刷机、孔版印刷机。

（2）按照输纸类型分为：平版单张纸印刷机、卷筒纸印刷机。

（3）按照印刷色数分为：单色印刷机、双色印刷机、多色印刷机。

（4）按照印刷幅面分为：八开印刷机、四开印刷机、对开印刷机、全张印刷机、超全张印刷机等。

上述各类印刷机械在结构与特性上都是类似的，大体上都由输纸（料）、输墨、定位控制、印刷、收纸（料）等系统组成。

按印刷工艺过程分，有印前设备、印刷设备和印后加工设备等。

## 三、现代包装印刷流程

印刷技术的发展，尤其是计算机和信息技术的发展，使得现代包装印刷技术水平达到了前所未有的高度。本书简要介绍知名印刷设备制造商德国海德堡公司的包装印刷解决方案及其主要设备，以使读者对现代包装印刷的工艺和流程有全新的了解。

### 1. 包装印刷系统组成和特点

图 7-3 是一种四色四开包装印刷系统的流程图。其设计理念是采用全自动生产系统、联线和脱线上光、印后及灵活的幅面调整，运用集成的工作流程实现高速、高质量和低成本的印刷。

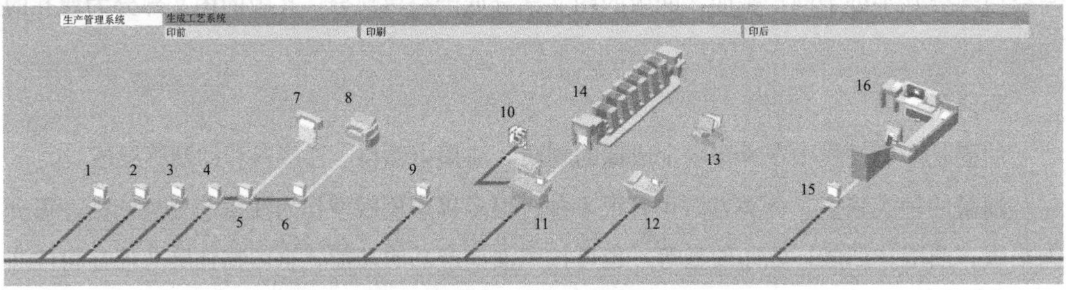


**图 7-3　通过“印通”管理的四色四开包装印刷系统**

（图片来源：德国海德堡公司）

1- 管理系统；2- 数据控制系统；3- 拼大版工作站；4- 印易得系统；5- 数据文件输出系统；6- 超霸直接制版机；7- 单张纸打样机；8-74cm 制版机；9- 印前处理接口；10- 自动套准单元；11-CP2000 控制中心；12- 图像控制台；13- 纸堆转向装置；14- 速霸 CD74 印刷机；15- 高速切纸机和裁切系统；16- 标签系统

在这一套印刷系统内，一方面将包装印刷件从成本核算到计划，从印前、印刷及印后加工、成品发运等生产工艺集成在一起；另一方面将印刷生产链内的所有管理技术也集成和连接到工作流程当中。这种集成减少了操作人员的干预，提高了性价比和生产效率。

其具体实现是运用“印通”全面工作流程管理系统来管理整个印刷工艺流程。“印通”（Prinect）这个名字是“印刷”（print）和“连接”（connect）两个词合成而来。它把印刷车间的工作流程（从管理到生产，从印前到印后加工）集成在一起，并加以优化。

由于每一个印刷厂都有自己的服务对象和特殊要求，“印通”被设计成一个模块化的解决方案，可以随时通过增加“印通”的组件，使工作流程适应具体企业的业务需要。

“印通”控制系统包括一个具有多个模块的软件包——Preset Link, 可以直接存取印刷生产线上的所有设备的相关运行数据，加快准备工作，减少开机浪费。由软件控制的可靠的墨量和套准控制能够显著提高印品质量。

整个包装印刷系统由印前、印刷和印后三大部分组成。

2. 印前设备

现代印刷生产的显著特点是，印刷数量越来越少、印品种类不断增加、单个订单越来越复杂；这就要求印刷企业的印前制版系统能够快速、可靠地为各种幅面的印刷设计提供高质量的印版。

印前系统一般包括直接制版机、打样机和图形图像处理系统等。图 7-4 是一种模块化的计算机直接制版系统，可以根据需要进行扩展。它在印版装卸、幅面范围和打孔方面具有很高的通用性。可以处理许多印刷机所使用的各种印版幅面。

**图 7-4　计算机直接制版系统**

（图片来源：德国海德堡公司）

3. 印刷与印刷设备

图 7-5 是一款四开（50cm×70cm）四色印刷机。它是当代最先进的印刷机之一。其设计特点是：采用简单的操作理念—单键直接操作；紧凑的结构；印材适应性好—从轻量纸到厚度为 0.2mm 的纸板；高度自动化操作。

4. 印后加工设备

印后工序对于整个印刷流程来说是至关重要的，印后工序的准确与否和加工质量将直接影响到包装印刷制品的质量。包装印刷的印后加工设备主要包括切纸机、折页机、胶订机、模切系统、糊盒机等。在图7-3所示的包装印刷工作流程中，印品可以进行模切并且进一步加工成可折叠纸盒或在纸板上压印凸纹。图7-6是一种比较先进的模切设备，它具有模块化的设计理念，配置灵活、操作简便、生产率高（可达9000件/时）、模切和压凸系统的精度高。

**图7-5　四开四色印刷机**
（图片来源：德国海德堡）

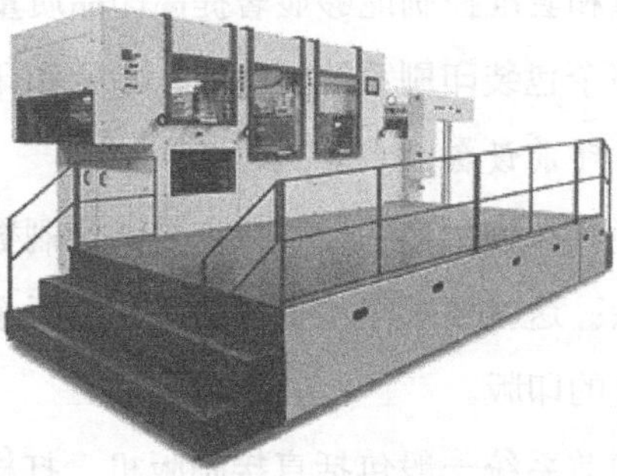

**图7-6　模切机**
（图片来源：德国海德堡）

## 四、数字印刷

数字印刷，又称短版印刷或数码快印，与传统印刷不同之处在于它可以一张起印、数据可变，还可使图文以各种介质进行传播，大大提高了数码成像的商业运用范围。

数字印刷就是利用印前系统将图文信息直接通过网络传输到数字印刷机上印刷出彩色印品的一种新型印刷技术，它和模拟印刷处理的是两种不同类型的数据，采用的也是完全不同的印刷复制方法。模拟印刷通常需要借助于网版或印版来完成印刷复制，印版上包含完整的需要复制的图文信息。数字印刷则由一组复杂的数字和数学公式来完成对每个印品的复制。复制的过程中，是对一个由点或像素组成的矩阵进行图像或文字复原的过程。矩阵中的每个点或像素控制了墨量的大小、曝光量的大小。

随着市场竞争的加剧，企业都希望能够实现零库存运营、短版作业及可变数据信息的个性化印刷生产快速上涨，以往大规模、批量生产的传统印刷方式已经无法完全满足行业的发展。数字印刷具有可变信息印刷、个性化印刷、定制印刷、对市场能够快速做出反应、交活快及可快速完成短版作业的优点，甚至可以做到灵活的“一张起印”，使其成为传统印刷方式的有力补充。同时，随着数字印刷技术的不断改进，产品质量也有了明显的提高。因此，数字印刷技术已经成为不可忽视的一个主要印刷方式之一。

越来越多的印刷企业同时采用数字印刷和模拟印刷的方法来满足客户的需求，形成了一种良好的互补生产模式。例如，一些企业采用传统的柔印或胶印技术进行公司标志、产品标识以及商标图案及产品包装的生产，通过设备的自动化、精确化来满足高效、高质量和低成本的印刷要求。而利用数字印刷的方法，如热转印技术来印刷条形码、产品规格及其他一些可变的信息，满足个性化印刷、可变数据印刷、即时印刷等的“按需印刷”。

常见的数字印刷设备体积很小，工艺过程十分紧凑。图 7-7 为富士施乐 DocuColor 8000 彩色数码印刷机，图 7-8 是它的工艺流程图。

**图 7-7　DocuColor 8000 彩色数码印刷机**
（图片来源：富士施乐）

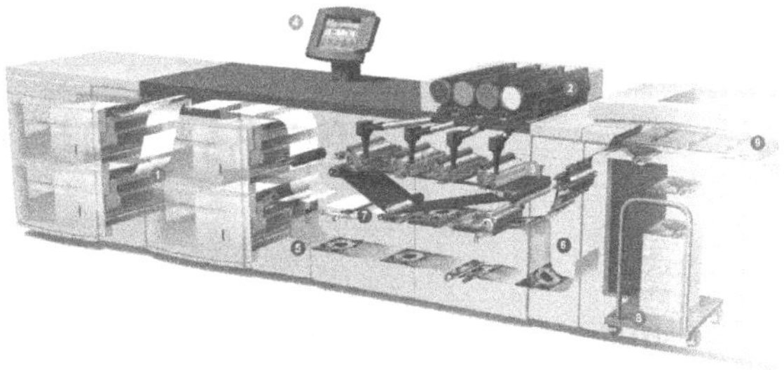

**图 7-8　DocuColor 8000 彩色数码印刷机的工艺流程**
（图片来源：富士施乐）

在图 7-8 所示的流程中包含了九个主要的模块。

（1）供纸模块。设置了两个可盛装 2000 页厚纸和薄纸的纸盘，能处理定量从 60 ～ 300g/m$^2$ 厚度的各种印刷介质。还可以选配第二供纸模块将容量扩展到 8000 页。这个模块最多允许同时有四种不同类型纸张的作业。而机器能够使用的纸张包括涂布纸（光面纸、亚光纸、无光纸、丝光纸）、非涂布纸、专用纸（再生纸、针孔纸、裁切带耳纸、透明胶片、标签纸、Xerox DocuCard. 合成纸）等多种类型。

（2）不停机装粉模块。充填墨粉时无须停止机器，从而保证较高的生产率。

（3）静电成像模块。这一模块运用 2400dpi 分辨率和数码网目调网屏提供非常逼真的图像质量。电晕管清洁组件保证了成像系统的一致性和可靠性，改善了图像质量。

（4）定制纸张设置。使用计算机系统可以基于纸张特性创建、存储和检索特定的纸张描述文件，该文件可以被反复调用，以提高运行效率，减少重复的设置工作。

（5）灵活的纸路系统。包括不锈钢反转和双面纸路，在提高图像质量、印刷可靠性和速度方面发挥重要作用。还可以由操作者对图像定位进行调整。

（6）全自动输出卷曲消除器。可以提供一致和可靠的输出质量。使用可编程设置定义特定纸张的参数。

（7）可定制定位调整参数。使操作者通过垂直方向、进纸方向及偏斜方向对纸张进行调整，实现快速、精确的定位，以保证印品质量。

（8）大容量堆纸器。堆纸器的最大堆叠重量是45kg，可以满足大多数的工作需要。

（9）印件装订接口（DFA）。是一种标准的接口，定义了逻辑和物理的连接方式并允许第三方设备连接到这台机器上。例如，可以连接第三方设备厂商提供的小册子制作器或装订机等设备。

使用这样的机器，可以十分快捷地完成哪怕只有一张样品的印刷订单。这种数字（数码）印刷机可以作为传统印刷企业的辅助设备。

# 第二节　包装印刷技术

如前所述，包装印刷技术是传统印刷技术与数字印刷技术在包装产品上的应用。包装印刷技术是以传统印刷技术为基础，根据包装的功能和要求将数字印刷技术及相关的包装技术应用其中，是包装和印刷技术的综合体现。

随着科学技术的发展，为降低包装成本、提高印刷质量及印刷效率，实现绿色环保的包装理念，包装印刷技术和手段的种类也在不断地增加，常用的包装印刷技术包括以下几种。

## 一、凸版印刷

凸版印刷是历史最悠久的一种印刷方法，起源于我国隋朝的木刻雕印。中国四大发明之一“活字印刷”指的就是最早的凸版印刷。由于传统的活字版和由纸型铸成铅版都使用铅合金制作，故又俗称铅印。

### （一）凸版印刷原理

在凸版印刷制版过程中，文字部分采用活字排版，文字以外的插图、照片处均需先制成照相凸版，然后再与活字版拼版印刷。凸版印刷的主要特征在于它的印版上的图文部分凸起并在同一平面上，非图文部分则低于图文部分而凹下。如图7-9所示。

由图7-9中可以看出，在进行凸版印刷时图文部分被均匀的油墨层覆盖，非图文部分不沾油墨。在压印机构作用下，图文部分附着的油墨便被转印到承印物的表面而得到印刷成品。

### （二）凸版制版

凸版制版的方法有多种，主要有活字版、复制版、照相凸版、感光树脂版和电子雕刻版等。

复制凸版就是将已经制成铅活字或照相凸版等原版，复制成其他版材的凸版，其目的是改变版型。由原版复制成多副相同的印版供多台印刷机同时印刷或异地印刷，并将原版打纸型保存以备再版时浇版印刷。

复制凸版有以铅合金为版材的铅版，也有以塑料为版材的塑料版、尼龙版、涤纶版等。

照相凸版指用照相的方法把原稿的图文复制成正阴像底片，然后将正阴像底片的图文晒到涂有感光膜的铜版或锌版上，经显影固膜后用三氯化铁或硝酸将印版版面的空白部分腐蚀下去，而得到凸起的图文印版。

图 7-10 是感光树脂版制版的原理示意图，图 7-11 是电子雕版制版原理示意图。

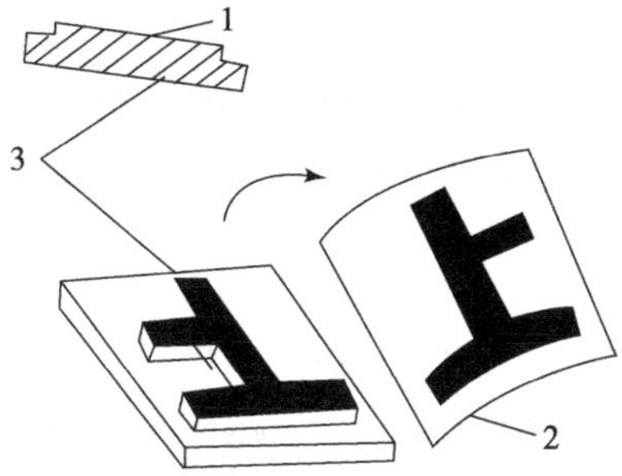


**图 7-9　凸版印刷原理示意**

1- 油墨；2- 印刷；3- 印版

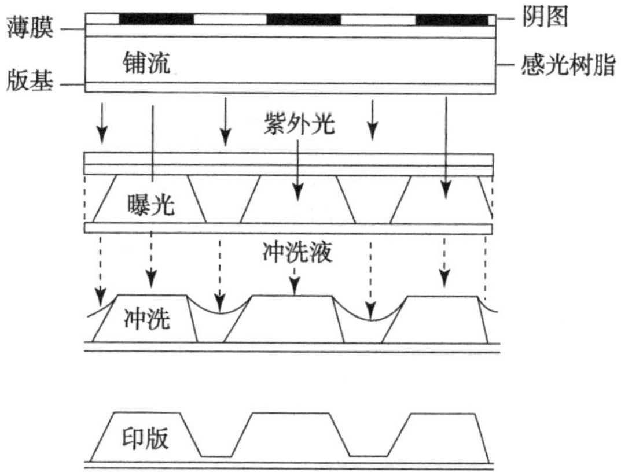


**图 7-10　感光树脂版制版原理**

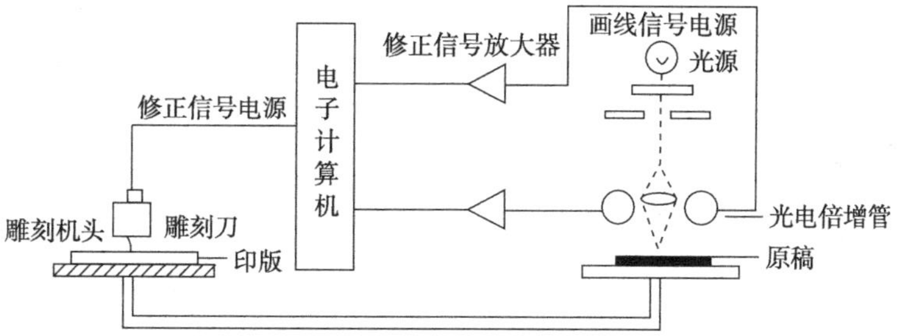


**图 7-11　电子雕版制版原理**

### （三）凸版印刷机

凸版印刷是一种直接加压印刷的方法（和图章类似）。常用凸版印刷机按压印方式进行分类，主要有三种。

1. 平压平型印刷机

压印版台与装版台都为平面型，压印版与印版面直接接触，一次完成印刷，如图 7-12 所示。这种印刷工艺要求有较大的印刷压力，不适合印版尺寸较大的印件，适于名片、明信片、信封和票据等小批量单件产品的印刷。

2. 圆压平型印刷机

印版装置在平面型装版台上做平行运动，与转动的压印滚筒形成线形接触，逐次完成印刷，其印版尺寸较大，但在装版台的往复运动中会产生惯性冲击。如图 7-13 所示。

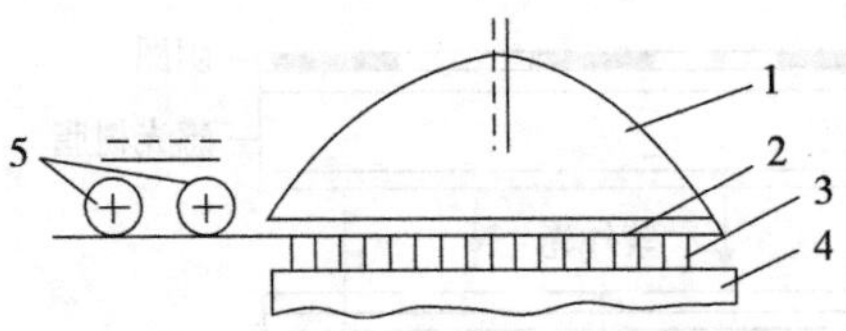


**图 7-12　平压平型印刷机印刷部的构成**

1- 压印平板；2- 承印物；3- 印版；4- 版台；5- 着墨辊

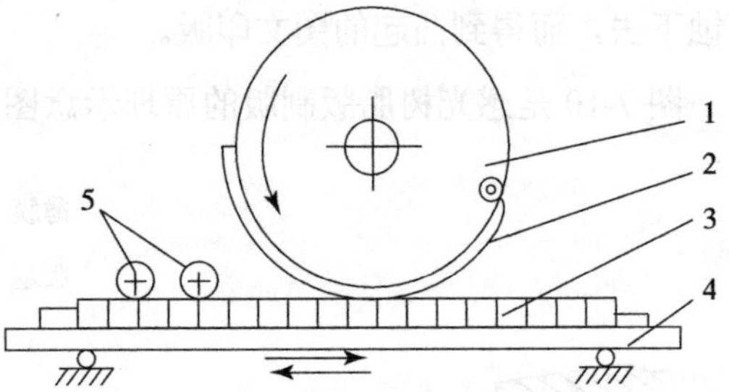


**图 7-13　圆压平型印刷机印刷部构成**

1- 压印滚筒；2- 承印物；3- 印版；4- 版台；5- 着墨辊

3. 圆压圆型印刷机

压印滚筒与印版滚筒在连续旋转过程中形成线接触，从而形成施压印刷，如图 7-14 所示。由于避免了惯性冲击，因此结构简单、平稳，印刷速度较圆压平型印刷机有所提高，主要用于印刷报刊等。此外，还可以通过印刷装置的组合，达到双面和多色印刷的目的。

图 7-15 是一种典型的凸版四色印刷机。

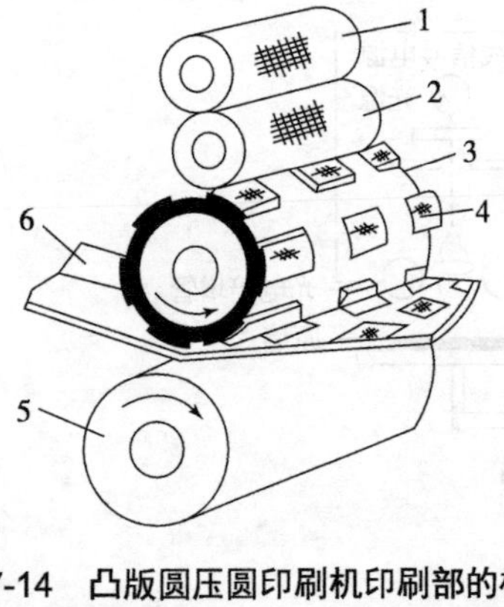


**图 7-14　凸版圆压圆印刷机印刷部的构成**

1- 匀墨辊；2- 着墨辊；3- 印版滚筒；4- 印版；5- 压印滚筒；6- 纸张

**图 7-15　四色凸版圆压圆印刷机**

（图片来源：瑞安市江南印刷机械有限公司）

## （四）凸版印刷的特点及应用

凸版印刷的特点可归纳为如下两点。

1. 优点

印品的背面有轻微的凸痕，线画整齐、笔触有力、颜色饱满；所使用的版材很广，能满足各方面的不同要求。因此，凸版印刷广泛应用于商标、报纸杂志、小型包装盒等的印刷。

2. 缺点

制版质量难以控制，费用昂贵；不适合印刷大幅面和带有彩色或连续色调图片的产品，如招贴、包装材料等。

## 二、平版印刷

### （一）平版印刷原理

平版印刷中所用的印版的图文部分和空白部分无明显高低之分，几乎处于同一平面上，图文部分通过感光方式或吸附方式使之具有亲油性，非图文部分通过研磨或化学处理方式使之具有亲水性。印刷时利用油水相斥的原理，首先使版面着水，这样空白部分就吸附一层水膜，再使版面着墨，这时图文部分上附着油墨，而空白部分因形成水膜不再吸附油墨，然后使承印物与印版直接或间接接触，加以适当压力，将油墨转移到承印物上成为印刷品。如图 7-16 所示。

平版印刷的油墨膜层较平薄。单张的平版印刷多用于画报、宣传画、商标、挂历、地图等的印刷，书籍、杂志期刊、报纸则多使用平版印刷中的轮转形式。由于印版是通过胶辊（橡皮布）传递油墨的，所以这种方法又叫胶印。

### （二）平版制版

平版制版就是在版材的同一平面上建立牢固的亲油基础的图文部分和亲水基础的空白部分。

按版面感光胶层成分可分为铬胶版和感光性树脂版（PS 版）两大类。由于铬胶中的 $Cr^{+}$会产生无法克服的公害，现已很少采用。感光性树脂版 PS 版是指预先在铝版基上涂布感光层制成预涂版，再供印刷厂使用。PS 版有阳图型 PS 版和阴图型 PS 版两种，常用的是阳图型 PS 版。

### （三）平版印刷机

平版印刷机采用间接印刷的结构形式，即先将印版上的图文转移到中间体——橡皮布上，再转移到承印物上。平版印刷机印刷部的基本构成如图 7-17 所示。

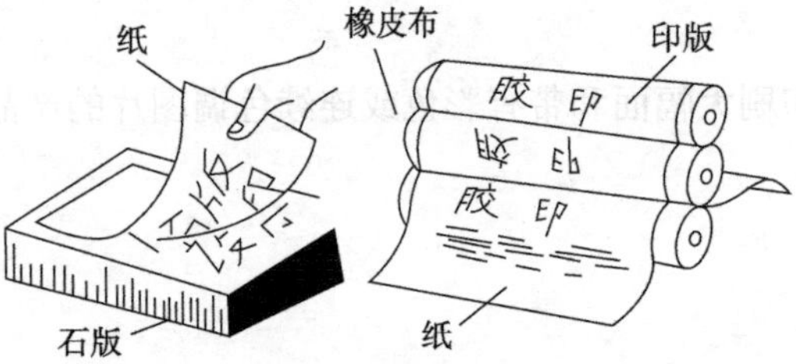


图 7-16　平版印刷原理示意图

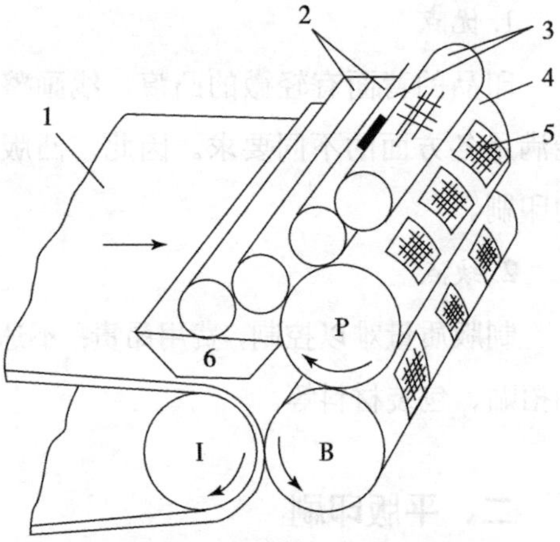


图 7-17　平版印刷机印刷部的构成

P- 印版滚筒；B- 橡皮滚筒；I- 压印滚筒
1- 纸张；2- 水辊；3- 墨辊；
4- 空白部分；5- 图文部分；6- 水斗

印版滚筒 P 上的印版在着墨前首先用水辊 2 在版面上着水（空白部分 4 着水而抗墨），然后用墨辊 3 在版面上着墨（图文部分着墨），利用水墨互斥原理进行印刷。因此，在结构上除设有输墨装置外，还设有给水装置。另外，印版上图文部分的油墨不是直接转移到承印物表面，而是先转印到橡皮布上，再由橡皮布转移到纸上，故设有橡皮滚筒 B。当纸张从橡皮滚筒与压印滚筒中间通过时，在印刷压力的作用下进行压印，完成印刷。

平版印刷机的种类较多，但都由如下五大机构组成。

（1）给纸机构：由存纸和送纸机构组成。

（2）印刷机构：由印版滚筒、橡皮滚筒、压印滚筒等组成。

（3）供墨机构：由墨斗、墨斗辊、传墨辊、串墨辊、匀墨辊、靠版辊、洗墨槽、墨量调节螺丝等组成。

（4）润湿机构：由匀水辊、传水辊、水斗辊、水斗、着水辊等组成。

（5）收纸机构。

图 7-18 是一种对开双色平版印刷机。

**（四）平版印刷的特点**

平版印刷相比其他三种印刷方式的发明及应用较晚些，但由于其制版速度快、印刷质量高、印品层次丰富、色调柔和、成本低廉，所以发展很快。平版印刷的油墨膜层较平薄。多用于印刷画报、宣传画、商标、挂历、地图、书籍、杂志期刊、报纸等，在各种纸包装产品和金属包装产品中，平版印刷也占有绝对优势。

平版印刷时由于有水的使用，容易使多色印刷中纸张受潮变形，这是造成套印不准的主要原因之一。因此，印刷中要严格控制供水量和纸张的含水量。在印刷过程中一定要使油、水达到平衡才能印出好的产品，同时还需考虑空气温度、湿度对其的影响。

**图7-18 对开双色平版印刷机**

（图片来源：北人集团 www.bywz.cn）

## 三、凹版印刷

### （一）凹版印刷原理

凹版印刷是用凹版施印的一种印刷方式。凹版印刷的印版，空白部分都处于同一平面上，文字图像部分凹入版面而低于空白部分。图文部分凹进得深，填入的油墨量多，压印后承印材料上留下的墨层就厚；图文部分凹下得浅，所容纳的油墨量少，压印后这部分在承印材料上留下的墨层就薄。印版墨量的多少和原稿图文的明暗层次相对应。

凹版印刷时，油墨先涂满整个印版，然后用钢质刮墨刀或刮墨机械，刮去附着在平面（空白部分）上的油墨，而填充在凹下部分的油墨在适当压力作用下，被转移到承印材料上，完成印刷。如图7-19所示。

### （二）凹版制版

凹版印刷的印版一般有照相凹版和雕刻凹版两大类。

#### 1. 照相凹版制版

照相凹版表面网点的面积大小一致，而凹陷的深度不等，利用图文部分的墨层厚薄来表现原稿的明暗层次。

2. 雕刻凹版

雕刻凹版是指在各种版材上雕刻出凹形图文的方法。有手工雕刻、机械雕刻、电子雕刻等方法。

雕刻凹版印品的特征是油墨量大，印迹有凸起的效果，线画精细清晰，印刷品具有细腻、精致、优美的线画层次，所以在证券等精细印刷品，以及创作铜版画等都采用这种特殊的印刷方法，是品质高雅的高级印刷品。

（三）凹版印刷机

凹版印刷机采用轮转式直接印刷方式，比间接印刷的胶印机结构简单。凹版印刷机的给墨系统与胶印机完全不同，它没有上墨机构、润湿装置等，是直接将印版滚筒浸在油墨槽内，待印版滚筒从墨槽转出后，墨槽上方的刮墨刀将印版表面多余的油墨刮掉。然后与压印滚筒之间的承印物接触压印，完成一次印刷。

凹版印刷机印刷部分的构成如图 7-20 所示。

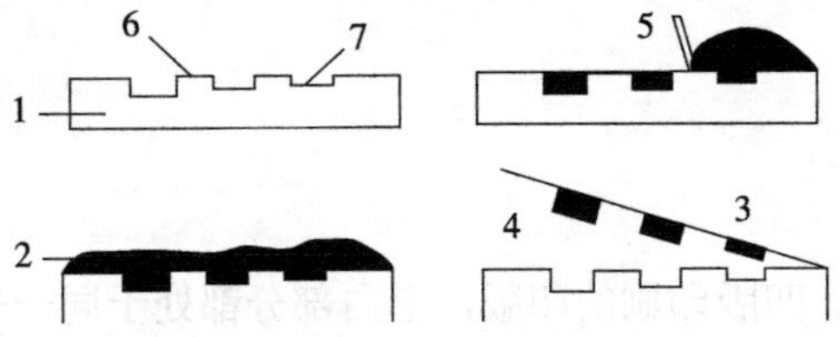


图 7-19 凹版印刷过程示意图

1- 印版；2- 油墨；3- 印刷材料；4- 复制图文；5- 刮刀；6- 空白部分；7- 图文部分

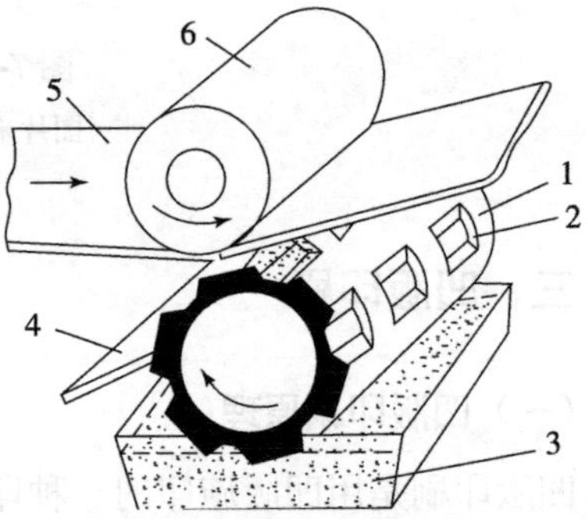


图 7-20 凹印机印刷部的构成

1- 印版滚筒；2- 图文部分；3- 墨斗；4- 刮墨刀；5- 纸张；6- 压印滚筒

凹版印刷机的另一个特点是在印张传递过程中采用了干燥装置，用电力蒸汽或红外线加热，使油墨迅速干燥，防止粘脏，从而提高了印刷速度。图 7-21 是一种八色凹版印刷机，它由八组相同的印刷组件构成。

（四）凹版印刷的特点

凹版印刷自动化程度高，印刷速度快，凹版印版耐印力比其他各类印版都高。其印刷品层次丰富、墨色厚实、色泽鲜艳、质感强，适合高档产品的印刷。一般采用三色印刷就可达到胶印机四色印刷的效果。

在国外，凹版印刷主要应用于杂志、产品目录（少量）等出版印刷业、包装印刷业及以钞票、邮票等有价证券和装饰材料为主的特殊用途领域。

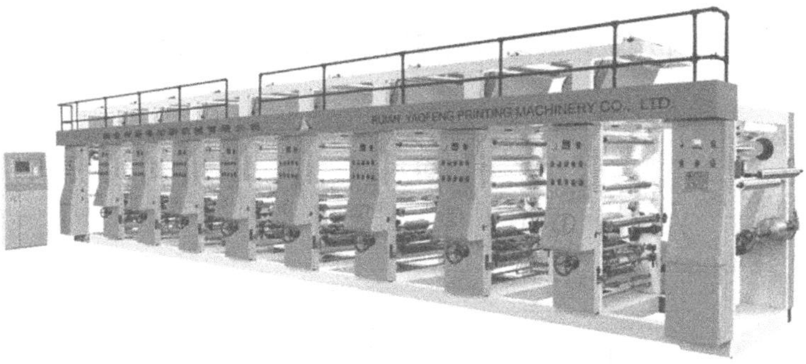

**图 7-21　电脑控制八色凹印机**

（图片来源：瑞安耀峰印刷机械有限公司）

在我国，凹版印刷主要应用于包装印刷和特殊用途印刷。例如，包装印刷中的软包装材料、纸盒印刷及纸箱预印。适用产品范围很广，如烟草、酒标、各种食品和饮料、妇幼卫生用品、粮食和种子等产品的包装印刷。

特殊用途印刷领域主要用于钞票、邮票等有价证券和装饰材料。凹版印刷以按原稿图文刻制的凹下部分载墨，线条的粗细及油墨的浓淡层次在刻版时就可加以控制，墨坑的深浅不易被模仿和伪造，仿照印好的图文进行逼真雕刻的可能性非常小。故纸币、邮票、有价证券、珍贵艺术品一般都用凹版印刷。

由于凹版印刷具有防伪效果，已越来越多地推广到企业商标和包装装潢印刷等方面。

虽然在小范围内也有使用单张纸凹印设备印刷少量的产品目录等产品，但出版印刷业适合大批量印刷杂志的卷筒纸凹印尚未起步。

## 四、孔版印刷

### （一）孔版印刷的概念

在孔版印刷的印版上，印刷部分是由大小不同的孔洞或大小相同但数量不等的网眼组成，孔洞能透过油墨，空白部分则不能透过油墨。印刷时，油墨透过孔洞或网眼漏印到纸张或其他承印物上，形成印刷成品。所用的印版主要有誊写版、镂孔版、丝网版等。包装中常用的是丝网印刷。

### （二）丝网印刷的原理及特点

#### 1. 丝网印刷原理

丝网印刷是孔版印刷最常用的一种。丝网印版是由紧绷在框架上的细丝网做版材，紧贴在丝网上有镂空图文的膜层组成印版。印刷时油墨在刮墨板的挤压下从版面通孔部分漏印在承印物上。

图 7-22 为平型丝网印刷机印刷部的原理图，图 7-23 为一种丝网印刷机。它主要由以下部分组成。

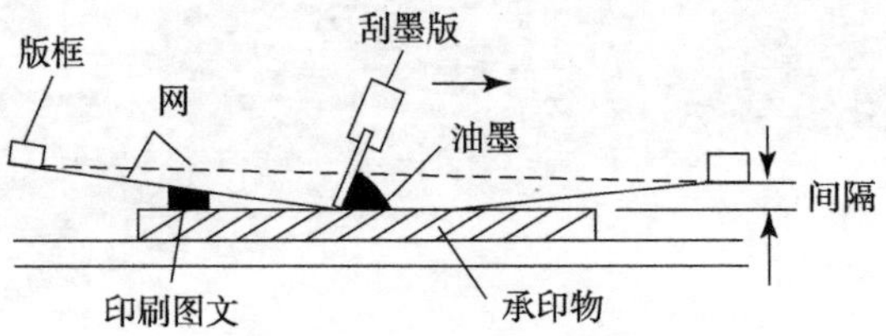


**图 7-22　丝网印刷原理示意**

**图 7-23　丝网印刷机**

① 丝网印版：丝网印版是由紧绷在框架上的细丝网做版材，一般简称网版。版面呈网状，由丝网模版、丝网和网框组成的一种孔版。

② 刮墨板：将丝网上的油墨刮挤到承印物上的工具。

③ 丝网印刷台：丝网印刷机上放置承印物的装置，在印刷时吸住承印物，并与刮墨板共同产生有效印刷压力。

④ 网版间隔：丝网印刷机网版印刷面与承印物表面之间的距离。压印时靠网版间隔和丝网回弹性的作用，网版即刻脱离承印物表面，以保证在印刷过程中网版印刷面与承印物表面处于线接触状态，这是实现丝网印刷油墨良好转移的重要条件之一。

2. 丝网制版

丝网制版方法有直接法、间接法和直间法三种。

直接法是在绷丝网上直接涂布感光液，经晒版、显影制成丝网版。

间接法是在涂有感光层的胶片上进行制版，然后把它转拓在丝网上。

直间法是上述两种方法的结合。其工艺流程为：粘贴感光胶片→干燥→剥离感光胶片的片基→晒版→显影→修整。

直间法具有直接法和间接法的特点，操作比较简单，耐印力和清晰度也介于两者之间。

3. 丝网印刷的特点

（1）承印物具有较厚的墨层。随着印刷方式的不同，承印物上墨膜厚度的变化较大，采用特殊工艺印刷，膜层厚度可达数百微米，因而遮盖力强，可在全黑的纸上或金属板上作纯白的印刷。

（2）对油墨的适应性强。丝网印刷可使用水性、合成树脂乳剂型及粉状型等各种不同种类的油墨。

（3）版面柔软、印刷压力小。

（4）不受承印物种类、尺寸、形状的限制，适用性广。能够在平面、曲面、很薄或很厚的等多种承印物上进行印刷。

由于丝网印刷机的刮印过程为往复运动，有速度较低、网版耐印力低、印刷线条粗、层次较差等缺点。因此具体应用时要综合考虑各种因素，以达到最大的经济效益。

## 五、柔性版印刷

柔性版印刷是凸印的一种方式，是利用橡皮或树脂凸版（弹性印版）和快干溶剂型油墨的一种轮转凸版印刷方法。早期由于此种印刷方法采用苯胺染料油墨印刷，故名苯胺印刷。虽然苯胺染料色彩鲜艳，但易褪色，而且有毒，如今已逐渐被不易褪色、耐光性强并且无毒染料或油墨所取代。

目前，我国国家标准把使用柔性版通过网纹传墨辊传递油墨施印的方法称为柔性版印刷。

### （一）柔性版印刷原理

柔性版印刷属直接印刷方式，其原理如图 7-24 所示。柔性版印刷机的输墨机构比较简单，它一般是借助于刮墨装置，把油墨均匀地分布在网纹传墨辊 2 上，再由网纹传墨辊把油墨传递到印版滚筒 3 上，最后通过压印滚筒 4 进行印刷。

图 7-25 是柔性版印刷机的组成示意简图。上置式印刷单元里有若干组相同的印刷装置。由于印速较高，每一组印刷装置都设有干燥单元。

图 7-26 则是一种典型的柔性版印刷机。

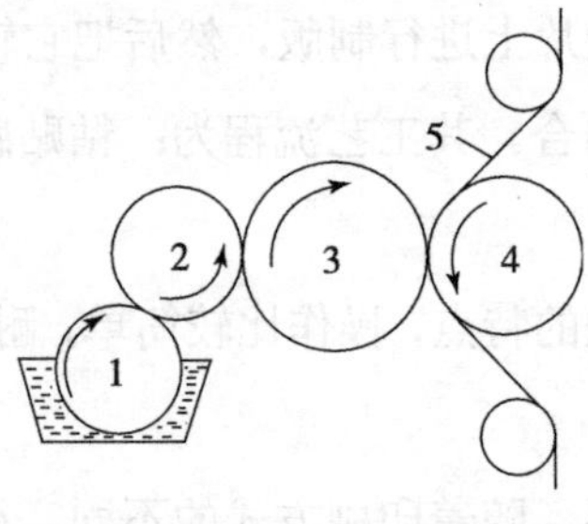


图 7-24　柔性版印刷原理示意

1- 墨斗辊；2- 传墨辊；3- 印版滚筒；4- 压印滚筒；5- 承印物

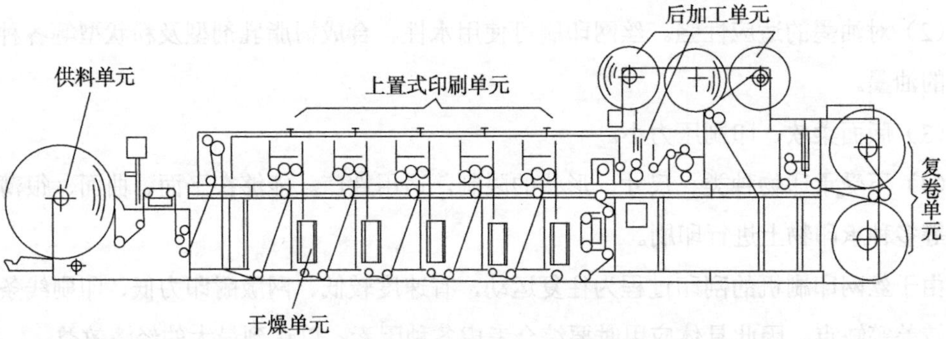


图 7-25　柔性版印刷机的组成示意

图 7-26　柔性版印刷机

## （二）柔性版印版

柔性版印刷常用的印版有三种，即雕刻橡皮凸版、复制橡皮凸版和感光性树脂版，目前多使用感光性树脂版。

1. 雕刻橡皮凸版

雕刻橡皮凸版的制作方法与雕刻胶质印章相似，将需要印刷的文字、图像雕刻成橡皮凸版，再用双面胶纸将其粘贴在轮转机印刷滚筒上，即可进行印刷。目前，我国瓦楞纸箱所用各种柔性版印刷机大部分采用这种制版方法。

2. 复制橡皮凸版

复制橡皮凸版的制作一般经过原版准备、制模版和压制印版三个主要工艺过程。

原版准备：原版包括活字版、雕刻凸版、线画凸版、网目凸版等。

制模版：采用热固性的酚醛树脂为模版材料，用原版做母型，利用压型机热压制出模版。

压制印版：在模版上放入胶料，用压膜机模压制成印版。

3. 感光性树脂版

感光性树脂版的制作过程与凸印感光性树脂版的制作过程相同，所不同的是柔性版印刷所用感光性树脂版的感光硬化层弹性较大。

### （三）柔性版印刷的特点

（1）柔性版印刷的版材是柔性材料，印刷压力可以非常轻，减少版材和机械损耗。

（2）装版、垫版较铅版容易。

（3）适用性广，能实现在某些用平印或凹印无法印刷的印刷材料上进行印刷，如表面粗糙、吸收性较强的材料，也能在一些不吸墨的材料如蜡纸、玻璃纸、铝箔、塑料薄膜及其制品、玻璃及其制品、纸板及其制品上印刷。

（4）印刷速度比凸版轮转机快，常用卷筒承印材料印刷。

（5）印刷机的成本低、废品少，因而经济效益好。

柔性版印刷是包装印刷中的一种重要方法，用于商标、标签、折叠纸盒（烟盒、酒盒、化妆品盒、药盒、保健品盒等）、纸杯、商业表格等包装产品的印刷。日常生活中所见的柔性版印刷产品越来越丰富，其质量已能与凹印及胶印媲美。

## 六、其他包装印刷技术

### （一）金属印刷

在包装行业中，选用金属容器包装商品是为保护商品，避免商品破损挤坏、受潮变质、渗透、泄漏、变味等；例如，饼干桶、饮料罐、食品罐头盒、文具盒、儿童玩具都采用薄的金属片材进行包装。为了吸引购买者常常在金属容器上印刷出美丽的图案，再加上金属本身具有光泽，更加显得高贵、华丽，起到了宣传商品的作用。在印刷过程中涂在底层的涂料起到保护金属，防止生锈的作用，图7-27是常见的金属印刷产品。

图7-27　金属印刷产品

金属印刷是在金属板上进行印刷的一种方法，即在镀锡铁皮或铝皮等材料上印刷图文。此类材料质地坚硬、无弹性，因此平板罐材多采用平版胶印的方法，由于所印的金属板不能像纸张那样弯曲而紧贴于压印滚筒上，只能从橡皮滚筒和压印滚筒之间水平通过，所以印刷部分三个滚筒之间的排列及输出部分与普通胶印有所不同。成型罐材则多采用凸版柔印的方法。

金属承印物表面光滑、坚硬、吸墨性差，因此要采用快干性且吸附性好的油墨，在每组印刷单元还设置了干燥系统。

（二）贴花印刷

贴花印刷是用反像底片在涂有胶膜的纸张或塑料薄膜上印刷可转移的图文，成为贴花纸或贴花薄膜，使用时再转印到承印物表面上的一种印刷方法。图7-28是水转印贴花印刷制品。

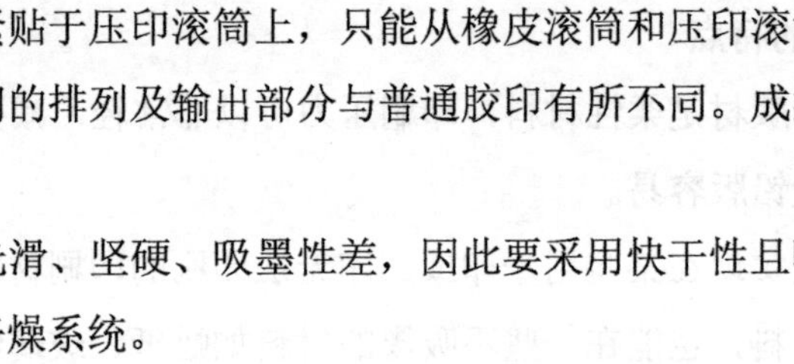

图7-28　贴花印刷产品

贴花印刷多采用平版印刷的方法。贴花纸分为两类：商标贴花纸和瓷器贴花纸。

商标贴花纸在转印前要经水或硼酸溶液浸润过，并且要在转印的木器、金属制品上涂布一层凡立水，晾干后再将贴花纸贴在上面，施加一定的压力，然后小心地把纸揭去，即完成转印。

瓷器贴花纸转印，要先在瓷器或玻璃等承印物的表面涂一层明胶溶液，然后贴上贴花纸，并使贴花图文与承印物表面严密接触。待明胶液干后，将瓷器或玻璃制品放入水中以除去贴花纸上的胶质。等晾干后，再投窑煅烧。不同的材质要经过不同的煅烧温度，才能出现需要的颜色。因此一般选用金属氧化物颜料，不能选用普通有机油墨进行印刷，是因为有机物经高温会有气体逸出，无法着色。

贴花印刷广泛用于印刷机床、仪器、自行车、家具上的商标及瓷器上的图案。

### （三）商标印刷

商标印刷，又称标签印刷，是以商品标签标牌等为主要产品的印刷。它印在专用的复合纸上，为满足商品牌贴、标签粘贴方便的需要，在纸张背面涂上一层不干胶层，黏附在一层容易剥离的涂蜡防粘纸上，所以又叫不干胶印刷。

印刷后用刀线轧印，剥去空白多余部分，在防粘纸上留下一定形状的印成品，在使用时只要将成品剥下来直接粘到商品或包装物上即可。

承印材料除纸外，还有铝箔、彩色涤纶薄膜等。不干胶印刷机见图 7-29。

此种商标有整洁、美观、实用方便、剥离灵活、耐热、耐潮、不易老化、黏合牢固等优点。

### （四）塑料印刷

塑料具有质轻、透明、阻隔性好、气密性好、耐酸碱等优点，因此成为方便食品、小包装商品及易存易放用品的理想软包装材料。

塑料印刷是指在塑料包装材料如聚乙烯（PE）、聚氯乙烯（PVC）、聚酯（PET）、聚丙烯（PP）等的薄膜表面印刷文字或图像的生产过程。图 7-30 是部分塑料薄膜印刷品。

由于大部分塑料薄膜表面光滑，吸墨性很差，油墨印在上面完全靠氧化结膜干燥，无吸收性干燥，所以印前必须对塑料表面进行活化处理或称极化处理，以改善塑料薄膜的印刷适性。

工业上的极化是采用电晕处理方法。利用电晕放电原理，通过高频高压电源放电，使两极之间的氧气隔离，产生臭氧，使其表面活性化、极性化，以便油墨的附着。处理应适度，否则会降低薄膜的表面强度和透明性，还会导致印迹不清楚，从而达不到印刷的最好效果。处理后的薄膜必须立即印刷，否则可能失效。

图 7-29　不干胶商标印刷机

（图片来源：株洲金鹤不干胶商标专印有限公司）

图 7-30　塑料薄膜印刷产品

（图片来源：上海征鹏复合包装材料有限公司）

塑料印刷产品在日常生活中更是随处可见。现在除常见的塑料薄膜外，又出现新的塑料包装，如纸塑复合材料、新型塑料材料等的印刷，目前仍然采用柔性版印刷或凹版印刷。

### （五）凹凸印刷

凹凸印刷是一种不用油墨的特殊压印工艺，严格来讲是属于印后处理的一种加工形式。它是根据其印刷品上的图文制成凹凸两块版，再在平压平式凸版印刷机上进行压印，使印刷品图文表面形如浮雕状，产生独特的艺术效果及很强的立体感和层次感。

许多包装装潢用品如瓶签、商标、贺年卡、信封、信签、烟盒、酒盒等，都是用凹凸压印工艺制成的。图 7-31 是一款纸盒包装的凸凹印刷效果。

图 7-31　凸凹印刷的效果

（图片来源：http://www.moview.cn/）

### （六）立体印刷

立体印刷是模拟人的两眼间距，从不同角度拍摄图像，将左右像素记录在感光材料上，观看时，左眼看到左像素，右眼看到右像素，形成立体效果。利用覆盖光栅柱面版使图像影物具有立体感。

立体印刷的工艺过程主要有以下四点。

（1）立体摄影。采用柱面透镜的方法进行摄影。所谓柱面透镜的方法就是在照相机的感光片前放置柱面透镜板，并与感光片随照相机同步移动，柱面透镜的作用是把每一次拍摄的图像进行合成，从而得到各方向上连续的立体图像。有两种常用的方法拍摄立体印刷原稿，具体如下。

① 圆弧移动拍摄。以被摄物体所定的中心为圆心，用一台光轴始终对着中心的照相机，照相机以中心点到感光片的焦距为半径做圆弧运动并进行拍照。

② 快门移动拍摄。快门在大口径镜头内从一头移动到另　头，这段距离相当于人两眼间的间距，因此可以看到人眼所能看到的各方向的立体图像。

（2）制版。立体印刷的制版过程不能损失立体感，套印精度要高，并且适合大量印刷。拍摄得到的立体照片多采用胶印制版法。

（3）印刷。采用高精度的四色印刷机。

（4）复合柱面版。将印刷成品的表面覆盖柱面透镜栅板以使产品有立体感。

立体印刷品具有图文清晰、层次丰富、立体感强，形象逼真的特点。在商品包装装潢上应用范围不断扩大，如文教用品、高级食品的包装等；在广告宣传品、室内装饰及动画制作中，立体印刷品也占有一定比重。

### （七）全息照相印刷

全息照相印刷是通过激光摄像形成的干涉条纹，使图像显现于特定承印物上的复制技术。它是一种用二维载体三维记录物体的方法。

全息照相是记录被照物体的反射光波强度和反射光波的位相，通过一束参考光束和一束被照物体上的反射光束，在感光胶片上叠加而产生干涉条纹实现的。

模压彩虹全息图片的制作工艺流程为：拍摄全息图片→制作全息图母版→母版表面金属化→电铸金属模板→压印→真空镀膜→镀保护膜。

全息图片主要作为贺年卡、工艺美术装饰品等。由于它不易伪造，也越来越广泛地用于制作商标或有价证券、身份证的防伪标记等。

### （八）发泡印刷

发泡印刷是在承印材料上印刷特殊的微球发泡油墨，进入烘道加热后，油墨受热发泡凸起，冷却凝固成浮凸的文字或图案的一种印刷工艺。微球发泡油墨的主要成分是直径为5～80μm的球体，中间充有低沸点溶剂。球体受热后，低沸点溶剂汽化，微球体积将增大5～30倍。

发泡印刷有很大实用价值，可用于盲文印刷。用丝网印刷的盲文，经低温干燥后，再经130℃烘道加热油墨中的微球膨胀，有墨迹的部位便形成凸起的盲文点子。发泡印刷还可用在书刊中，可作为书籍封面和装帧材料，具有立体感。在包装装潢材料上，能形成一层像人造革似的薄膜，可与天然皮革媲美。在纺织品上可形成刺绣般的立体图案。

### （九）香料印刷

为了追求更好的印刷效果，香料印刷逐渐被采用。早期的香料印刷是在印刷油墨中加入香料而进行的印刷。为了使印刷品上的香味能够持久地保存，将香料封入微胶粒中，胶粒加入油墨中印刷，当胶粒被破坏时，香味渐渐地散发出来，微胶粒的直径为10～30μm，胶粒膜厚1微米左右，膜层能使香味久存，一般在一年后仍能保持香味。

香料印刷方式可以是孔版印刷、照相凹版印刷。香料印刷主要用于包装装潢印刷，在食品包装袋上印上与内装食品相同的香味，在化妆品上印刷各种香水及化妆品的香味，在说明书、明信片、贺年卡上印些花香，提高了对消费者的吸引力，更达到推销商品的特殊目的。

### （十）喷墨印刷

喷墨印刷通过特殊的喷墨装置，在电子计算机控制下，由喷嘴中压电晶体发生电脉冲，将油墨挤出并向承印材料的表面喷射雾状墨滴，根据电荷效应在印刷品表面直接成像。

喷墨印刷要求承印材料表面光洁；墨水是黏度适中的专用墨水，具有无毒、稳定、不堵塞喷嘴、保湿性、喷射性良好、对喷头的金属构件不腐蚀等性能。

喷墨印刷具有无接触、无压力、无印版的特点，将计算机中存储的信息输入喷墨印刷机即可印刷。喷墨印刷机与图像处理机直接连接，而图像处理机的信息存储在计算机内，减少了制版的工序，印刷周期可缩短数十倍，印墨还可以回收利用。在图文复制中特别是打样中发挥着较大作用，在包装装潢设计和印刷中也发挥着重要的作用。

喷墨印刷机按色彩可分为黑白和彩色喷墨印刷；按方式可分为同步和异步喷墨印刷两种。图7-32是一种彩色喷墨印刷机。

喷墨印刷机具有机构简单、重量轻、速度高、噪声小、寿命长、节省空间、安装方便等一系列优点，尤其是在彩色喷墨印刷机进入市场以后，能用三原色油墨印制多达4000多种色调的图像，分辨率很高，印刷质量接近于照片，尽管速度较慢，但还是得到广泛的应用。

图 7-32　JUMBO　喷墨印刷机

（十一）软管印刷

软管印刷是利用橡胶层转印图文的原理而完成印刷的。在工业生产中，主要在金属软管、层合软管（由铝箔与塑料膜复合而成）、塑料软管上进行印刷。

在金属软管上印刷，是先在有色金属表面印刷白色等底色油墨以遮盖金属固有色，待底色干燥后方可印刷图文。

软管印刷多采用凸版印刷的方式，所用的印版通常是具有较高的耐印力的铜版。软管印刷机主要由印版滚筒、橡皮滚筒、套软管的压印滚筒盘、墨斗、输送机构等组成。印刷时，软管套在压印滚筒的压印辊上，和已转印有图文的橡胶滚筒相接触，靠摩擦旋转，软管转过一周离开橡胶滚筒后，即完成一支软管的印刷。印刷后，还须使软管上的图文迅速干燥。

软管印刷在包装行业使用十分广泛，日常生活中所应用的许多盛放软质物品的商品，如水彩颜料、油画颜料、医用软膏、牙膏、鞋油等上的图文均是这种方法印制的，图 7-33 为金属软管印刷产品。近年来，随着技术的进步，层合软管和塑料软管在包装产业中的应用也越来越广泛，图 7-34 为塑料软管印刷品。

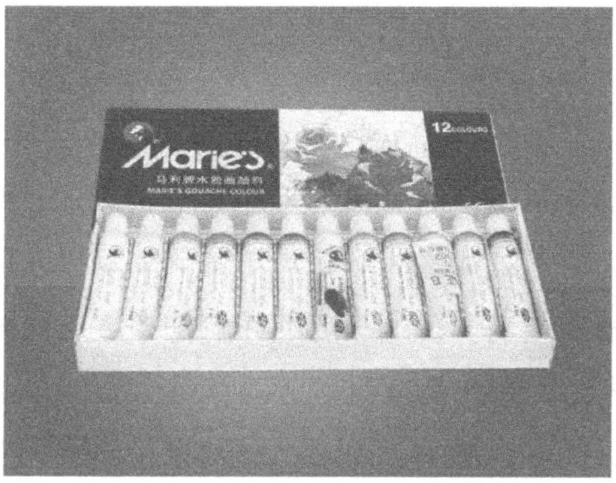


图 7-33　金属软管印刷品

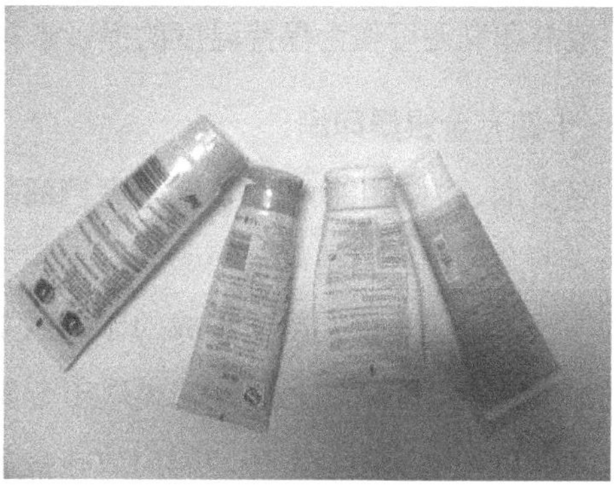

图 7-34　塑料软管印刷品

（十二）磁性印刷

磁性印刷是利用掺有氧化铁粉的磁性油墨进行印刷的一种方式。

磁性印刷是用记录技术与印刷技术结合而产生的独特的记录媒体，其特点是不仅能将数据在磁性卡片上写入、读出，还可以在视觉上看到文字、图案和照片。因此，广泛用于金融、信贷、通信、办公、生产管理及防伪技术等行业，如磁卡式的银行存折、月票、印花、身份证等的印刷；支票也可磁性印刷金额；我国第四套人民币的券别号码及日元也采用了磁性印刷。

磁性印刷品是在纸张或塑料片基上敷以磁层，在其他部分印上文字或图案，以及用以显示与使用状况相应的视觉信息的印字层，经模切加工而成。

磁性印刷品常采用凸印、热烫印、丝印或胶印方法。印刷后，应用热压机在印张的两面覆膜，然后按规定尺寸进行模切。

（十三）液晶印刷

液晶印刷是在印刷时将液晶封入微胶囊中，掺入油墨进行印刷，使印成品有可逆反应或不可逆反应的印刷方式。为了提高液晶印张的表面光泽、耐摩擦性和防湿等性质，应在其表面上光或者压塑料膜。印刷方法采用丝网印刷或凹版印刷均可。

液晶印刷的用途广泛，印制的儿童画册、彩色服装，随儿童手指触摸而改变画面色彩；印制的日历画片，在不同季节、温度或光强下会变幻出不同的色彩，变色挂历在有光与无光条件下会呈现不同画面。印制的感温变色挂历通过不同的温度而变化颜色，不同的时节表现不同的主题，一天不同的时间表现不同的颜色，让人看挂历就不用看表了；印制的夜光挂历通过白天蓄光，晚上发光可持续 10 小时以上。以上产品的液晶印刷都提高了产品的附加值。液晶印刷应用在产品包装上，提高了包装产品的价值。例如，印成商标、包装纸等，贴在一些怕热的产品上，可以根据图案色彩的变化，了解内装物品的质量变化，如糖果等。在容器上印液晶图案，可显示容器内物品温度；在贵重、怕热、怕冷的大件物品上，液晶印刷还可作为保持温度的提示卡等。

（十四）金银墨印刷

名贵烟、酒、化妆品及首饰等高档商品的包装常用富丽堂皇的金属色彩来装饰，而这种闪光的金属色彩就是靠金银墨印刷来完成的。所谓金银墨印刷就是用金墨或银墨完成印刷的方法。金墨是以铜粉配制成的印刷油墨，银墨是以铝粉配制成的印刷油墨。这两种油墨的最大特点是在印刷之后，能显现出金属的光泽，为产品增色。

在多色印刷中，金银墨印刷应放在最后，因为金银墨为表面成色性油墨，在其表面印其他颜色，会失去金属光泽，达不到印刷效果；此外，由于金银墨颗粒粗，转移性能较差，印刷的线条和文字不能太细小。

### （十五）烫印电化铝

烫印电化铝俗称烫金。电化铝是以涤纶薄膜为片基，涂上醇溶性染色树脂层，经真空喷镀金属铝，再涂上胶粘层而制成。电化铝经过染色，有金、蓝、红、绿等多种颜色。如图 7-35 所示。（观看彩色图片请扫描封底二维码）

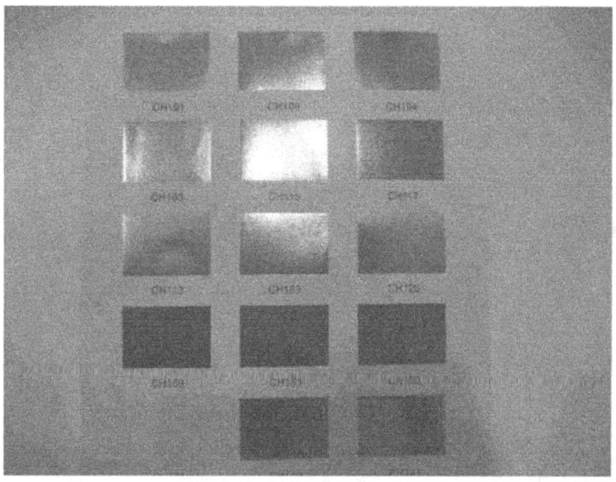

图 7-35　烫印电化铝箔

（图片来源：深圳市卓诚烫印科技工业有限公司）

烫印电化铝是经加热、压印将电化铝箔中的铝层附着在印品上，因为铝层极薄又有胶层，平整性、反光性、延伸性好，在印品上附着力强，不易脱落，金属色彩逼真，在空气中不易氧化，装饰效果好，广泛用于包装装潢、精装书、贺年卡等。如图 7-36 所示。

图 7-36　烫印玻璃杯

（图片来源：深圳市卓诚烫印科技工业有限公司）

电化铝必须经过烫印才能转移到承印物上面，并且烫印压力、时间、温度等应与烫印材料的质地适当，使用的设备有半自动烫金机、全自动烫金机和联机烫金等，压印的形式有平—平型，圆—平型和圆—圆型。

电化铝可以烫印在纸制品、木材制品、织物制品等承印物上。

图 7-37 是一种半自动烫金－凸凹－模切机，可以一次性完成烫金＋凸凹＋模切三道工序，适用于各种烟包、酒盒、化妆品盒、药盒、食品包装盒、礼品盒、图片、信用卡和名信片等高档印刷品的防伪商标烫印及激光膜跳接缝烫印。

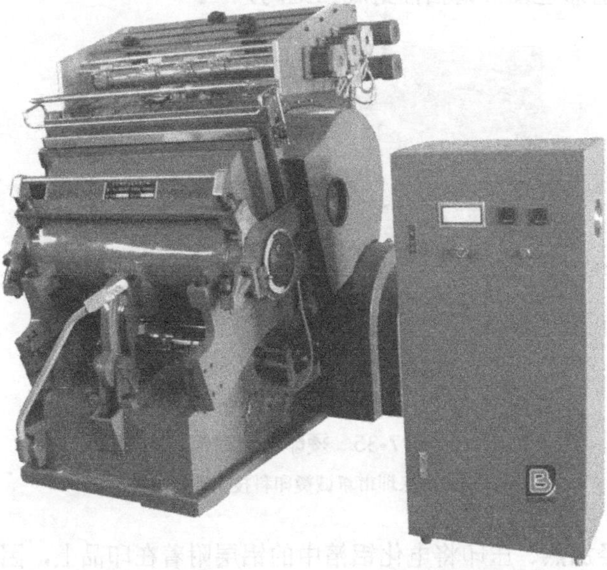

**图 7-37　半自动烫金－凸凹－模切机**

（图片来源：杭州博升实业有限公司）

# 第三节　印后加工

作为包装印刷的三大工序之一，印后加工是指在印刷以后对印刷品的加工工序。

常见的印后加工工序主要有模切、压痕、上光和覆膜等包装装潢所要求的工艺。商品通过印后加工，可以增加光泽，更加突出装饰效果，从而使产品达到客户要求的形状和使用性能，还可使产品的包装具有耐摩擦等特性；它的成功与否关系着整个产品的成败，印后加工是包装印刷中最重要的工序之一。下面仅介绍两种常见的印后加工工艺。

## 一、上光工艺

上光是指在印刷品表面涂布（或喷或印）一层透明涂料，经流平、干燥、压光后在印刷品表面形成薄而均匀的透明光亮层的工艺过程。

上光可以提高印刷品表面的平滑度、光泽度、耐磨性、防水性和使用性能，能对图文起保护作用，因此越来越多地应用于包装装潢、画册、大幅装饰、招贴画等印刷品的表面加工中。

1. 上光涂料及其组成

上光涂料主要由主剂（成膜树脂）、助剂和溶剂等成分组成。

（1）主剂。主剂（成膜树脂）是上光涂料的成膜物质，通常为各类天然树脂或合成树脂。

（2）助剂。助剂主要是用来改善上光涂料的理化性能和加工特性的。例如，固化剂、消泡剂、表面活性剂、增塑性等。

（3）溶剂。溶剂主要是用来分散、溶解主剂和助剂的。常用的溶剂有水、芳香类溶剂、酯类溶剂、醇类溶剂等。

2. 上光涂料的种类

（1）油基上光油。油基上光油的组成如同胶印油墨的连接料，由矿物油、干燥型植物油、凝固型醇酸树脂、燥油和其他添加剂组成。

（2）热固型上光油。热固型上光油由大分子量的树脂、塑料、溶剂、水、胺或氨组成。

（3）分散型上光油。分散型上光油的主要成分是改性丙烯酸盐、水溶性树脂、石蜡分散体、水和多种添加剂。

（4）金色和银色上光油。在分散型上光材料中加入一定配比的颜料如铜粉、铝粉，即可成为金色或银色上光涂料。

（5）辐射固化型上光油。辐射固化型上光油分紫外线固化型和电子束固化型（EB），其中紫外线固化型上光油简称UV上光油。目前，欧美各国已基本用UV上光取代了覆膜，我国从20世纪80年代初期开始引进UV上光技术。

3. 上光设备

按加工方式可分为普通脱机上光设备，即上光、印刷分别在专用机械上进行；联机上光设备，即上光机组联在印刷机上，印刷、上光一次完成。

目前，国内印刷厂较多采用脱机上光，联机上光设备的份额也在逐渐增加。

## 二、模切与压痕

在印刷品上按一定形状开槽压断的工艺称为模切，只留下便于折叠的痕迹线的工艺称为压痕，它们常常同步完成。

随着印刷、包装和商标等行业的不断发展，模切技术也在进行着不断的提高和适应，模切产品范围涉及纸盒、纸箱包装，商标标签，塑胶包装，以及电子，轻工和装潢等诸多行业。模切版是保证模切质量的首要条件，它的类型有平模、圆模两种。平压刀模切版的结构如图 7-38 所示。

在模切机上，模切版又分为刀模版和底模版两部分。刀模版由模版、模切刀、压痕线和模切胶条等构成；底模版则由底模钢板和压痕底模构成。使用模切工艺可以把纸片、印刷品轧切成普通切纸机无法裁切的圆弧或更加复杂的形状。

模切机的种类很多。以其自动化程度分为手动、半自动模切机和全自动高速模切机；以印品规格大小分为四开、对开和全张机；以走纸形式分为间断式自动续纸模切机和连续式自动续纸模切机；以模切形式分为平压平、圆压平、圆压圆模切机等。图 7-39 是一种圆压圆模切机在工作。

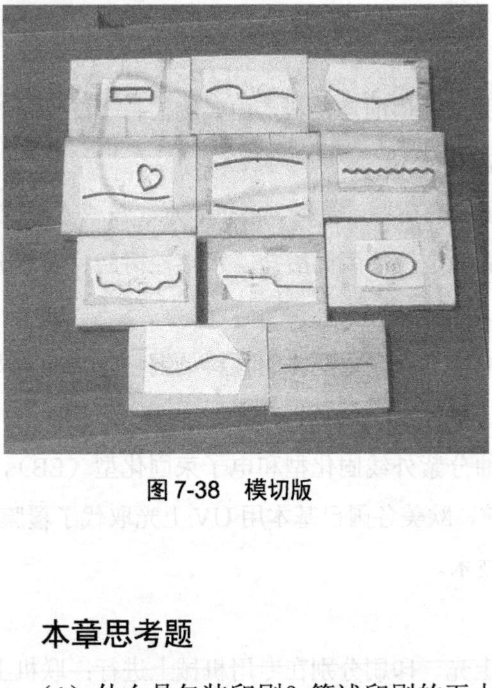

图 7-38　模切版

图 7-39　模切机

（图片来源：浙江景兴纸业股份有限公司）

## 本章思考题

（1）什么是包装印刷？简述印刷的五大要素。

（2）简述印刷的工艺流程。

（3）按版面上图文和非图文的相对位置，印刷可以分为几大类？各类印刷的主要特点是什么？

（4）依据各种特殊印刷和产品的主要特点，能否根据产品的需要选择印刷方式？

（5）常见的印后加工有哪些工艺？各有什么特点？

（6）试就课堂讲述内容，说明普通瓦楞纸箱的印刷工艺及其选择理由。

# 第8章 包装标准化和包装法规

## 第一节 概述

### 一、标准和标准化的概念

我国国家标准 GB/T 20000.1—2014《标准化工作指南 第1部分：标准化和相关活动的通用术语》对“标准”所下的定义是：“通过标准化活动，按照规定的程序协商一致制定，为各种活动或结果提供规则、指南或特性，供共同使用和重复使用的文件。”

GB/T 20000.1—2014 对“标准化”给出的定义是：“为了在既定范围内获得最佳秩序，促进共同效益，对现实问题或潜在问题确立共同使用和重复使用的条款及编制、发布和应用文件的活动。”

为了发展社会主义商品经济，促进技术进步，改善产品质量，提高社会经济效益，维护国家和人民的利益，使标准化工作更好地适应社会主义现代化建设和发展对外经济关系的需要，1988年12月29日，中华人民共和国第七届全国人民代表大会常务委员会第五次会议通过了《中华人民共和国标准化法》，2017年11月4日，第十二届全国人民代表大会常务委员会第十三次会议修订，自2018年1月1日起实行。《中华人民共和国标准化法》

是我国的一项重要法律，它规定了国家标准化工作的方针、政策、任务和标准化体制等，是国家推行标准化，实施标准化管理和监督的重要依据，是我国标准化工作的基本法。

标准是科研、生产、交换和使用的技术依据，是组织专业化生产的技术纽带。作为现代工业生产重要组成部分的包装行业，肩负着商品流通、储运、保护的重要使命，也是国际国内贸易活动不可或缺的重要组成部分，实现包装标准化的意义不言而喻。

军品包装标准化的内容将在第十章中叙述。

## 二、标准的分类

标准是一个复杂系统。可将标准从不同的角度、按照不同的属性进行分类（图 8-1）。

（1）按标准的专业性质，通常把标准分为技术标准、管理标准和工作标准三大类。

① 技术标准是指对标准化领域中需要协调统一的技术事项所制定的标准。

② 管理标准是指对标准化领域中需要协调统一的管理事项所制定的标准。管理标准包括管理基础标准、技术管理标准、经济管理标准、行政管理标准、生产经营管理标准等。

③ 工作标准是为实现工作（活动）过程的协调，提高工作质量和工作效率，对每个职能和岗位的工作制定的标准。在中国建立企业标准体系的企业里一般都制定工作标准。

（2）按标准性质，我国的国家标准可以分为强制性标准和推荐性标准两大类。

保障人体健康、人身、财产安全的标准，法律和行政法规规定强制执行的标准是强制性标准，其他标准则是推荐性标准。

（3）按标准的适用范围，可以划分为国际标准、区域标准、国家标准、行业标准、地方标准和企业标准六大类。

① 国际标准是指国际标准化组织（ISO）、国际电工委员会（IEC）和国际电信联盟（ITU）及 ISO 确认并公布的其他 39 个国际组织制定的标准。

② 区域标准是指由区域标准化组织或区域标准组织通过并公开发布的标准。

③ 国家标准是指由国家标准机构通过并公开发布的标准。我国的国家标准是指对全国范围内需要统一的技术要求，由国务院标准化行政主管部门组织制定，并在全国范围内实施的标准。

④ 行业标准是指由行业组织并公开发布的标准。我国的行业标准是对没有国家标准而又需要在全国某个行业范围内统一的技术要求所制定的标准。行业标准由国务院有关行政主管部门制定。

⑤ 地方标准是指在国家的某个地区通过并公开发布的标准。我国的地方标准是针对没有国家标准和行业标准，而又需要在省、自治区、直辖市范围内统一的技术要求所制定的标准。

⑥ 企业标准是由企业制定并由企业法人代表或其授权人批准、发布的私标准。企业标准虽然只在某企业适用，但在地域上可能会影响到多个国家。

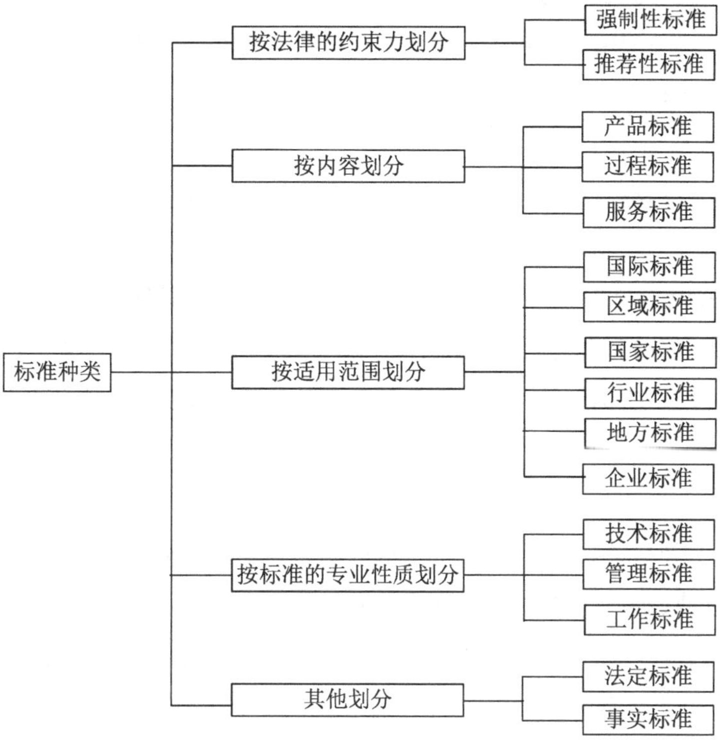


**图 8-1　标准分类方法**

## 三、标准化的基本原理

“原理”是“带有普遍性的，最基本的，可以作为其他规律基础的规律，具有普遍意义的道理”。标准化的基本原理，揭示了标准化活动或标准化工作过程中一些最基本的客观规律，是标准化工作者在开展标准化工作时所遵循的规则。现代化标准化活动过程的基本原理，可以简单概括为以下四项原理。

1. 简化原理

其含义是，具有同种功能的标准化对象，当其多样性的发展规模超出了必要的范围时，即应消除其中多余的、可替换的和低功能环节，保持其构成的精练、合理，使总体功能达到最佳。

简化的两个界限是必要性和合理性。例如，在制定产品和原材料品种规格、工艺和工装、产品零部件及其结构要素等标准时，常常需要用到简化原理。

2. 统一原理

其含义是，在一定时期、一定条件下，对标准化对象的形式、功能或其他技术特性所确立的一致性，应与被取代的事物功能等效。

统一原理的典型应用实例包括：概念、符号；产品品种、规格和特性；产品零部件；数值和参数；程序和方法等。

3. 协调原理

其含义是，在标准系统中，只有当各个标准之间的功能彼此协调时，才能实现整体系统的功能最佳。

协调的方式包括单因素协调和多因素协调（按协调因素区分）；一般协调和最佳协调（按协调效果区分）；静态系统协调和动态系统协调（按系统状态区分）。

协调原理的应用实例包括标准内部系统之间的协调、相关标准之间的协调、标准系统之间的协调等。

4. 优化原理

其含义是，按照特定的目标，在一定的限制条件下，对标准系统的构成因素及其关系进行选择、设计或调整，使之达到最理想效果。

优化的一般程序是：确定目标函数；收集资料，给定约束条件；建立数学模型；计算求解；分析、评价和决策。

## 四、标准化的作用

实践证明，标准化在现代化生产和管理中起着不可替代的作用，主要表现在以下三个方面。

1. 标准化是现代化大生产的必要条件，是促进科学技术向生产力转化的平台

现代化大生产有两个显著特点：一是以先进的科学技术为基础；二是生产的高度社会化。前者表现为品种、质量、效率和效益，后者表现为细致的社会分工。两者都离不开标准化。科学技术是生产力，但是在科学技术没有走出试验室之前，它只能在科学技术领域产生有限的影响和作用，只能是潜在的生产力而非现实的生产力。只有通过技术标准提供的统一平台，才能使科学技术迅速快捷地过渡到生产领域，向现实生产力转化，从而产生应有的经济效益和社会效益。生产的高度社会化离不开科学的管理，质量管理体系实际是标准化体系，认证是对标准化实施程度的认证，所以称之为合格评定，是现代企业管理中不可或缺的一环。

2. 标准化是实行科学管理的基础，是扩大市场的必要手段

在企业管理中，无论是生产、经营，还是核算、分配都需要规范化、程序化、科学化，都离不开标准。在现代包装企业中实行自动化、信息化管理，其前提也是标准化。标准化可以促进资源合理利用，可以简化生产技术和工艺，可以实现产品及零部件的互换组合，为调整产品结构和产业结构创造了良好条件。标准化为扩大生产规模、满足市场需求提供了可能，也为实施售后服务、扩大竞争创造了条件。由于生产的社会化程度越来越高，各个国家和地区的经济发展已经同全球经济紧密联成一体，标准和标准化不但为全球一体化的市场开辟了道路，也同样为各国各地区的产品进入这种市场设置了门槛。

3. 标准化是推动贸易发展的桥梁和纽带

当前世界已经被高度发达的信息和贸易联成一体，贸易全球化、市场一体化的趋势不可阻挡，而真正能够在各个国家和各个地区之间起到联结作用的就是技术标准，只有全球按照同一标准组织生产和贸易，市场行为才能够在更大的范围和更广阔的领域中发挥应有的作用，人类创造的物质财富和精神财富才有可能在全世界范围内为全人类所共享。

## 五、标准化对象与立法对象

标准的使用应当符合当地的法律、法规，尤其是技术法规。无论是国际标准（例如 ISO 标准、IEC 标准）、区域标准（如 EN 标准）还是国家标准（如 GB/T），只要双方同意，在贸易合同中都可以被纳入。但是，当国际标准、区域标准或国家标准中出现不符合进口国或出口国当地法律的条款，尤其是与当地的技术法规相抵触时，各国一般均执行各自的技术法规，而不是按照贸易合同中约定的标准。所以，标准化对象与立法对象的关系非常密切。

立法对象与标准化对象具有相似的共同使用和重复使用的特点。法律规定的条文在国家范围内是共同使用的，在下一次修订前是重复使用的。法律条文代表国家的意志，由国家行政机关强制实施，因此，法律是强制性的。标准则是由没有立法权的公认机构发布的。虽然标准中的条文也具有共同使用和重复使用的特点，但是标准规定的条文是供大家自愿选用，不具有强制力。标准往往是通过第一方的声明符合或合同甲乙双方认可后才需要实施。

立法对象，尤其是技术法规的立法对象与标准化对象的关系非常密切。技术法规是规定技术要求的法规，它们或者直接规定技术要求，或者通过引用标准、技术规范或规程来规定技术要求，或者将标准、技术规范或规程的内容纳入法规中。立法机构确定立法对象时具有优先权。标准发布机构确定标准化对象时，需要考虑现行的技术法规，只有技术法规所覆盖的对象以外的或技术法规认为需要由标准来补充的内容，才可成为标准化对象。所以，标准化的对象与技术法规的立法对象是互补的关系。

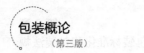

## 六、国际标准及国际标准化组织

在世界多极化、贸易全球化的今天，我国的国家标准必须努力赶上或引领国际先进标准。目前，国际领先的标准及组织包括以下几个。

### 1. 国际标准及其组织

国际标准是由国际标准化组织（ISO）、国际电工委员会（IEC）、国际电信联盟（ITU）及由ISO公布的其他39个国际性组织通过的标准。

国际标准化组织（International Organization for Standardization，ISO）简称ISO，是一个全球性的非政府组织，是国际标准化团体中最重要的一个组织。ISO国际标准化组织成立于1947年，会址设在瑞士日内瓦，其宗旨是："在全世界范围内促进标准化工作的开展，以便于国际物资交流和服务，并扩大在知识、科学、技术和经济方面的合作。"其主要活动是制定国际标准，协调世界范围的标准化工作，组织各成员国和技术委员会进行情报交流，与其他国际组织进行合作，共同研究有关标准化问题。ISO的国际标准以数字表示，例如："ISO 11180:1993"的"11180"是标准号码，而"1993"是出版年份。中国是ISO的正式成员，代表中国参加ISO的国家机构是中国国家技术监督局（CSBTS）。

国际电工委员会（IEC）成立于1906年，它是世界上成立最早的国际性电工标准化机构，负责有关电气工程和电子工程领域中的国际标准化工作。国际电工委员会的总部最初位于伦敦，1948年搬到了位于日内瓦的现总部处。其宗旨是促进电气、电子工程领域中标准化及有关方面问题的国际合作，促进国际间的相互了解。

国际电信联盟（ITU）的历史可以追溯到1865年。1947年10月15日，国际电信联盟成为联合国的一个专门机构，也是联合国机构中历史最长的一个国际组织，其总部由瑞士伯尔尼迁至日内瓦。国际电联负责分配和管理全球无线电频谱与卫星轨道资源，制定全球电信标准，向发展中国家提供电信援助，促进全球电信发展。

ISO公布的其他39个国际组织，本书从略，不一一赘述。

### 2. 国外先进标准及其组织

国外先进标准是指国际上有权威的区域标准，世界上主要经济发达国家的国家标准和通行的团体标准，以及其他国际上先进的标准。

（1）国际上权威的区域标准

有权威的区域性标准是指如欧洲标准化委员会（CEN）、欧洲电工标准化委员会（CENELEC），经互会标准化常设委员会（ЛКС СЗВ）等区域性标准化组织制定的标准。

① 欧洲标准化委员会（CEN）通过的欧洲标准。CEN是1961年欧洲经济共同体（EEC）和欧洲自由贸易联盟所属国家及西班牙共同组成的。CEN的工作包括除电工、

电子工程以外的所有领域。

② 欧洲电工标准化委员会（CENELEC）通过的欧洲电工标准。CENELEC 是 1972 年由欧洲电工标准协调委员会（CENEL）和欧洲电工协调委员会共同市场小组（CENELCOM）合并而成的。它负责协调成员国在电气领域的标准，制定统一的欧洲电工标准。

③ 经互会标准化常设委员会（ЛКС С3В）是经互会的专业常设委员会之一，是 1962 年设立的。其主要任务是协调及统一经互会各成员国的标准，以便于按照劳动分工原则促进各国生产，扩大贸易及经济联系，加强经互会会员国之间的合作。

（2）世界主要经济发达国家的国家标准

世界主要经济发达国家的国家标准是指：美国国家标准（ANSI）、俄罗斯国家标准（ROCT）、德国国家标准（DIN）、瑞士国家标准（SNV）、英国国家标准（BS）、瑞典国家标准（SIS）、日本工业标准（JIS）、意大利国家标准（UNI）和法国国家标准（NF）等。

（3）国际上通行的团体标准

国际上通行的团体标准较多，比较有名的有：美国材料与试验协会标准（ASTM）、美国电气制造商协会标准（NEMA）、美国石油学会标准（API）、美国机械工程师协会标准（ASME）、英国石油学会标准（IP）、美国电影电视工程师协会标准（SMPTE）、美国军用标准（MIL）、英国劳氏船级社《船舶入级规范和条例》（LR）和美国保险商试验所安全标准（UL）等。

（4）其他国际先进标准

如瑞士的手表材料国家标准、瑞典的轴承钢国家标准、比利时的钻石国家标准等，以及国际上先进的公司企业标准。

## 七、我国的标准化管理体制和机构

标准化管理体制是标准化管理系统的核心。由于各个国家的社会制度、经济体制、工业与科技发展水平不同，标准化管理体制也不同。有的分散管理，有的集中管理，有的集中与分散相结合；有的由官方行政机构管理，有的由民间标准化协会管理，也有的由官方机构和民间协会结合管理。大体上可以分为两大类：一类是以官方行政机构管理为主，其特点是集中统一，法制性强（如俄罗斯等国）；另一类是以民间标准化协会管理为主，政府给予一定的支持，授权或干预，其特点是分散为主，或分散与集中结合，集中统一性差（如美、日等国）。

我国的标准化管理系统由标准化行政管理体系、标准化技术工作系统、标准化咨询服务体系等构成。标准化管理系统是技术监督系统中一个主要的子系统，技术监督系统又是国家经济体制的一个子系统。

1. 我国的标准化行政管理体制

我国标准化工作实行“统一管理”与“分工负责”相结合的管理体制。

按照国务院授权，在国家质量监督检验检疫总局管理下，国家标准化管理委员会统一管理全国标准化工作。

国务院有关行政主管部门和国务院授权的有关行业协会分工管理本部门、本行业的标准化工作。省、自治区、直辖市标准化行政主管部门统一管理本行政区域的标准化工作。省、自治区、直辖市政府有关行政主管部门分工管理本行政区域内本部门、本行业的标准化工作，市、县标准化行政主管部门和有关行政部门主管，按照省、自治区、直辖市政府规定的各自职责，管理本行政区域内的标准化工作。

2. 标准化行业管理系统

标准化行业管理系统是依据标准化对象所属的行业领域来建立的。按照我国经济管理的体制和分类习惯，可以分成工业标准化管理系统、卫生标准化管理系统、军用标准化管理系统、环境标准化管理系统等。各行业标准化管理系统又可分成若干个子系统，如工业标准化管理系统又可分为机械工业、电子工业、纺织工业、冶金工业等标准化管理子系统。

3. 国家标准化管理委员会

中国国家标准化管理委员会是国务院授权履行行政管理职能，统一管理全国标准化工作的主管机构。国务院有关行政主管部门和有关行业协会也设有标准化管理机构，分工管理本部门本行业的标准化工作。各省、自治区、直辖市及市、县质量技术监督局统一管理本行政区域的标准化工作。各省、自治区、直辖市和市、县政法部门也设有标准化管理机构。国家标准化管理委员会对省、自治区、直辖市质量技术监督局的标准化工作实行业务领导。

## 八、我国的标准化技术工作体系

标准化技术工作体系主要由标准制定和修订工作系统（即标准化技术委员会系统）和标准的实施监督系统两大系统组成。

标准的实施监督系统分为工农产品质量监督检验系统、进出口商品检验系统、建设工程质量监督系统和专业监督检验系统等。

1. 我国的标准制定和修订的工作系统

我国标准制定和修订的工作系统由全国各专业标准化技术委员会（TC）、分技术委员会（SC）与技术工作组（WG）所组成。

专业技术委员会是在一定专业领域从事全国性标准化工作的技术组织，专业范围较宽的技术委员会，可建立若干个分技术委员会，分技术委员会的工作范围、负责的技术业务领域、人员组成和办事机构（秘书处）的设置等均由技术委员会决定。技术委员会、分技术委员会可根据工作需要，设置若干工作组，工作组具体负责标准的制定和修订或某个标准的科研工作。

2. 我国标准实施监督的系统

我国标准实施监督制度。强制性标准一经发布实施，就要接受政府和社会的监督，其中产品和工程质量监督是标准实施监督中的主要任务。我国标准实施监督系统由工农业产品质量监督检验网、进出口商品检验系统、建筑工程质量监督系统及各专业监督系统所组成。此外，还与各生产主管部门、行业归口部门的部门产品质量监督系统，以及用户或以消费者为主体的群众性监督系统，组成权威的、有效率的全国质量监督体系。

# 第二节　我国包装标准化及其现状

## 一、我国的包装标准管理机构

我国包装标准化工作起步较晚。为了加强包装标准化工作，1985 年成立了“全国包装标准化技术委员会”，专门从事我国包装标准的研究工作及包装标准的制定、修订和审查工作。但由于包装是一个综合性、交叉性的行业，与包装有关的技术领域十分宽泛，对应地，我国包装行业的相关标准也散见于各个相关行业和部门。

目前，我国包装行业及与包装标准有关的专业委员会（TC）和分技术委员会（SC）见表 8-1。

**表 8-1　我国包装行业及与包装相关的标准化专业委员会一览表**

| TC 号 | 委员会名称 | 负责专业范围 |
|---|---|---|
| TC TC49 | 包装 | 负责全国包装专业的基础标准、方法标准、包装容器和包装材料的综合标准等专业领域标准化工作 |
| SC TC49/SC2 | 袋 | 负责全国包装袋等专业领域标准化工作 |
| SC TC49/SC8 | 金属容器 | 负责全国金属容器产品、试验方法等专业领域标准化工作 |
| SC TC49/SC9 | 玻璃容器 | 负责全国玻璃容器等专业领域标准化工作 |
| SC TC49/SC10 | 包装与环境 | 包装的环境基础标准（术语、标志、方法等）、包装的环境评价、与环境有关的包装中有害物质的控制和验证等 |
| TC TC397 | 食品直接接触材料及制品 | 以纸、金属、陶瓷、塑料、橡胶、玻璃等为原料生产的，直接与食品接触的材料及制品，包括食品包装和餐饮用容器及工具（除金属餐饮用器具）等（IEC 涉及的产品除外） |

续表

| TC号 | 委员会名称 | 负责专业范围 |
|---|---|---|
| SC TC397/SC3 | 纸制品 | 以纸为原料生产的食品包装和餐饮用器具 |
| SC TC397/SC4 | 玻璃搪瓷制品 | 以玻璃、搪瓷为原料生产的食品包装和餐饮器具 |
| SC TC397/SC5 | 金属制品 | 以金属为原料生产的食品包装 |
| SC TC397/SC6 | 塑料制品 | 以塑料为主要原料生产的食品包装和餐饮用器具 |
| TC TC436 | 包装机械 | 包装机械及配套设备的基础、产品、方法等（不含直接与食品接触的包装机械） |
| SC TC436/SC1 | 成型装填封口集合机械 | 成型、装填、封口、集合包装机械（不含直接与食品接触的包装机械） |
| TC TC494 | 食品包装机械 | 食品包装机械 |
| TC TC6 | 集装箱 | 集装箱 |
| TC TC8 | 电工电子产品环境条件与环境试验 | 电工电子产品环境条件与环境试验 |
| SC TC8/SC1 | 机械环境试验 | 机械环境试验 |
| SC TC8/SC2 | 气候环境试验 | 气候环境试验 |
| TC TC15 | 塑料 | 塑料及树脂 |
| SC TC15/SC1 | 石化塑料树脂产品 | 石化塑料及树脂 |
| SC TC15/SC4 | 通用方法和产品 | 塑料及树脂 |
| SC TC15/SC5 | 老化方法 | 老化试验方法 |
| SC TC15/SC7 | 聚氯乙烯树脂产品 | 聚氯乙烯树脂和含氯聚合物 |
| SC TC15/SC8 | 聚氨酯塑料 | 聚氨酯塑料 |
| SC TC15/SC9 | 工程塑料 | 聚酰胺、聚碳酸酯等产品 |
| SC TC15/SC10 | 改性塑料 | 改性塑料 |
| SC TC15/SC11 | 热固性塑料 | 热固性塑料术语、产品、试验方法 |
| TC TC48 | 塑料制品 | 负责全国塑料制品等专业领域标准化工作 |
| SC TC48/SC1 | 塑料制品 | 负责全国塑料制品等专业领域标准化工作 |
| SC TC48/SC2 | 泡沫塑料 | 负责全国塑料制品等专业领域标准化工作 |
| SC TC48/SC3 | 塑料管材、管件及阀门 | 负责全国塑料制品等专业领域标准化工作 |
| TC TC101 | 轻工机械 | 负责全国轻工机械等专业领域标准化工作 |
| SC TC101/SC1 | 皮革机械 | 负责全国皮革机械等专业领域标准化工作 |
| SC TC101/SC2 | 制酒饮料机械 | 负责全国制酒饮料机械等专业领域标准化工作 |
| TC TC141 | 造纸工业 | 负责全国造纸工业等专业领域标准化工作 |
| SC TC141/SC1 | 印刷用纸和纸板 | 负责全国印刷用纸和纸板等专业领域标准化工作 |
| SC TC141/SC2 | 文化办公用纸和纸板 | 负责全国文化、艺术、非一次性生活用纸和纸板等专业领域标准化工作 |
| SC TC141/SC3 | 包装用纸和纸板 | 负责全国包装用纸和纸板等专业领域标准化工作 |

续表

| TC 号 | 委员会名称 | 负责专业范围 |
| --- | --- | --- |
| SC TC141/SC4 | 技术用纸和纸板 | 负责全国技术用纸和纸板等专业领域标准化工作 |
| SC TC141/SC5 | 生活用纸和纸板 | 负责全国生活用纸、纸板和纸制品等专业领域标准化工作 |
| SC TC141/SC6 | 特种纸 | 描图纸、电容纸、羊皮纸等 |
| SC TC141/SC7 | 竹浆 | 竹浆法造纸的产品、原料生产技术、造纸助剂、综合利用 |
| SC TC141/SC8 | 造纸纤维原料 | 造纸纤维原料 |
| TC TC170 | 印刷 | 负责全国印刷技术等专业领域标准化工作 |
| SC TC170/SC1 | 书刊印刷 | 书刊印刷领域，包括书刊印刷术语、书刊印刷过程控制、书刊印刷原辅材料适性、书刊印刷产品质量要求、书刊印刷领域检测方法、书刊印刷领域安全与环境要求等 |
| SC TC170/SC2 | 网版印刷 | 网版印刷领域，包括网印术语、网印过程控制、网印原辅材料适性、网印产品质量要求、网印领域检测方法、网印领域安全与环境要求等 |
| SC TC170/SC3 | 包装印刷 | 包装印刷领域，包括术语、包装印刷过程控制、包装印刷原辅材料适性、包装印刷产品质量要求、包装印刷领域检测方法、包装印刷领域安全与环境要求等 |
| TC TC192 | 印刷机械 | 负责全国印前、印中、印后辅助加工，以及与此相关的机械设备等专业领域标准化工作 |
| SC TC192/SC1 | 丝网印刷设备 | 丝网机械和网印器材 |

## 二、我国包装标准化现状

我国包装标准化工作始于 20 世纪 80 年代初。经过近 30 年的发展，包装标准体系已逐步完善。我国目前现行的包装标准体系，其中包装国家标准 654 项，包装行业标准 575 项，国家军用标准 2 项，主要分为 4 层：第 1 层为包装通用标准，第 2 层为包装专业通用标准，第 3 层为包装门类通用标准，第 4 层为产品、过程、服务、管理标准。从我国包装标准体系内标准的覆盖面来看，体系基本上满足了包装及相关行业对标准的需求。就包装标准质量水平而言，现行国家包装标准中以各种方式采用（等同、修改、等效）的国外先进标准 79 项，这些标准包括 ISO、EN、ASTM、MIL、FED、JIS、DIN、NF、BS 等。从采用标准的类别上看，采用的国外先进标准主要集中在包装通用基础标准上，其中 28 项包装件试验方法标准中有 21 项现行标准采用了 ISO、ASTM 标准，占该类标准的 75%。从整体上来看，我国包装通用基础标准达到了国际先进水平，基本适应了国际贸易大环境对包装通用基础标准的需求。

截至2019年6月，《中国包装标准汇编》中共收录了799项国家标准，内容包括：包装标准化工作导则、包装术语、包装尺寸、包装标志代码、包装管理、包装技术、包装印刷、包装卫生标准及分析方法、包装材料及试验方法、包装辅料及试验方法、包装制品及试验方法、产品包装及试验方法、运输包装及试验方法、出口商品包装及运输包装检验规程、危险品包装、包装机械、包装测试设备等，已经形成了较为完善的标准化体系。但标准的修订、更新还比较滞后。以瓦楞纸箱相关标准为例，截至2016年年底就有36项标准，其中近5年的占8.3%，近10年的占41.7%。显然，相对现代科学技术的创新发展速度，我国包装标准的更新还需要进一步加快速度。

## 三、我国包装标准化的发展目标及重点

1. 发展目标

近年来，我国包装标准化的总体发展目标是：形成有效的包装标准化工作机制及标准工作更新机制；以自主创新为基础，制定一批涉及环境保护、资源节约和关键技术的标准；继续完善、健全包装标准体系；提高标准在全社会的实施和应用水平；加强国际领域交流与合作，实质性参与国际标准化活动，提高国际标准采标率。

2. 重点任务

（1）提高标准的适用性和有效性。

根据我国包装产业发展现状、特点及发展趋势，加强重大产品、关键技术、基础通用和社会公益性标准的研制。积极鼓励各利益相关方代表广泛参与到标准的制修订过程中，充分听取各方意见，增强标准制修订工作的公开性、公正性和透明度，确保整个制修订过程的协商一致、公正合理，真正做到标准能为行业服务、为企业服务。

（2）加强标准化与经济社会的协同发展。

在包装标准的立项和制修订过程中，紧密结合当前的科技政策、产业政策，以及国际形势，包装与各方要求协调一致、有效衔接，使包装产业的发展与整个社会的发展同步，规范包装市场，引领包装行业健康、稳步发展。

（3）加强国际标准化工作。

广泛参与国际标准化组织的活动，密切跟踪国际包装发展动态，及时更新国内包装标准，以减少或避免贸易壁垒。同时，积极争取将我国包装技术或标准转化为国际标准。

（4）加大对科研开发的投资力度。

通过建立国家级行业研究机构和企业技术中心，开展重点新产品的开发与推广工作。加大科技投入，提高企业自主研发能力，增强产品竞争力，解决包装行业纵向断链、横向

断层，新技术、新产品开发和技术创新无法形成合力的局面。

3. 我国包装标准化发展的重点领域

（1）按照资源节约型、环境友好型社会建设的要求，围绕资源开发与循环利用，以节材和资源综合利用为目标，重点研制推动资源节约的先进技术标准及包装新材料、新技术、新工艺等领域的标准化工作。

（2）加强医疗器械卫生保障包装、儿童防护包装、食品包装，危险物品的运输包装要求，运输包装的测试，产品包装用标签设计的基本要求，标签的编排格式，标签所必须记载的信息及识别硬件等内容的研究；加强线性条码、二维码和射频识别技术等方面的研制，并制定一批新的标准。

（3）积极参与国际标准化活动，争取制定一批以我国为主导的国际标准。

（4）加强标准的实施与监督力度。对关乎生命安全、资源环境节约等重要标准采取落实、监督措施，确保标准准确应用，切实为企业服务，促进包装行业健康、稳步、快速发展。

（5）加强包装行业新技术的研发，积极推动新型包装技术的推广，大力推进新型包装产业的发展。

（6）完善国家包装标准化体系。

# 第三节　包装法律与法规简介

## 一、包装法律法规的作用

在市场经济条件下，包装行业的运行必须按规则进行。这些规则就是法律、法规和规章。具体说来，包装行业中主要涉及商标权、专利权、广告法、版权、制止不正当竞争及消费者权益保护、环境保护、包装废弃物处理及产品标准等法律问题。制定并严格执行包装法律法规将为包装行业的发展起到极大的促进作用。

（1）有利于规范中国包装行业的发展；

（2）有利于包装工业企业的规模管理；

（3）有利于全面保护知识产权，提高企业的核心竞争力；

（4）有利于打击伪劣假冒产品，保护消费者的合法权益；

（5）有利于保护环境，减少污染；

（6）有利于节约包装原辅材料，建设绿色家园；

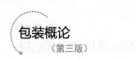

（7）有利于规范包装产品生产和流通，减少物流成本；

（8）有利于促使中国名牌产品跻身国际市场，有利于依法管理包装行业。

## 二、我国的包装法律法规现状

在商品流通过程中，只有选用了合适的包装材料，采取了科学的包装容器结构，应用了合理的包装技术，执行了相关的法规、技术标准，才能保证商品流通和贸易的正常进行。以包装与环境专业领域来说，由于商品包装废弃物对环境影响的重要性，许多国家都制定了行之有效的包装法规。然而，迄今为止，我国包装行业所涉及的法律法规仍只见于环境保护法、知识产权法及零散的行业法规和规章，存在于部委的条例、办法之中，与发达国家相比十分落后。虽有一些相关的推荐性国家标准，但这些标准的效力与法规的效力显然无法相比。

仍以包装与环境专业领域为例。例如，第 6 章提到的，我国已拥有一项由 5 点标准组成的系列国家标准，即 GB/T 23156—2010《包装 包装与环境 术语》、GB/T 16716.1—2018《包装与环境 第 1 部分：通则》、GB/T 16716.2—2018《包装与环境 第 2 部分：包装系统优化》、GB/T 16716.3—2018《包装与环境 第 3 部分：重复使用》和 GB/T 16716.4—2018《包装与环境 第 4 部分：材料循环再生》。其中 GB/T 16716.1—2018《包装与环境 第 1 部分：通则》主要参照了欧盟的《包装及包装废弃物指令》，其余 4 点标准均等同采用了欧盟的包装标准。

总体而言，我国包装法规和标准的发展并不平衡，部分标准的制修订已经基本上和国际先进水平接轨，但是标准体系和法规建设还有待加强和完善。

## 三、国外的包装相关法律、法规简介

自 20 世纪 80 年代起，欧洲一些国家就因现代包装的繁荣发展所带来的各种严重问题开始研究包装的立法问题。人们普遍认为，当代包装行业应对生态环境的状况负有更为重要的责任。为此，欧洲各国纷纷出台包装法，意欲对商品包装所带来的问题予以控制。下面，简要介绍一些发达国家的包装法律法规及其在绿色环保、包装废弃物回收方面的规定。

### 1. 德国的包装相关法律、法规

德国于 1991 年就通过了《避免和利用包装废弃物法》（简称包装法）。1993 年，欧盟依据德国的包装法制定了《包装及包装废弃物指令》（94/62/EC ）。为了适应欧盟包装准则的规定，德国《包装法》于 1998 年、2004 年又做了两次修订。它是世界上第一个生产者负责承担废弃物回收和利用的法律。

自 1992 年开始，德国实行了“绿点”（Green Dot，der grune Punkt）回收系统。“绿点”

系统的意义在于，通过商品包装条例，产品责任原则首次在法律上被确定下来。根据该条例的规定，商品包装的生产和经营者有义务收回和利用使用过的产品。目前，绿点标识（图 8-2）已经在奥地利、比利时和法国等欧盟国家使用。

**图 8-2　绿点标识**

“绿点”由德国回收利用系统责任有限公司（DSD）推出。该公司于 1990 年在科隆由来自包装工业、消费品工业和商业的大约 95 家工商企业在德国工业联邦联合会和德国工商会倡导下成立。它是当时唯一依据德国包装法规，专门从事包装废弃物收集、分选和再生利用的全国性政策执行和协调机构。公司成立之初是一个非营利性的责任有限公司；1997 年改为无证券交易的股份公司，也是没有营利企图的非营利性公司。其活动经费来源于向企业颁发“绿点”商标许可证方式收取绿点使用费，国家为此系统的建立未投入资金。自 2005 年 12 月起，该公司变更为营利性质的责任有限公司。为了适应这一转变，德国相继成立了 8 家 DSD 回收处理机构，并引入市场竞争机制。自 2009 年 1 月 1 日起，德国《包装法》的第 5 修正版开始实施，其主要目的是进一步规范商品包装回收及利用的义务和市场机制。

德国《包装法》第 5 修正版规定以商业目的将包装物（包括填充物等）带入德国市场的生产者和销售者，除非自己回收处理所销售的包装，否则需要在有覆盖范围的回收体系内注册，并支付处理费用。自 2009 年开始，包装上不需要标识其所参与的回收体系（如“绿点”）。相关的要求包括以下内容。

针对销售链中产生的使用过的运输包装和附加包装，生产者和销售商有义务免费回收，并处理再利用。

针对到达最终消费者手中的销售包装，规定生产者和销售商必须参加有覆盖范围的回收体系，但允许自主选择参加哪个回收体系，来完成其销售包装的回收义务。没有参加回收体系，会收到同行竞争者或者律师的警告。

如果生产者和销售商故意或者不小心使用未注册包装，销售给最终消费者的，也不能提供自己回收处理的证明，将被视为不正当竞争，需要承担法律后果。一方面要考虑其同业竞争对手或律师的法律警告；另一方面有罚款的风险。《包装法》规定，这种违法行为等同于违反德国垃圾循环法的规定，将被科以重罚。

针对销售链中产生的运输包装和附加包装的行业解决方案（DSD之外的体系和商机），由于法律允许生产者和销售商在其销售链中建立自己的回收系统，条件是包装没有到达最终消费者之前。但这种做法不容易被监管，同时这个规定也催生了所谓的“行业解决方案”。当包装量很大时，这需要通过专家咨询，根据销售渠道、废包装产生地和量进行分析， 哪些包装要参加什么系统最经济。

关于完整性（VE）声明。按照《包装法》规定，凡将包装带入德国市场的生产者或销售商，如果其包装超过规定数量，就需要向当地管理部门申报完整性声明。申报包括所使用包装材料的数量和种类，并要分清在不同DSD系统的比例和自己及通过第三方回收的情况。

在德国，包装法主要的监管力量来自同业竞争者和律师。从实践情况来看，德国的包装法是最严格、最完善和运行最规范的。

2. 英国的包装相关法律、法规

英国于1996年5月通过《包装条例》，旨在使包装或包装产品的基本要求与欧盟指令94/62/EC相适应。但由于有些包装容器内装的液体产品遇热发酵和膨胀，须在容器内留有一定的空间，以防止液体膨胀造成包装破坏而伤人。同时规定，金属桶盛装液体的预留容量为5%。

英国食品标准局发布的《食品包装标签指南》规定，经加工的产品其原产地标签不能对所用原料的原产地产生误导。此外，《指南》还列举出了标签实施的最佳实例，以鼓励食品行业采用明确的和清晰的商品包装标签。

3. 奥地利的包装相关法律、法规

奥地利于1992年10月通过《包装法规》，随后颁布了《包装目标法规》以进行补充。《法规》要求生产者与销售者免费接收和回收运输包装和销售包装，并要求对80%回收的包装资源进行再循环处理和再生利用。1994年又推出了《包装法律草案》，更准确地阐述了上述法律观点，并将欧盟指令94/62/EC的内容容纳进去。

4. 欧盟其他国家及北美、日本的包装相关法律、法规

法国于1992年制定了《包装法规》，1993年1月1日生效。1994年颁布了《运输包装法规》。这一法规明确规定除家用包装外所有包装的最后使用者要把产品与包装分开，由公司和零售商负责进行回收处理。

比利时于1993年7月通过《国家生态法》，1995年7月该法规正式生效。该国还制定了一种生态税，规定凡用纸包装食品和重复使用的包装可以免税，其他材料的包装均要交税。

丹麦在1990年以前，71%的家庭废弃物作为焚烧垃圾发电厂的燃料，在1990年初，

丹麦制定的《废弃物再循环处理》法规生效，这一法规明确规定包装废弃物再循环处理是第一位，焚烧发电是第二位。

荷兰于1991年由该国各有关行业与政府签署了一项“包装盟约”，规定必须减少包装材料的消耗，同时盟约承担国家环保计划的60%。

美国在1980年代末由各州相继颁布了各自的《包装限制法规》；1993年由36个州立法通过一项塑料回收标志方法。从1993年12月31日起禁止使用铅冲压的封瓶盖。

加拿大1990年由国家环委会和行业组织共同起草制定了《包装协议书》，同时还颁布了《加拿大优选包装法规》，明确规定要减少包装材料用量和开展包装废弃物的回收利用。

日本政府1993年6月制定的《能源保护和促进回收法》强调：要有选择地收集可回收的包装废弃物，生产可回收的包装产品。同时提出了消费者免费将废弃物的包装物分类，市政府负责收集已分类的包装废弃物，企业经政府允许对包装废弃物进行再处理。1994年1月，日本又实施了《包装容器回收利用法》。

## 四、欧盟《包装及包装废弃物指令》简介

1.《包装及包装废弃物指令》(94/62/EC)

欧盟（原欧共体）是世界上最早致力于产品的循环利用系统建设的地区。在该系统中，包装废弃物的回收与利用被列为重点，并于1991年颁布了关于包装废弃物的指令，即欧共体包装与环境法规。1994年年底正式颁布了《包装及包装废弃物指令》(94/62/EC，以下简称《指令》)，1996年在欧盟所属国家立法方面体现出来。

《指令》是欧盟理事会和欧洲议会的指令性文件，对所有成员国都有约束力。它是基于环境与生命安全，能源与资源合理利用的要求，对全部的包装和包装材料、包装的管理、设计、生产、流通、使用和消费等所有环节提出相应的要求和应达到的目标。其技术内容涉及包装与环境、包装与生命安全、包装与能源和资源的利用。特别应关注的是，基于这些要求和目标，派生出许多具体的技术措施。另外，具体的实施还有相关的指令、协调标准及合格评定制度。该《指令》于1997年正式实施。

《指令》有两个主要的目标：一是保护环境，二是确保欧盟内部市场机制的有效运行。为此目的，该《指令》采取了一些措施，首先是防止包装废弃物的产生，其次着眼于通过再利用、再处理和其他的各种回收利用方式来减少对这些废弃物的最终处理量。

此外，《指令》要求各成员在其依据1975年指令建立的国内废物管理规划中设立专章，制定包装与包装废弃物管理规划，要求委员会根据相关的程序对一些诸如医疗设备和医药产品的初级包装、小包装和豪华包装等特殊问题确定技术措施。该《指令》还设立了一个

由各成员代表组成的专门委员会。

这里以包装材料及其废弃物为例，说明《指令》的相关要求。

（1）关于包装材料数量控制的要求。

① 限制包装材料的过度使用；

② 将包装用品的数量缩小到最小限度，即对生产和消费者来说既安全又节省包装材料；

③ 加快研究更轻、更强的新型材料；

④ 促进包装集中产品及促进以少装多的代用品及集中服务；

⑤ 促进特殊规格包装制品运送和分派的运输包装基准尺寸的制定和规格化工作。

（2）关于包装废弃物的再生。

① 建立收集、回收系统、选分设备。建议由公共事业组织与企业界共同推进；

② 包装废弃物的再生、特别是为了使再生容易，要对包装构成成分进行必要的更新和改进；

③ 再生制作的制品，只要与新品特性相同，在生产过程中应该排除二者的所有差别；

④ 使用适合包装用品规格的再生材料，以使包装用品的制造变得容易。

（3）关于包装材料的种类。

① 使用安全材料替代受限制或可疑的材料。例如，PVC 及 PS 中的单体的影响。使用 PP 替代它们是可行的方法。

② 限制使用原始包装材料。例如，木材、稻草、竹片、柳条、麻等，也禁止直接使用纸屑、木丝等作为缓冲填充物。

③ 限制使用热固型塑料和发泡塑料缓冲垫。由于发泡塑料的收集、分类、运输和处理成本大于其回收利用价值，故成为“不受欢迎产品”。推荐采用植物纤维缓冲垫、蜂窝纸板或瓦楞纸板加工的缓冲垫、使用收缩膜或捆扎材直接将产品固定在纸托盘上的办法。

④ 对木质包装材料实行强制性检疫规定，必须附有中国检验检疫部门出具的处理证明；

⑤ 限制使用复合材料（不易回收处理）、慎用黏合剂和涂料、禁止使用偶氮染料等含有有害物质的包装材料或包装辅材。

可见，其规定十分具体和具有针对性。

2.《修正的包装指令》(2004/12/EC)

2004 年 2 月 11 日，欧盟议会和理事会公布了《修正的包装指令》(2004/12/EC)，该《指令》一共 4 条，其主要部分在第 1 条，其他 3 条属于行政或技术条款。2004/12/EC 对 94/62/EC 有多处修正，主要有以下六点。

（1）进一步确定了包装的概念。《指令》指出，所谓“包装”，是指“一切用来盛装、保护（握持）、运送及展示货品的消耗性资源”，包括糖果盒、塑料袋、直接与商品系在一起的标签，等等；对具有包装的作用同时又具有其他功能的项目（如糖盒、CD 盒上的包装薄膜等）、现场包装项目（如纸质或塑料包装袋、一次性餐茶具等）、包装的组成部分和辅助部分（如标签、包装上的装订钉等）一般也视为相应产品的包装。

（2）在涉及防止包装与包装废弃物方面，规定成员国应要求生产者在采取一切必要措施以减少包装与包装废弃物对环境影响之前不得上市。

（3）要求各成员国必须根据本国的具体情况，建立相应的包装品管理体系，以提高包装品的回收和再利用率。为此规定了明确的目标，并要求各成员国分阶段实现。

（4）规定各成员国包装废弃物的回收率在 2001 年前至少达到 50%，至 2008 年年底前提高到至少 60%；包装品的再生利用率在 2001 年前至少达到 25%，至 2008 年年底前提高到至少 55%。

（5）对不同包装材料的再生利用率提出了不同要求：玻璃制品为 60%、纸质品为 60%、金属材料为 50%、塑料制品为 22.5%、木质品为 15%。

（6）对一些组织与程序规则做了一些修正，并要求成员国在 2005 年 8 月 18 日之前将该《指令》转化为国内法加以实施。

由于各成员国积极响应，欧盟有关包装物的立法得到了很好的落实。当然，各国在实施过程中依不同情况而采取了不同的方式方法，并建立了不同的包装法规和包装处理体系。例如，比利时和丹麦等国，便制定了一种生态税，规定凡用纸包装的食品和使用回收复用包装的可以免税，其他材料的包装则须缴税金。这些措施主要是惩罚采用塑胶及非回收复用材料包装的厂家。

不难发现，欧盟各国对包装物的管理主要表现为对包装废弃物的回收及再生利用等方面，目的是减少包装物对环境的破坏。至于过度包装，这一问题在欧洲各国并不突出。其原因是，过度包装会增加厂家的成本，使得产品价格上升而失去市场竞争力；如果厂家有意进行“夸张包装” 或“欺骗性包装”，则消费者或律师可向有关部门举报，违规的厂家会受到罚款处理。

3.《指令》的协调标准

协调标准是根据欧盟委员会和欧洲标准化组织之间签署的准则制定的，在征求各成员国意见之后，由欧盟委员会批准发布。它是欧盟建立欧洲市场的基石；协调标准（欧洲标准）必须在国家层次上进行转换。这种转换意味着必须将相关欧洲标准转换成国家标准，同时所有相矛盾的国家标准必须在规定的期限内废止；它并不是一项独立的欧洲标准，是具有法律效力的技术规范。然而，协调标准仍然保持着自愿性采用的地位。

《指令》（94/62/EC）的协调标准自成体系，是当今世界最完善的关于包装和包装废弃物处理与利用的技术标准。对于包装的减量、重复使用、资源回收、能源回收、生物降解、制造沼气和有机堆肥提出了翔实的解决方案和评价指标。

欧盟根据《指令》所规定的基本要求和实施目标制定了 EN13427—EN13432 共六个协调标准。

① EN13427 包装和包装废弃物欧洲标准的使用要求；

② EN13428 包装 制造和成分的特殊要求 预先减少用量；

③ EN13429 包装 重复使用；

④ EN13430 包装 材料循环再生 包装可回收利用的要求；

⑤ EN13431 包装 能源回收利用 包装可回收利用的要求（包括最低热量值陈述）；

⑥ EN13432 包装 堆肥和生物降解 包装可回收利用的要求 试验方案和包装最终评判准则。

对于一个具体的包装产品来说，在协调标准 EN13427 的引导下，首先评估其是否符合基本使用要求；用 EN13428 确定材料选择是否接近基本要求，是否是减量设计的，每个产品是否都适用；然后确认符合评估的类别，即在其余四个标准中确定适用的符合评估的类别。

① 重复使用的，用 EN13429 评估；

② 循环及材料再循环的，用 EN13430 评估；

③ 能源恢复和再生的，用 EN13431 评估；

④ 再生合成与生物降解的，用 EN13432 评估。

可以看出，这些协调标准保证了《指令》的可操作性。它们既是实施《指令》94/62/EC 的具体技术措施，同时也为企业提供了符合性合格评定的技术依据。

## 本章思考题

（1）什么是标准化？它在现代工业生产与管理中有哪些作用？

（2）根据欧盟《包装及包装废弃物指令》，在设计对欧盟出口产品包装，选用塑料包装材料时应该注意些什么？

# 第9章 产品包装设计简论

包装设计的概念和含义随研究和服务对象不同而有所不同。从广义上说，产品的包装设计是指针对包装的三大功能——保护产品、方便使用、促进销售而进行的设计活动，包括了产品的防护设计（如缓冲包装设计、防潮包装设计、防锈包装设计和防虫包装设计等）、结构与工艺设计（如集合包装设计、组合包装设计、速热包装设计等）和包装产品的造型装潢设计。从狭义上讲，有时随设计对象的不同，将上述设计活动称为某一专业领域的包装设计，如缓冲包装设计、包装结构设计、防潮包装设计等；有时也往往把包装产品的设计称为包装设计，它主要包含包装结构设计、包装造型设计和包装装潢设计三个内容。

由于产品包装的防护设计、结构与工艺设计等已经在本书有关章节介绍过，本章先从狭义的包装设计知识入手，从包装行业工程应用的角度诠释包装设计的基本概念，然后通过两款具体产品的包装设计，了解包装工程技术人员的知识结构、能力要求和工作特点。

## 第一节 包装设计的概念

### 一、包装设计的一般概念

#### （一）包装设计的定义

就包装产品设计来说，包装设计是将艺术与技术相结合而进行的旨在实现产品保护、方便储运和美化促销功能的设计活动。

传统的包装设计包括造型设计、结构设计和装潢设计三部分，它们共同组成了包装设计这一相对独立的系统，但它们不是简单的堆码和相加，而是相互联系，相互作用的统一体。在现代包装中，它们具有一定关联性、共同的目的性和相辅相成的综合性。

### （二）包装设计的内容

1. 包装造型设计

包装造型设计是运用美学法则，用有型的包装材料制作出占有一定的空间、具有实用价值和美感效果的包装形体；也可以说，造型设计就是将材料加工、组装成具有特定使用目的的器物。它是一种实用性的立体设计和艺术创造，是工业造型设计的一部分。

包装造型设计应遵循的基本原则如下。

（1）具有实用价值。保护产品、方便使用是包装造型设计的根本出发点。

（2）具有美观性。只有美化包装造型，才能实现包装的商品性和心理功能，从而促进商品的销售。例如，近年来市场上出现的利乐包装已成为包装设计的经典之作，无论是利乐三角包、利乐砖还是屋顶式包装等（图 9-1，图 9-2），都具有独特的造型，可以给消费者留下深刻的印象。

图 9-1　利乐三角包

图 9-2　利乐砖

在设计时还应注意，要尽力使包装造型符合大众美和时代美。

（3）材料及制造时的能源消耗少。以最低的能耗取得最佳效果是包装造型的重要准则。

（4）兼顾实用性、经济性和审美性等。经济性与审美性、实用性是既矛盾又统一的，正确的做法是在不损害造型美和包装功能的前提下，尽量降低包装成本。

造型设计和结构设计是密切配合、相辅相成的。不注重造型的结构设计是得不到外形美的包装容器的，反之，不以结构设计为基础的造型设计不可能产生包装功能良好的包装容器。由于包装结构可变性小，而同一结构却可以设计出多种不同的外观造型，所以一般应以结构为基础来进行造型设计。这是包装造型设计的重要特点之一。由于包装容器或包装制品都必须与消费者直接接触，都必须进入流通和销售领域，所以包装的造型设计还需要运用人体工程学理论、需要了解商品销售心理学的知识。

2. 包装结构设计

包装结构设计是从包装的基本功能和生产实际条件出发，依据科学原理对包装的外形构造及内部附件进行的设计。设计时必须保证结构有足够的强度、刚度、硬度及抵抗其他环境因素（物理的、气候的、化学的及生物的等）的能力。由于商品的性质、形态、数量及包装要求等方面的不同，包装结构也有许多形式，常见的有以下三种分类方式。

（1）按结构形态分。可以分为骨架结构、板式结构、薄壳结构、薄膜结构、编织结构和其他结构等。

（2）按结构形式分。可以分为箱、桶、筐、篓、缸、袋、瓶、罐、盒等。

（3）按包装材料分。可以分成纸、塑料、金属、玻璃陶瓷、木材和其他材料等。

研究包装的结构设计问题，除了考虑容器结构的设计原理、结构要素和容器的强度问题之外，各种容器形式的加工工艺也必须加以讨论。这构成了包装结构设计课程研究的主要内容。

从包装的目的来看，包装结构设计时必须考虑以下方面。

保护产品是包装的首要功能。一件产品从出厂到消费者手中，要经过各个流通环节，要经过长时间的流转、运输、搬运及各种气候影响，因此保护产品这一功能显得尤其重要。包装结构应采用不损害商品质量的包装形态和材料。例如：如果包装的内容物是粉状、粒状或液体，可按包装形态随意成型；如果包装内容物是固体，则包装形态一般要符合内装物本身的形态。

满足方便性的要求是现代包装的重要特征。

（1）运输、装卸、堆码、陈列、销售、携带、使用和处理等的方便性，如图 9-3 所示的包装结构就比较适于消费者携带；

（2）重复使用及多功能的特性；

（3）包装结构在显示商品的同时应具有陈列性；

（4）材料及加工工艺方面的要求；

（5）包装工艺过程对结构、造型的影响。

3. 包装装潢设计

装潢设计是运用图案、色彩、肌理和文字等要素，使用各种平面设计表现技法，以不同的色彩或色调来烘托包装造型，使产品包装获得强烈的艺术效果。

包装的装潢设计是影响产品的视觉效果和消费者购买心理的重要因素。包装装潢设计是运用艺术手段对包装产品进行的平面（视觉）设计，其设计要素包括图案、色彩、文字和商标设计等。

凡是商品，必有包装；凡是包装，必有装潢。包装装潢设计是产品包装必不可少的内容，其功能主要有以下三点。

（1）传递商品信息，树立品牌形象；包装的装潢提供关于产品的信息，独特的包装装潢设计风格有利于展示企业的形象，图 9-4 是可口可乐的瓶身和商标，其独特的设计成为品牌的象征，起到了很好的宣传效果。

图 9-3　便于携带的包装结构

图 9-4　可口可乐的品牌形象

（2）满足精神需求，提高商品附加值。随着人们生活水平和消费水平的提高，华丽及独特的包装设计在满足人们物质和精神上需要的同时，也提高了产品的附加值。装潢设计作为包装设计的一部分，自然起着十分重要的作用。

（3）维护企业及消费者的利益。主要是通过商标、标识和产品说明等装潢设计要素的运用来实现。

包装装潢设计也有其特殊性。

（1）它是一种媒介艺术。其目的是要保护商品、显现商品，说明商品和赋予商品以外观美，这样才能传达一种视觉的效果，使消费者对产品留有深刻的印象，从而起到媒介的作用。

（2）必须考虑成本问题。包装装潢的效果需要使用不同的技术手段来实现，这必然涉及成本。

（3）要研究不同民族、不同国家的风俗习惯和有关法律规定及服务对象。

（4）包装装潢设计要求形式和内容具有完美的统一性。

包装装潢首先应考虑人们的认识规律。商品的吸引力取决于它的刺激程度，更取决于人们的需求。人们的需求则是从低级向高级不断变化的。随着经济的发展，人们对商品的要求已不仅是功能的要求、生活的需求，而是更多地把精神需求和安全、卫生的要求同审美情趣相联系。更高层次的要求是将个体的身心健美与社会进步统一起来。有些包装设计则利用人们对某些人物或事物的喜爱或崇慕来推销商品。总之，装潢设计要掌握消费心理，迎合顾客的各种需要，调动他们的各种购买动机，最终决定购买，从而实现促进销售的作用。包装装潢设计研究的主要内容包括包装装潢设计的创意与构图、包装形式美的一般法则、包装装潢要素的运用及包装装潢设计的技法等。

## 二、包装设计的意义与发展趋势

### （一）包装设计的意义

（1）提高包装保护商品的功能，确保商品的价值和使用价值得以实现；

（2）适应现代化的生产、运输、装卸、仓储设备的改进，降低包装成本和流通环节的费用，提高竞争力；

（3）传递内装物的信息，激发消费者的购买欲望。

### （二）现代包装设计的主要发展趋势

1. 科学化设计

主要表现在新材料、新工艺的采用和新结构、多功能产品的运用。

在包装材料运用方面，以纸代木、以纸代塑等方面飞速发展。如图9-5、图9-6所示的纸托盘、塑料托盘代替木托盘使用；瓦楞纸板缓冲衬垫或纸浆模塑衬垫（图9-7）代替发泡塑料衬垫（图9-8）逐渐成为绿色包装的一大趋势；多层复合材料包装也越来越多地出现在我们身边。在包装新工艺方面，糖果的裹包式枕形袋早已取代扭结式包装；充气包装和真空包装工艺使得食品包装的货架寿命大幅提高。在包装新结构方面，各种造型新颖的包装容器逐渐替代陈旧老式的包装容器；塑料包装造型式样与结构日趋多样化，玻璃瓶包装已逐渐被淘汰，包装袋封口结构中无齿拉链、按扣式等新的结构形式已走进千家万户。

2. 合理化设计

由于包装技术与科学的进步，人们对包装的原理、包装材料的性质、运输环境条件的了解和模拟也越来越准确，在设计方面主要表现在选材更加合理、包装单元的容积更加适宜、包装的成本日趋降低、包装设计的宜人性越来越受到重视等几个方面。

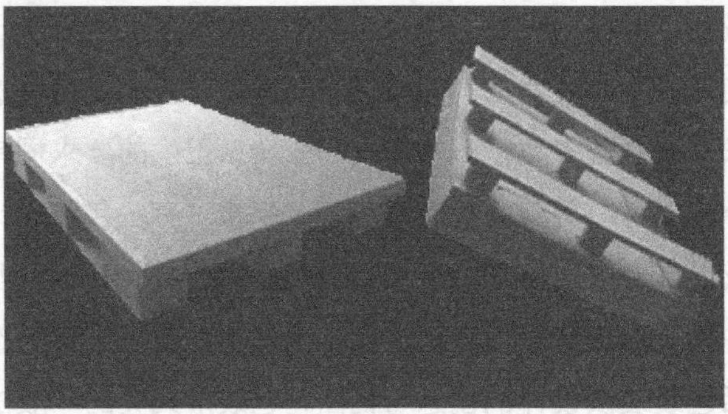

图 9-5　纸托盘

图 9-6　塑料托盘

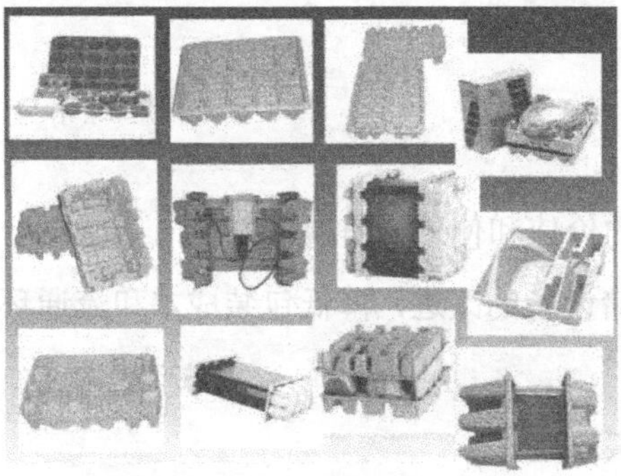

图 9-7　纸浆模塑包装制品

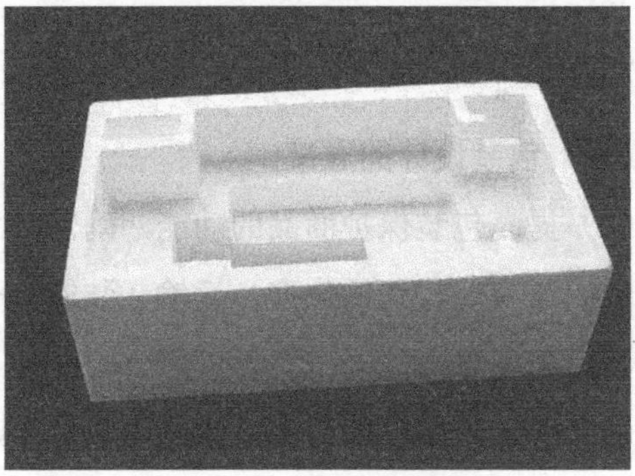

图 9-8　泡沫塑料衬垫

3. 标准化、系列化设计

越来越多的国家针对产品包装制定了相关的标准和法令；国际标准化组织（ISO）也制定了一系列标准规范包装的设计、生产和使用。例如，在包装材料的使用上，欧盟《包装及包装废弃物指令》（94/62/ EC，已颁布两次修正案 2004/12/EC 和 2005/20/EC）限制包装材料及辅助包装材料（油墨、染料、涂料、黏合剂、稳定剂、瓶盖、纤维等）成分中的重金属含量，鼓励使用含更少重金属或完全不含重金属的包装材料；在包装容器的规格方面，欧洲瓦楞纸板生产企业联合会（FEFCO）已推出《欧洲通用瓦楞纸箱占地标准》，根据欧洲使用的标准木托盘尺寸，蔬菜水果用瓦楞纸托箱的外部尺寸被确定为 CF1（597mm×398mm）和 CF2（398mm×298mm）两个尺寸。采用规范化的瓦楞纸板托盘箱以后，来自欧洲各国的产品可以随意进行分货，不再需要重新分装或改用其他规格的托盘。而美国瓦楞纸板协会已采取措施使美国标准能与欧洲瓦楞纸板生产企业联合会标准兼容，以便于美国与欧盟各国之间新鲜产品的贸易往来。这些标准，使得包装的设计、生产十分规范，包装产品的物流成本也大大下降。

系列化包装是当前包装设计的一大特点。它是将同类而不同品种或不同规格的商品包装设计，采用统一的画面或文字，统一的造型形象，使消费者从五颜六色的货架上一眼就能认出来，使商品有强烈的整体感，给人以鲜明的印象。很多产品包装都采用系列化的包装形式。例如，食品根据其不同口味、不同形状或不同类别等进行系列化设计；又如洗化用品根据其功能不同也采用系列化设计。图 9-9 为果汁产品的系列化包装设计，表现为产品品种、容量及装潢要素等的系列化。

图 9-9　果汁产品的系列化包装设计

包装设计的效果需要通过视觉传达给消费者。因而，色彩、文字、图形等既是构成包装外观形象的要素，也是包装装潢设计的主要内容。

4. 系统化的包装设计

产品包装往往是一个复杂的技术体系。业内专家很早就提出了包装系统设计的思想。这一思想认为，产品包装的问题是一个系统工程问题，涉及产品、产品包装及其流通过程的各个方面，如材料与容器制造系统、包装件物流运输系统和包装废弃物回收处理系统等。因而，其中任一部分（子系统）的设计都不是孤立的，更需要用系统工程的观点加以解决。因此，一般包装设计研究的是具体的物质系统，而以系统工程的观点，包装系统设计同时也研究非物质系统，如教育、文化、新闻宣传等，它以系统论、控制论、信息论为理论基础，但也涉及从设计方案选择到包装产品废弃处理和完全被环境消纳这一过程中的诸多专业技术知识。

5. 整体包装解决方案及 CPSS 的运行

整体包装解决方案（Complete Packaging Solution，CPS）的概念源于美国，近十多年开始在国内流行。能够提供 CPS 服务的包装企业被称为整体包装解决方案供应商（CPSS）。

整体包装解决方案是面向产品的包装问题对策和“一揽子”解决方案，它通常是由包装供应商专设的部门——包装整体解决方案部门运用专业知识并整合相关资源来提供。整体包装解决方案的定义是：基于被包装产品的，从包装设计、测试、制造、供应、储运，到包装操作过程的一系列包装产品和相关服务。从核心内容看，都是把包装业务的重心从专注于包装物料成本转向为贯穿在客户包装物料、包装过程与储运过程中的整体优化降本。

近年来，国内外出现了很多整体包装解决方案供应商，其对 CPS 的理解、CPS 事业部的组成和运行情况各不相同。迄今，成功的 CPSS 运行模式有以下两种。

① CPSS 第三方服务。包含包装技术咨询、包装产品设计、供应链管理服务等内容的综合解决方案。其中，包装咨询包括包装设计咨询、包装成本分析等；包装产品设计包括各种包装材料、辅助包装材料选择及包装方案设计等；供应链管理服务包括采购、现场包装、仓库管理等包装服务。如图 9-10 所示。这是最常见的一种 CPS 实施模式。

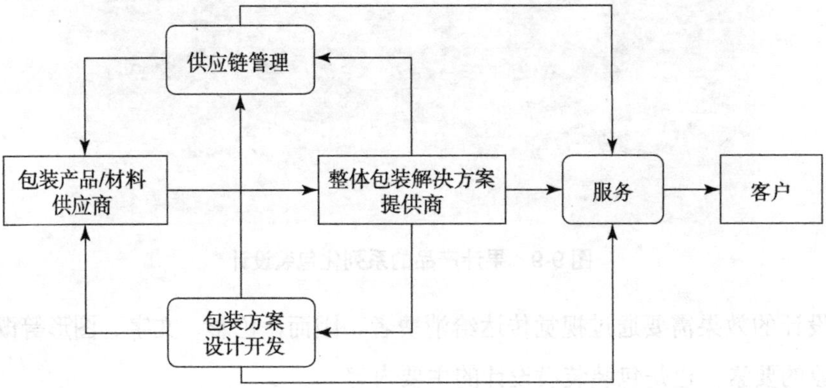


图 9-10　CPS 实施模式

② 品牌包装解决方案（Brand Packaging Solution，BPS）。它是通过完善的供应链资源整合平台，为客户提供印前、印中、印后的一体化包装印刷整体解决方案。包括产品包装创意设计、印刷制作、质量监督、技术支持、物流运输等服务内容的整体解决方案。以纸包装印刷解决方案为例，这种方法解决了品牌企业在包装纸张选择、包装设计、包装印刷等方面因供应商分散而导致的诸多问题。

包装整体的包装理念，使得产品生产企业将注意力集中在提高企业的核心竞争能力上，而将包装设计、包装制造、包装供应，甚至包装操作等作业直接外包给 CPSS，形成产品包装第三方服务模式。这是近年来国内外包装界十分关注的话题。可以看出，这也是未来包装设计领域的重要发展方向之一。

6. 包装的协同设计

协同设计，原是指为了完成某一设计目标，由两个或两个以上设计主体（或专家），通过一定的信息交换和相互协同机制，分别以不同的设计任务共同完成这一设计目标。包装产品服务于工业产品，为优化产品整体设计方案，进一步降低产品生产成本，增强产品竞争力，研究者借助协同设计的概念，提出了包装协同设计的思路并应用于生产实际，取得了较好的效果。

（1）包装制品与工业产品的协同设计。

为实现降低产品包装成本、提高包装效率、增加集合包装装载率等目的，由包装设计专家与产品设计专家协同设计，在工业产品的材料选择、结构设计、造型设计与包装产品的结构设计统一和协调设计思想，优化产品设计方案。

（2）包装制品与工业产品生产流程的协同设计。

通过创新包装制品的结构和生产流程，优化和提升工业产品生产流程、提高生产效率，改变包装企业与工业产品制造企业的供求关系。以白酒产业常用的粘贴纸盒为例。粘贴纸盒是用贴面材料将基材纸板黏合裱贴而成的一类纸盒。目前，国内包装印刷企业粘贴纸盒的生产机械化程度普遍不高，人员劳动强度大，生产效率低，尤其是大量裱贴、糊盒的工艺都需要人工完成，因而产品成本较高。而成品粘贴纸盒都是以固定的盒型进行储运，会消耗大量的仓储及运输成本；用户企业（酒企）往往需要完成人工开盒、装填商品、封盒、装箱等，劳动力成本高、生产效率低。这也是目前国内硬质粘贴纸盒生产应用的现状。江南大学联合印包企业、机械制造企业和酒企进行协同创新设计，创新粘贴纸盒的结构形式并开发自动化设备，实现其智能化分段成型与自动化装盒。其工艺方案如图 9-11 所示。

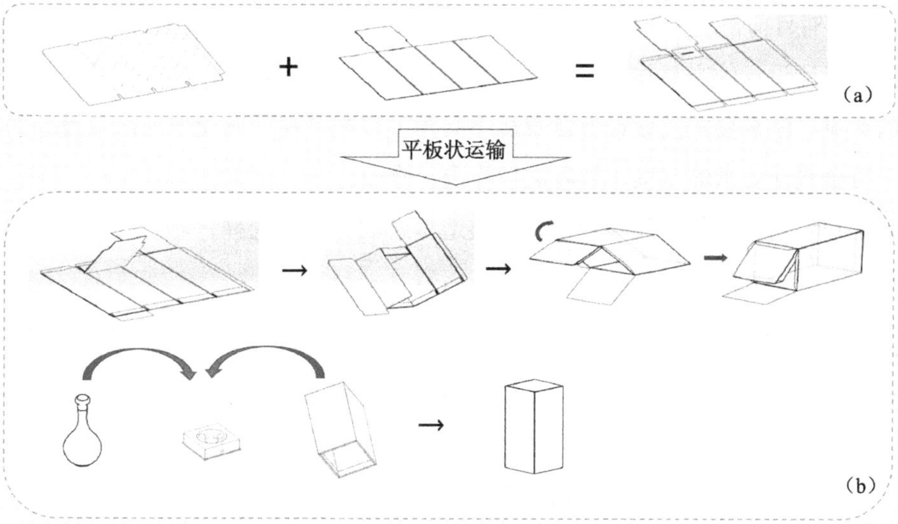


**图 9-11　粘贴纸盒的分段成型与包装方案**

（a）包装印刷企业　（b）白酒生产企业

（图片来源：无锡睿隆智能科技有限公司）

# 第二节　产品包装设计的一般程序与示例

## 一、包装设计的程序

和一般工程项目的设计类似，包装设计的程序一般包括命题（立项）、设计调研、收集资料、制定方案、设计展开（创意、构草图）、评审、设计表现和实施等步骤。

### （一）命题（确定设计项目）

承接方（乙方）接受委托方（甲方）的设计任务。需了解客户要求并在协商的前提下确定设计的指导思想、分析客户痛点。

### （二）设计调研、收集资料

设计调研包括产品调查、企业状况调查、消费者状况调查、营销状况调查、同类产品调查等。重点包括两个方面。

（1）首先确定产品的消费人群，展开对消费人群的特殊喜好和禁忌的调查；

（2）分析产品特点及包装要求。

### （三）制定方案

一方面，对目前市场上同类产品的包装设计状况做综合分析，找出其优点和不足之处。另一方面，对所设计的产品与市场需要状况做对比分析。制定设计的可行性方案。一般是把客户的意见、法规要求及设计者自身从不同角度审视产品的感受作为衡量设计的尺度，提出若干符合设计要求的方案，最后进行筛选、修改。

重点是包装材料选择与形式设计、包装造型装潢方案的选择。对于产品包装整体解决方案，还需进行包装工艺的分析和主要设备选型。

### （四）设计展开

设计展开主要包括设计创意和构图。针对以上分析，设计容器的结构、确定造型装潢的具体实施方案，形成包装结构和包装造型装潢两个方面的设计结果。对于产品包装整体解决方案，还应确定包装工艺参数和配套设备方案。

### （五）评审

真题草图评审和习作中命题草图的审定。可以通过委托单位和设计人员联合评审的方式，对设计结果进行评议、审查，提出修改意见。

### （六）其他

1. 包装结构与装潢设计表现与打样

经过客户认同并定稿以后，即可制作实物样品。

制作样品是最直观的设计表达，有助于发现包装的实际缺陷。样品制作后还要对色彩做调整。包装产品的打样往往也放在评审之前，供设计者分析设计方案的合理性。

制作时注意样品尺寸与实际尺寸相对应，可用纸、木或石膏，使用打印样稿覆盖或水彩上色等手段表达包装设计的最终效果。

2. 设计实施，有时还应包括试销

在实际设计过程中，上述程序并不是一成不变的，可以根据实际情况对某一环节进行细化和加强。

本书将通过两个示例说明产品包装设计的过程。

## 二、典型示例一：笔记本电脑包装结构设计

### 多功能笔记本电脑纸质缓冲包装衬垫的结构设计①

本例所述的多功能笔记本电脑缓冲衬垫，系针对市场上现有的笔记本电脑结构形式、性能特点及保护要求，运用纸质包装材料，设计了一种在储运期间具有缓冲保护作用，在消费者购买以后可以作为散热垫和鼠标垫使用的多功能笔记本电脑缓冲包装衬垫结构，并实现了全纸化设计。下面，结合前述的包装设计程序，简要叙述这种多功能包装衬垫的结构设计过程。

1. 确定选题（提出设计要求和设计思路）

确定的选题是设计一种用于笔记本电脑的缓冲包装衬垫。设计要求表述如下。

（1）尽可能实现包装件再利用，减少包装废弃物排放。设计的缓冲包装衬垫应具有两种以上的功能。

（2）突出绿色环保、节材减碳的设计理念。

（3）能尽量满足批量生产的要求。

（4）结构新颖，具有一定创新性。

基于上述设计要求，初步考虑选择瓦楞纸板或蜂窝纸板作为缓冲材料；衬垫应能在完成储运防护功能以后再用于其他场合，拟考虑实现缓冲保护、散热及鼠标垫等功能；产品应能方便地实现折叠及展开动作；整体造型美观、装潢方案与产品设计要求相符。

---

① 该设计方案曾在全国首届大学生包装结构设计大赛中获一等奖，并获国家实用新型专利。设计者是江南大学 2011 届、2012 届的 3 名本科学生。

2. 设计调研

笔记本电脑产品特性及现有包装形式分析。

笔记本电脑，又称手提电脑或膝上型电脑，是一种小型、可携带的个人电脑，一般重1～3kg，主要由外壳、显示屏、处理器、硬盘、内存、电池、声卡和显卡等组成。

① 产品特性。

笔记本电脑是精密的电子类产品，内部结构复杂，易损零部件较多；表面装潢细致精美，易被刮伤；在储运过程中易受到冲击、振动、静压力（由堆码产生）等因素的影响，使其损坏。

现代笔记本电脑 CPU 运行频率高，发热量大，使用时需考虑散热问题。而大多数笔记本电脑的散热孔都设计在两侧或后面；其底部为主板及显卡位置，有较高的散热要求。

目前，笔记本电脑已是寻常电子设备，在各层次学生中应用广泛。本设计定位于学生笔记本的缓冲包装衬垫设计。因此，所涉及的使用环境为宿舍、教室和室外。缓冲包装衬垫设计时需考虑这一特点。

② 现有包装形式分析。

由调研可知，目前笔记本电脑的缓冲包装形式有很多。就其材质和结构特点来说，主要有 EPS/EPE 发泡塑料衬垫，瓦楞纸板折叠衬垫，纸浆模塑衬垫及复合结构包装衬垫，等等。其中，EPS 发泡塑料衬垫回收困难，对环境的危害大；EPE 发泡塑料衬垫成本偏高、加工制造难度大；瓦楞纸板折叠衬垫成型工艺复杂，生产效率低；纸浆模塑制品的模具生产成本较高，不适应笔记本电脑更新换代较快的特点，也制约了纸浆模塑缓冲衬垫的应用；而复合结构包装衬垫大多是纸质和塑料复合，其加工工艺复杂，成本偏高，废弃物的处理也比较困难。从已有产品的性能来看，传统的缓冲包装衬垫只起防护作用，且均属一次性用品。在绿色环保意识大行其道的今天，上述缓冲包装材料及结构显然不够环保。

3. 制定方案

基于以上分析，便可针对设计要求制定初步的整体设计方案。由于本方案侧重结构设计，缓冲防护功能的具体分析和详细设计暂不做考虑。

（1）多功能衬垫结构的实现。

缓冲防护功能。全纸化缓冲包装衬垫可以选择瓦楞纸板材料和蜂窝纸板材料。考虑到瓦楞纸板折叠结构的诸多缺陷，本设计计划以经过预处理（预压缩）的蜂窝纸板作为主要材料。初步分析，预压缩压溃以后的蜂窝纸板在二次加载时无须达到首次加载时的应力峰值（图 9-12），直接进入屈服平台，可以实现产品的缓冲保护。

散热功能和鼠标垫功能。考虑使用架空结构使笔记本电脑在使用状态下悬空，利用空气对流散热的原理实现缓冲衬垫的散热功能。为此，把缓冲包装衬垫设计为上下两体，其中上体又分为大小两块，小块位于上方，合拢于下衬垫上，用来支撑笔记本电脑，使其悬空；大块位于下方，使用时翻转下来，用以实现鼠标垫的功能。

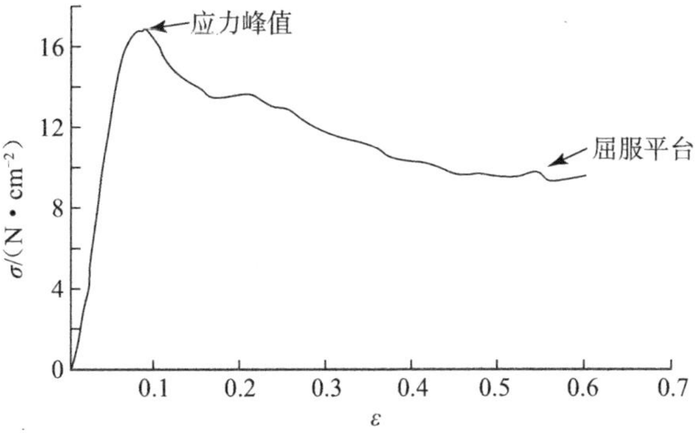


**图 9-12　普通蜂窝纸板的性能**

（2）翻折及封口结构的实现。

① 翻折结构的实现。衬垫在作为缓冲衬垫及散热垫使用过程中，要重复进行上部结构件的翻折以取出或放入笔记本电脑，因此翻折结构要有较高的抗拉强度及耐折度，选用内外贴面牛皮纸作为纸质铰链，则可以满足这一要求，其结构形式如图 9-13 所示，内外贴面在翻折中心处接触，能很好地实现翻折功能。

② 封口结构的实现。如图 9-14 所示，包装衬垫的翻盖下部与底座之间设有一组吸合磁铁，结合上下翻盖之间的坡面结构，可以使该结构自动锁合封口，并方便用户多次启闭翻盖。

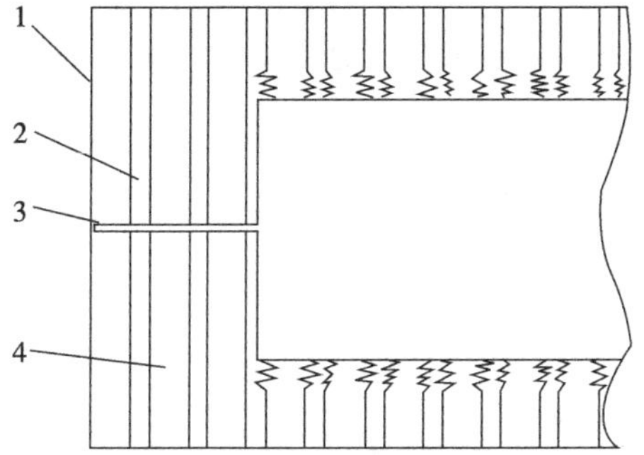


**图 9-13　翻折结构**

1- 外贴面纸；2- 翻盖；3- 内贴面纸；4- 底座

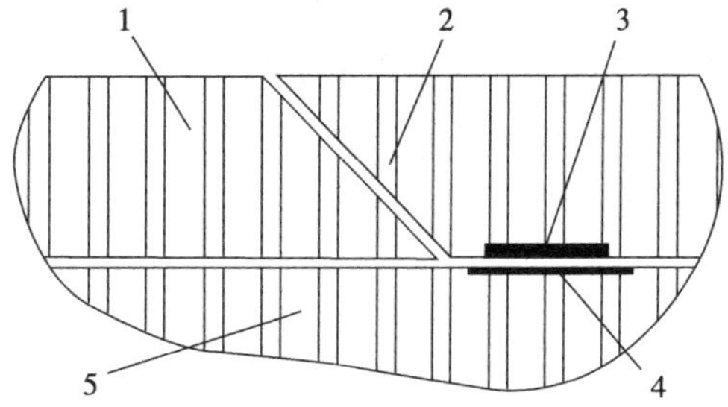


**图 9-14　封口结构**

1- 翻盖上部；2- 翻盖下部；3- 上吸合磁铁；4- 下吸合磁铁；5- 底座

（3）产品的外观处理。

① 符合环保要求的表面装饰处理。

包装衬垫的内外均采用牛皮箱板纸贴面。在装潢设计时，底色为纸张本色，只在表面采用单色油墨印刷从而构成简洁、明快的图案，在凸显个性和品牌特色的同时给人以原生态的亲切感，体现了绿色环保的设计理念。

② 传统“中国风”与商品现代感的结合。

由于设计对象并不是简单的一次性缓冲包装衬垫，为更好地实现其后续功能，更好地体现绿色、低碳设计理念，设计者通过加入“京剧脸谱”这一元素而使产品蕴含浓厚的中国风（图 9-15），给消费者以独特的视觉感受。

图 9-15　装潢图案设计

4. 设计展开

（1）衬垫整体结构设计。

本设计的核心是由蜂窝纸板经模切、预压缩并使用包装纸贴面修饰成型。整体结构采用了全纸化包装设计，主要材料为蜂窝纸板和牛皮箱板纸；通过多功能结构设计，延伸了包装的使用功能，使其不仅可以像普通电脑包装衬垫一样起保护电脑的作用，还能在之后电脑的使用过程中充当散热垫的作用，同时，还巧妙地融合了鼠标垫的功能。

如图 9-16 所示，缓冲包装衬垫主要由翻盖上部 1、翻盖下部 3 及底座 2 经内外贴面纸分别贴面构成，底座 2 和翻盖上下部 1、3 均为经过模切预压的蜂窝纸板（图 9-17）。其中，4 是蜂窝纸板的原始状态，5 是压缩以后的状态，贴面材料为牛皮纸或其他韧性纸张，分为内贴面纸 6、外贴面纸 7，用以保证其表面耐磨性和铰链强度。

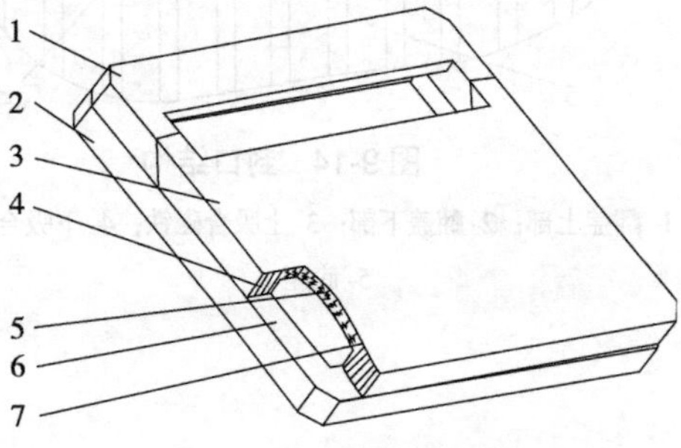


图 9-16　缓冲衬垫整体结构

1- 翻盖上部；2- 底座；3- 翻盖下部；4- 蜂窝纸板原始状态；
5- 蜂窝纸板预压状态；6- 内贴面纸；7- 外贴面纸

图 9-17　经模切预压处理的蜂窝纸板

如图 9-18 所示，在翻盖上部与底座接合处设有吸合磁铁 1，结合上下两翻盖之间的斜切结构 2，可以使该结构方便地启闭。

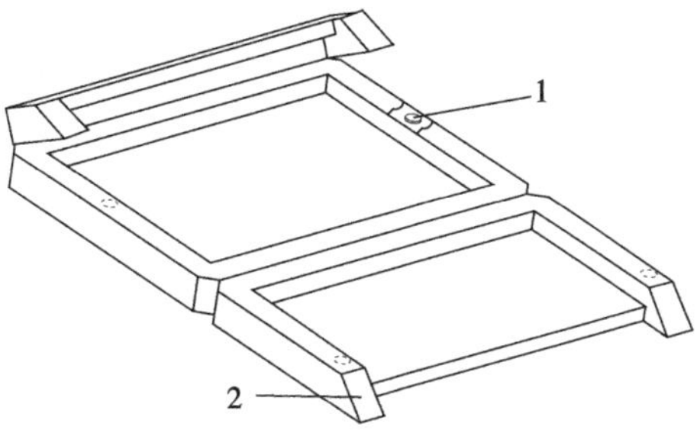


**图 9-18　吸合磁铁与斜切结构示意图**

1- 吸合磁铁；2- 斜切结构

（2）贴面结构。

如图 9-19、图 9-20 所示，设计方案中使用的内外贴面均为牛皮箱板纸或其他韧性纸张经切割、压痕、折叠形成，用淀粉胶进行贴面，便于废弃物的回收处理。

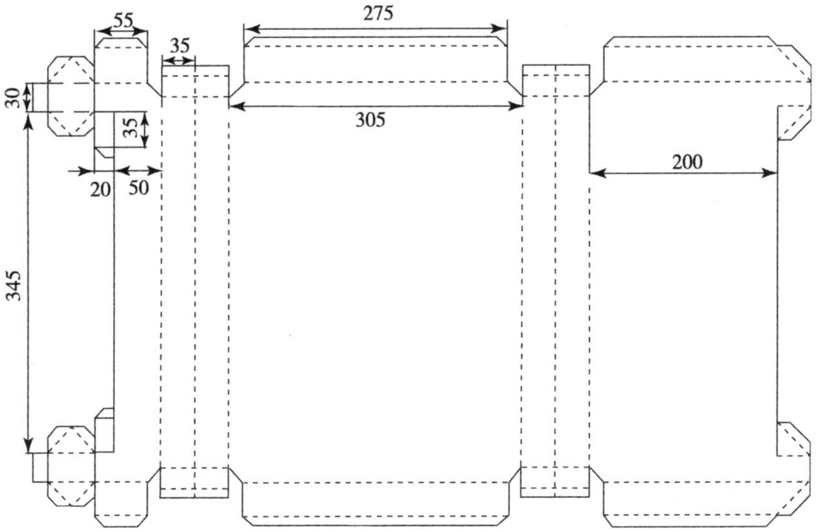


**图 9-19　外贴面纸**

图 9-21 和图 9-22 是根据上述设计方案制作的笔记本电脑缓冲包装衬垫实样图。其中，前者是衬垫整体作为散热垫和鼠标垫使用的状态；后者是闭合后作为缓冲包装衬垫使用时的状态。此时，翻盖上部的磁铁与底座上的磁铁相互吸合，衬垫整体闭合。

如今，全纸化包装已成为电子产品包装的主流趋势，而多功能包装产品则更好地体现了低碳、环保的设计理念。本方案较好地实现了预定的设计要求，完成了一种笔记本电脑的多功能缓冲包装衬垫的结构设计，并初步进行了装潢方案设计。

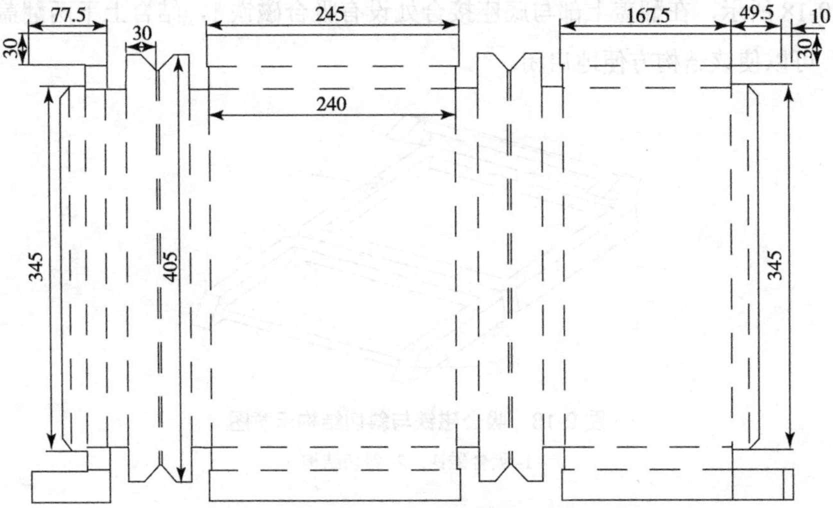


图 9-20　内贴面纸

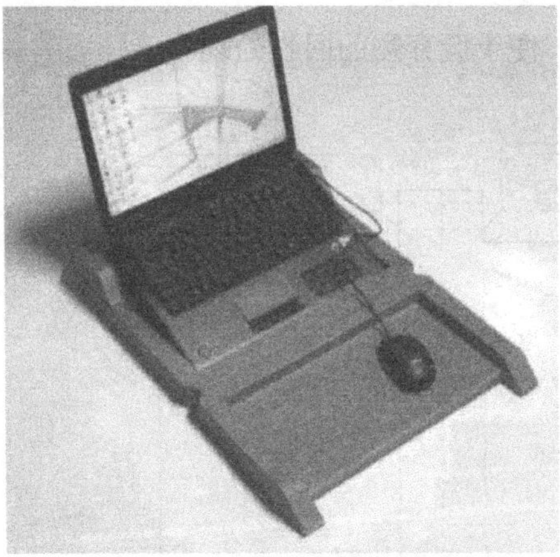

图 9-21　电脑使用状态

图 9-22　电脑包装闭合状态

## 三、典型示例二：立式吸尘器产品的整体包装改进设计①

目前，国内厂家的大部分吸尘器类小型家电产品都采用 EPS 或 EPE 与瓦楞纸板的混合包装方案，但由于 EPS 材料废弃后不易降解、难以回收、易对环境造成污染，而 EPE 材料有采购成本高、性价比低等缺点。以下是基于包装材料绿色化和包装成本控制的原则进行产品整体包装优化设计的例子。

由调研得知，该产品的原包装尺寸为 360mm×240mm×760mm，包装材料为纸、泡沫复合，原集装箱装载率约 94.66%，装载个数为 1079 个，包装生产线用工为 10 人。现

① 该案例摘自针对某知名清洁电器生产企业进行的整体包装改进设计方案。设计者是江南大学 2017 届、2018 届的 2 名硕士研究生。

提出优化目标为：采用全纸化包装，提高包装效率、提高装载率，使总成本下降 10% 左右。设计过程如下。

（1）进行产品结构特性及包装要求分析；

（2）进行整体包装方案，包括内外包装结构设计；

（3）进行包装生产流程优化；

（4）进行集装箱装载率分析与尺寸进一步优化。

*1. 产品结构特性及包装要求分析*

（1）产品的结构组成。

吸尘器的种类较多，根据结构和使用方式可分为立式、卧式、便携式吸尘器。本例所述的吸尘器为立式吸尘器，产品外壳材料主要为 ABS 和 PC，材料强度高，经久耐用。

如表 9-1 所示，该款吸尘器附带全套多功能配件，包括主机、手柄、地刷、床褥刷，软管等。主机配备有 7m 长电源线和 2.57m 长软管，可实现远距离作业；底座为两轮车架，轮子可实现 360 度转向，移动方便；附加尘格和毛刷等附件，易清理且可随时更换；整体造型美观大方，属高档产品。

产品出口欧洲、美国和亚洲各国，每一款机身和附件的大小形状基本相同，但配件样式较多，附件个数和种类会实时根据用户需求更改，因此每次装箱的附件数量不同直接导致产品的包装难以形成统一标准化方案。目前，吸尘器生产线主要通过人工包装和人工装箱，操作工每次需根据要求实时地调整装箱零部件的个数和种类，操作效率低下，易发生配件数量与客户需求清单不一致，造成生产线管理混乱。

（2）产品的易损特性。

由调研分析得知，吸尘器容易受损的部件为吸尘器的外壳、地刷头保护盖及其圆桶尘杯，这些部件都是薄壁塑料部件，均属于脆性材料，根据调研发现吸尘器元器件主要包括以下四种损坏模式。

① 吸尘器的外壳，地刷头部的保护盖及其圆桶的棱角等突出部位由于承受冲击过载而发生凹陷等塑性变形；

② 吸尘器的外壳，地刷头部的保护盖及其圆桶的棱角等突出部位也均属于应力集中部位，这些部位由于冲击过载而发生开裂等脆性断裂；

③ 吸尘器的部分元器件由弹性材料制作而成，由于承受长时间的交变应力，当超过其强度极限时，易发生疲劳破坏；

④ 吸尘器的外壳，地刷头部的保护盖及其圆桶，这些部位的表面，在冲击振动作用下，与包装箱产生摩擦，致使吸尘器表面磨损。

**表 9-1　立式吸尘器附件及规格**

| 名　　称 | 图　　片 | 名　　称 | 图　　片 |
|---|---|---|---|
| 1. 主机 | 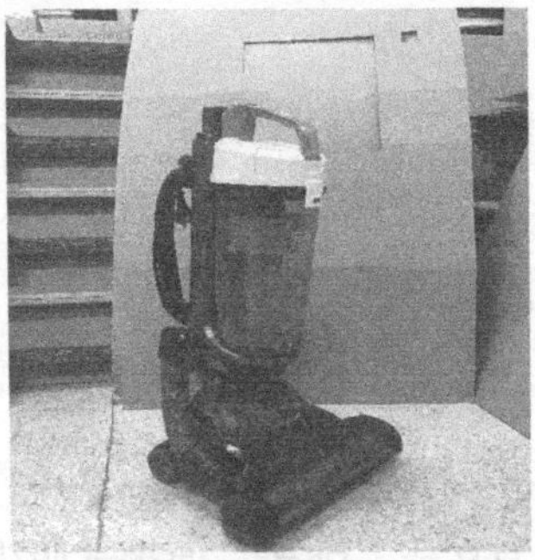 | 2. 手柄 | 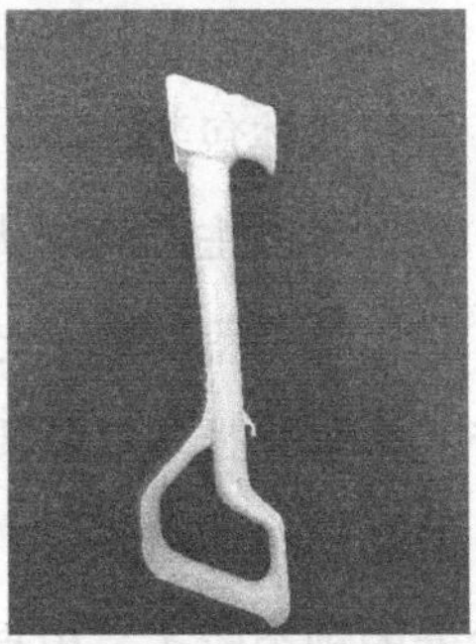 |
| 参数 | 外形尺寸：310mm × 260mm × 650mm<br>重量：6kg | 参数 | 外形尺寸：580mm × 170mm × 80mm<br>重量：0.45kg |
| 3. 地刷 |  | 4. 床褥刷 | 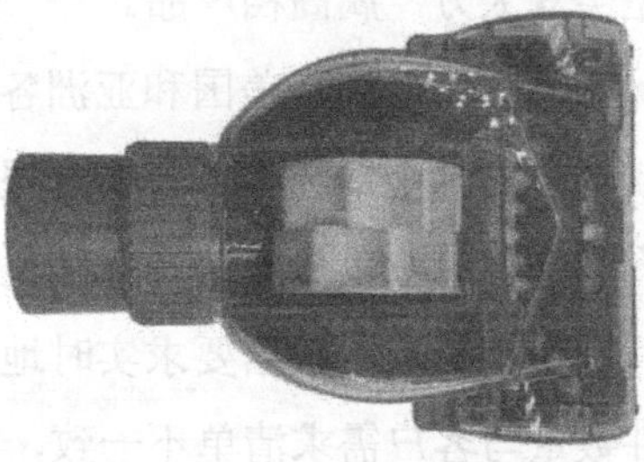 |
| 参数 | 外形尺寸：115mm × 40mm × 40mm<br>重量：0.14kg | 参数 | 外形尺寸：160mm × 60mm × 60mm<br>重量：0.2kg |
| 5. 软管 | 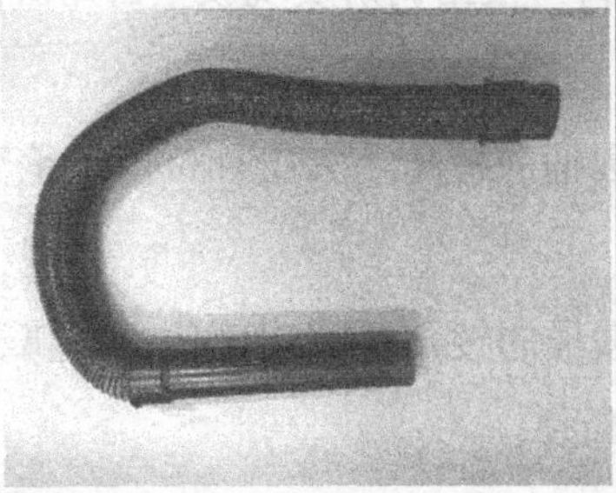 | | |
| 参数 | 外形尺寸：745mm × 220mm × 40mm<br>重量：0.9kg | | |

（3）产品脆值。

在进行包装设计时，首先应该考虑满足产品的安全防护性能。吸尘器产品属于小型家电产品，采用的防护技术为缓冲包装技术，在设计吸尘器产品的缓冲包装时，应该先确定产品的脆值，以此作为设计缓冲包装的依据。

本例采用经验估算的方法或类比法来近似地预估产品的脆值。经查相关资料，取本例吸尘器产品的脆值约 80G。

（4）产品的流通环境。

讨论产品的流通环境，是确定产品在生产、储运和销售过程中所遭受的外力情况，从而得到其冲击、振动和堆码强度的特征值，用以进行缓冲性能分析和包装件结构性能计算。

在本例中，产品运输条件较为和缓，缓冲防护要求不高，侧重考虑包装件仓储运输条件下的抗压能力。

立式吸尘器产品主要出口，其运输堆码的情况大体如下。

① 运输时，使用集装箱装载，汽车运输；

② 工厂仓储堆码最大层数要求 8 层。

（5）立式吸尘器产品包装的其他设计要求。

产品包装设计方案应适应小家电多样化、复杂化的特点。根据调查结果的分析，该产品包装需要考虑以下因素。

① 从环保性和经济性的角度出发，尽可能节省材料资源，实现可回收再利用，符合绿色环保的理念，满足企业经济性目标。

② 产品结构复杂，附件多，在包装时应设计固定的摆放位置，使其在包装箱内布局更加规整合理，设计过程中考虑到结构尺寸的合理性，实现包装材料成本降低的目标。

③ 需要优化作业流程，简化中间环节，缩短物流路线，减少物料的中途停顿与闲置时间，尽可能实现机械化生产，提升企业竞争优势，创造更多的利润。

④ 充分考虑产品的仓储模式，主要为堆码高度或者堆码层数。规格确定的货柜和集装箱，对货物堆码高度有客观限制，因此设计产品外包装箱时，应使尺寸合理配合标准集装箱，提高装载率，尽量满足最大装柜量，降低物流成本。

⑤ 总体方案应具有通用性，适用于企业同系列所有产品。

2. 整体包装方案设计

对立式吸尘器进行完整的整体包装方案设计，研究高效、安全、低成本的合理化包装方案。根据整体包装设计思路，对产品各方面信息进行充分的分析研究，包括从产品特性到流通环境等各环节信息的收集调研，对产品内外包装进行材料选择和结构尺寸设计，兼顾生产线结构布局和物流运输规划等。

包装件结构初步设计。

包括包装材料选择、内外包装衬垫设计、外包装箱设计及校核等。之所以称为初步设计，是因为具体的尺寸还需要用装箱率进行考核才能确定。

（1）产品包装材料选择。

根据包装要求分析和经济性原则，包装外箱选用五层 BE 瓦楞纸板，$t$=5mm，代号为 D-1.2，根据 GB/T 6543 查得其最小耐破强度 1100/kPa，边压强度不低于 5kN/m。瓦楞衬垫选择五层 BE 瓦楞纸板，$t$=4.5mm，代号为 D−1.1，最小耐破强度 800/kPa，边压强度不低于 4.5kN/m。

（2）内包装衬垫设计。

立式吸尘器附件较多，拟采用瓦楞纸板设计上下瓦楞衬垫进行缓冲防护及主机、零部件的定位。

① 上瓦楞衬垫。

上瓦楞衬垫设计为内嵌反折结构，根据吸尘器机身和各个附件的结构与尺寸进行对应开槽设计，实现支撑固定和精准定位，防止在运输过程中由于冲击振动导致附件和机身发生碰撞；避免在取用产品时主机与附件发生干涉作用；保证附件在包装箱内规整摆放；设计顶衬盖板使其拥有美观、高档的视觉感。

本设计产品主要是出口欧洲，附件为地刷、软管、手柄、床褥刷。出口亚洲和美国的产品附件数目有所减少，即可针对实际情况决定本设计中原附件开槽位置是否进行开槽，无须重新设计。上瓦楞衬垫展开尺寸如图 9-23 所示。样品如图 9-24 所示。附件摆放如图 9-25 所示。最终效果如图 9-26 所示。

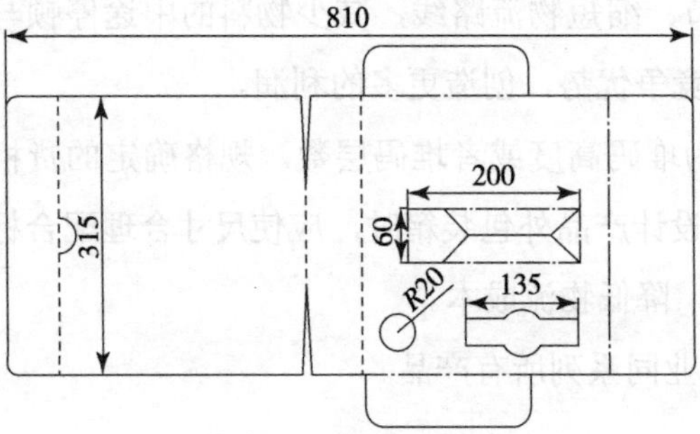


图 9-23　上瓦楞衬垫尺寸

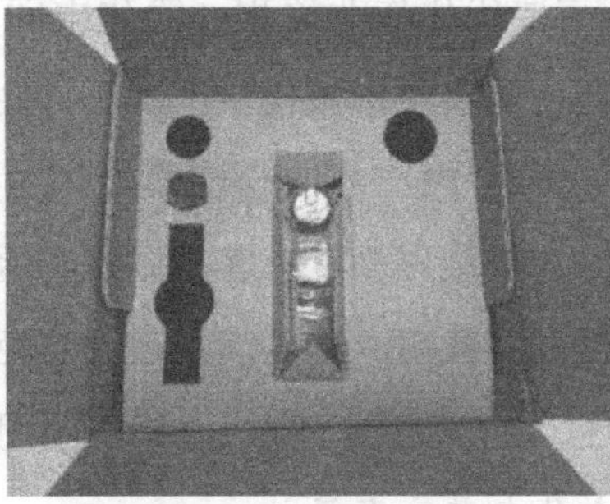

图 9-24　上瓦楞衬垫

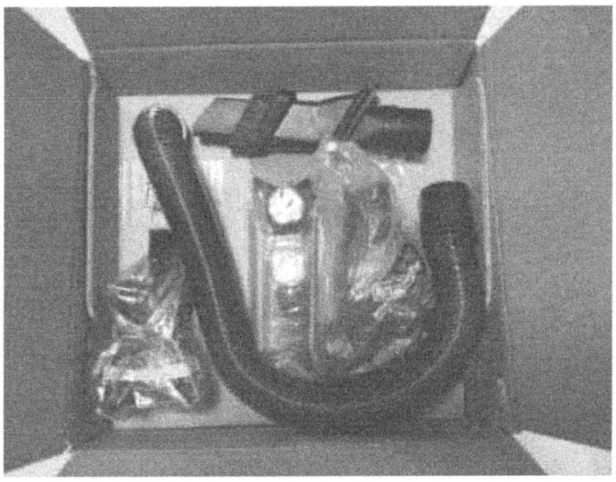

图 9-25　附件摆放方式

图 9-26　装箱效果

② 下瓦楞衬垫。

下瓦楞衬垫设计为内嵌反折结构，系列化立式吸尘器底部滚轮大小，形状和固定位置完全相同，当吸尘器立式放置时，利用瓦楞纸板本身缓冲特性对吸头部位形成缓冲；折叠后形成双层缓冲结构，提高其薄弱部位安全性；对轮子进行精确定位，保证运输过程中产品的支撑固定。下瓦楞衬垫展开尺寸如图 9-27 所示。样品如图 9-28 所示。

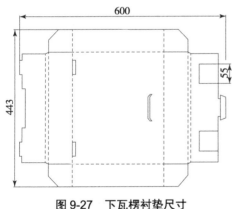

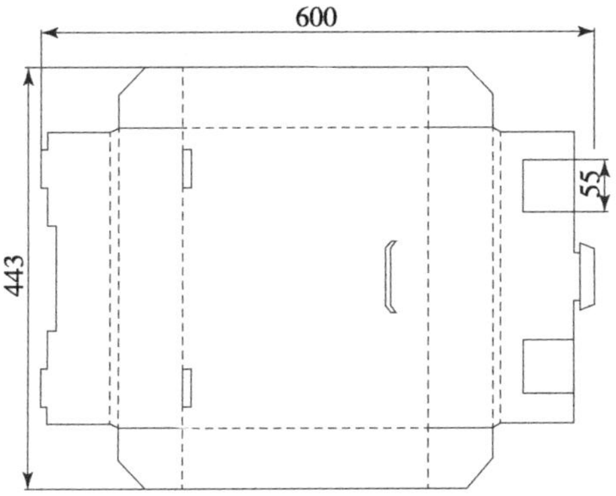


图 9-27　下瓦楞衬垫尺寸

图 9-28　下瓦楞衬垫

（3）瓦楞纸箱。

① 瓦楞纸箱的箱型及尺寸设计。

为方便、省料起见，外包装用瓦楞纸箱箱型选 0201 箱。纸箱内尺寸由内装零部件的尺寸决定，提高纸箱内部空间最大利用率的同时，还须依据集装箱的尺寸对外箱尺寸进行调整，以达到集装箱装载率最高值。

计算可得外箱内尺寸 $L_i \times B_i \times H_i$ 为 315mm×295mm×653mm，制造尺寸 $L \times B \times H$ 为 320mm×300mm×659mm，外尺寸 $L_O \times B_O \times H_O$ 为 324mm×304mm×670mm。绘制瓦楞纸箱平面设计图如图 9-29 所示。

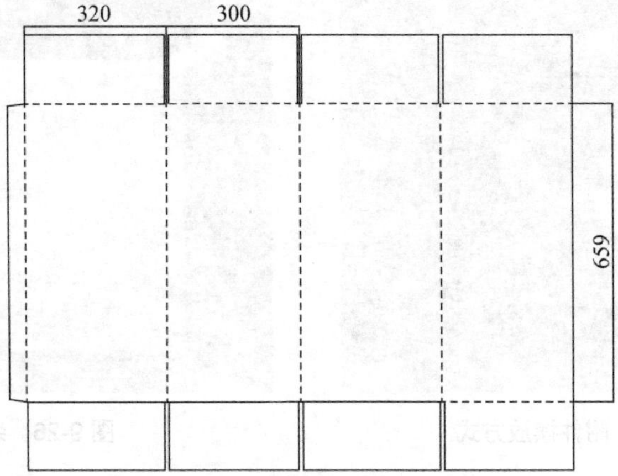


图 9-29　纸箱平面设计图

② 瓦楞纸箱原材料的规格等级确定。

纸箱外尺寸为324mm×304mm×670mm，考虑集装箱的最小内尺寸为12032mm×2352mm×2690 mm，集装箱内最多堆码4层；在生产场地仓储时，堆码层数可达8层。据此，可计算瓦楞纸箱的负载，并考虑到储运、加工等条件，选取合适的安全系数后，确定最大堆码强度，本例计算所得为3000N。然后，可通过经验公式和相关标准确定原材料（箱纸板和瓦楞原纸）的规格等级。

③ 瓦楞纸箱的强度校核。

在本例中，瓦楞纸箱的强度校核主要是抗压强度校核，包括计算分析校核和试验校核两步。前者可通过前面所选择的原材料规格参数反求计算瓦楞纸箱具有的抗压强度，如不满足，则可以调整材料规格及参数；后者是在计算校核基础上用纸箱抗压试验机进行要求堆码条件下的抗压强度测试。试验后包装箱不应破损；试验后包装箱变形量不超过10mm；试验后包装箱内的部件不得出现任何损坏（变形、压碎、弯曲、凹痕）。

### 3. 产品包装生产流程优化

（1）原包装流程。

原包装流程如图 9-30 所示。

由图看出，原有包装生产线呈直线型，一条包装生产线需要工人 10 名；生产线主要使用人工包装，效率比较低；另外，直线型生产线布局占据较大面积的场地。这都需要进行优化设计。

（2）包装生产线流程优化设计方案。

提出了 U 形操作生产线，布局较合理，占地面积大幅度减少，约为直线型的一半。引入部分设备并优化包装工艺过程，使工人数量从 10 人降至 6 人，提高生产作业效率。

改进包装生产线流程如图 9-31 所示。打包流程如图 9-32 所示。

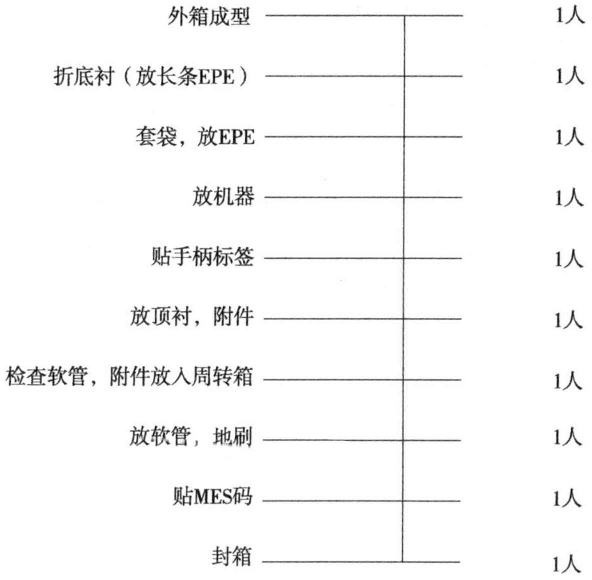


图 9-30　原包装生产线流程

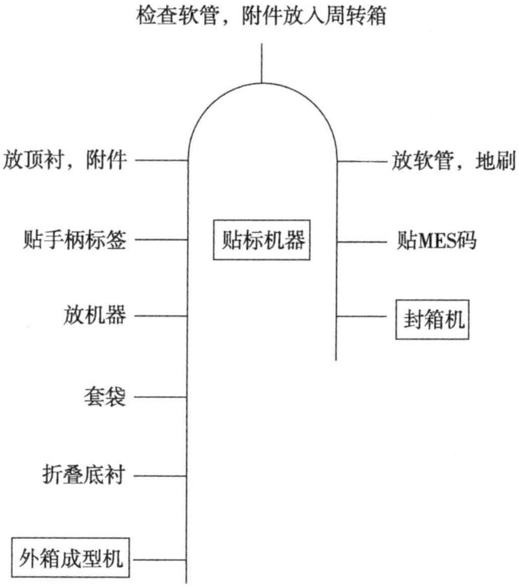


图 9-31　改进包装生产线流程

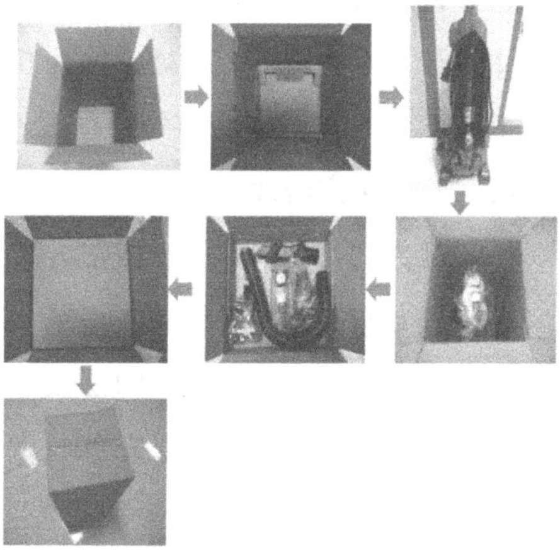

图 9-32　包装打包流程

4. 集装箱装载率分析

装载率是评估货运效率的有效指标。现有包装外箱外尺寸为 340mm×260mm×760mm；本设计方案纸箱外尺寸为 324mm×304mm×670mm。运用装箱软件，根据表 9-2

的标准 40HQ 集装箱规格计算出各尺寸集装箱的装载率。

表 9-2　集装箱规格（GB1413—1978）

| 型号 | 内部尺寸 /mm | | | 外部尺寸 /mm | | | 总重 /t（包括货物） |
|---|---|---|---|---|---|---|---|
| | 长 | 宽 | 高 | 长 | 宽 | 高 | |
| 40HQ | 12032 | 2352 | 2690 | 12192 | 2438 | 2896 | 22 |

原包装箱装箱图如 9-33 所示，本设计方案装箱图如图 9-34 所示。

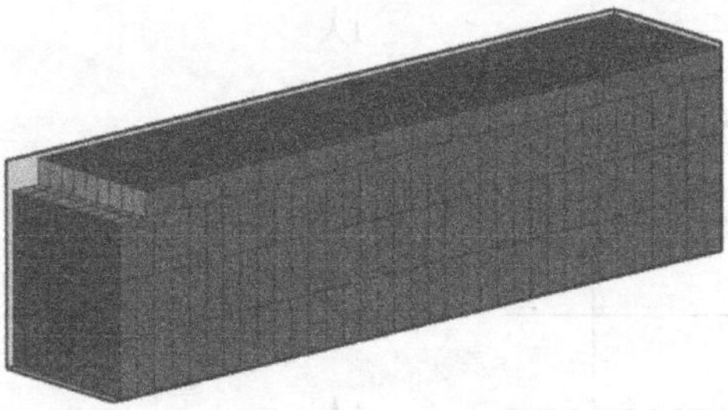

图 9-33　原包装箱装箱

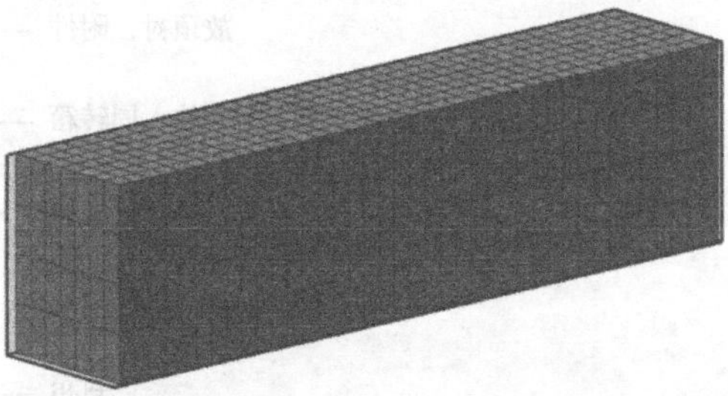

图 9-34　本设计方案装箱

原方案集装箱利用率为 94.66%，装载个数为 1079 个，本例设计方案集装箱利用率为 95.32%，装载个数为 1092 个。装载率提升了约为 1.2%。

5. 包装整体方案成本分析

（1）包装材料成本对比。

本设计方案中纸箱面积减小约为 0.02m²；上下衬垫减少纸板用量面积约为 0.22m²；取消了 EPE 发泡材料。参考市售材料成本计算，本设计方案原材料成本降低约 13%。

（2）包装生产线成本对比。

本设计方案可使包装生产线工人数量从 10 人降至 6 人，直接降低人力成本 40%。

（3）集装箱装载率对比。

本设计方案装载率提高约 1.2%。从装载率计算来看，外包装箱可根据现有包装方案进行尺寸优化，即调整外包装箱的长宽高尺寸比例，以进一步提高集装箱装载率。具体过程本书从略。

从完成的立式吸尘器整体包装设计方案来看，本方案可以较好地实现优化目标。

# 第三节　现代设计方法在包装中的应用

现代设计方法是随着当代科学技术的飞速发展和计算机技术的广泛应用而在设计领域发展起来的一门新兴的多元交叉学科，它是基于现代设计理论形成的方法，是科学方法论在设计中的应用，融合了信息技术、计算机技术、系统工程和管理科学等领域的知识，借助现代设计理论指导包装设计可以减少传统设计中的盲目性和随意性，提高设计的主动性、科学性和准确性。

现代设计方法是以设计产品为目标的一个知识群体的总称。在工程设计领域，它的内容主要包括优化设计、可靠性设计、计算机辅助设计、工业艺术造型设计、虚拟设计、疲劳设计、三次设计、相似性设计、模块化设计、反求工程设计、动态设计、有限元法、人机工程、价值工程、并行工程、系统工程、人工神经元计算方法等。在运用现代设计方法进行工程设计时，一般都以计算机作为分析、计算、综合、决策的工具。本节简述几个在包装中应用现代设计方法的例子。

## 一、包装系统设计

如本章第一节所述，用系统的观点看产品包装，它是由若干个子系统组成的，如材料与容器制造系统、包装件物流运输系统和包装废弃物回收处理系统等。包装系统设计的方法就是通过分析包装系统各要素之间的内在联系和相互关系，运用系统工程观念进行包装形式、包装材料与包装结构、包装技术与包装作业装备、包装装潢与印刷技术、运输包装和包装废弃物处理等设计要素的设计，并运用系统评价方法对产品包装系统的性能、效应进行评价。

举例来说，在确定瓦楞纸箱尺寸时，一般的做法是依据内容物的尺寸、数量和排列方式来设计纸箱的内尺寸。若用系统的观点考察这一问题就不难发现，这样设计的纸箱有很大缺陷：未考虑操作方便性和流通成本问题。而在设计时考虑到涉及包装纸箱尺寸的诸多制约因素，如人机工程学因素（堆码、捆扎、搬运方法、搬运方便性等）、托盘尺寸、货车车厢尺寸、集装箱尺寸以及配货架的尺寸大小等，则纸箱的尺寸设计将会更加科学、合理。

## 二、包装计算机辅助设计与辅助分析（CAD/CAE）

计算机在包装工程中的应用领域有许多，大体可以分为四类。

1. 包装计算机辅助设计技术（PCAD）

如包装计算机辅助分析（CAE）技术，可以进行包装材料试验与数据分析、包装容器或结构的承载性能分析等。

包装计算机辅助试验（CAT）及仿真技术，可以进行包装机械关键部件和包装工艺过程的仿真；可以进行包装材料或包装件的模拟试验等。

使用的软件可以是通用商品软件，即可以对多种类型对象的物理、力学性能进行分析、模拟、预测、评价和优化，以实现产品技术创新的软件。例如，NASTRAN、ADAMS、ANSYS、MARC、ADINA、COSMOS 及 ABAQUS 等；也可以是专门针对特定类型的对象所开发的用于性能分析、预测和优化而开发的软件。

2. 计算机辅助视觉传达设计（Visual Communication Design）

运用各类平面设计和 CAD 软件如 Adobe Photoshop、Macromedia Freehand、Corel DRAW、3DMAX 及 PRO/E、SolidWorks、AutoCAD 等进行包装装潢与造型设计和结构创新设计。

3. 包装 CAD 系统开发

运用高级计算机编程语言针对包装工程应用中的典型问题编制专门软件。例如，包装 CAD 系统（如缓冲包装设计软件、纸盒纸箱设计软件、包装件装箱优化分析软件和玻璃包装容器设计软件等）和智能化包装设计系统（包装设计专家系统）等。

4. 包装过程计算机控制与管理

例如，瓦楞纸板生产线管理系统、包装行业 MRP、ERP 等专业软件。

## 三、绿色包装设计

绿色包装设计的内涵和设计方法，本书在第 6 章已有介绍。

## 四、智能包装设计

智能包装是指在包装中加入智能器件或者利用新型材料、特殊结构和技术，使包装具备模拟人的某种功能，或能替代人的某种行为，在满足传统包装功能的基础上，对产品质量、流通安全、使用便捷等特性进行主动干预与保障，以更好地实现产品包装的功能。按一些学者的看法，一般可将其分为生物智能型包装、机械智能型包装和数字智能型包装三类。这是一个发展迅速的技术领域。

1. 生物智能型

是指通过运用新型包装材料，并借助材料与材料之间的化学反应来改善和增加包装的功能，以达到和完成特定包装的目的。常见的生物智能型包装，是指采用光电、温敏、湿敏、气敏等功能材料，对环境因素及内装物状态具有“识别”和“判断”功能的包装。建立在这种材料基础上的生物智能型包装有警示型智能包装和控制型智能包装。

2. 物理机械智能型

是指借助压力、弹力、结构设计等物理机械原理，改善包装结构，使包装拥有某些特殊的功能和智能特征。例如，显窃启型智能包装、计量型智能包装、儿童安全型智能包装等。

3. 数字智能型

又称信息型智能包装。是指以通过植入芯片、编码等技术反映包装内容物状况及其运输、销售等过程信息的新型包装。一般可分为信息传达型和信息管理型智能包装。专用信息芯片、二维码、RFID及GPS等都可以在不同程度上实现包装件的信息传达和智能管理。

## 五、其他现代设计方法在包装设计中的应用

1. 优化设计

优化设计方法首先要求将设计问题按优化设计所规定的格式建立数学模型，选择合适的优化方法及计算机程序，然后再通过计算机的数据运算，获得最优设计方案。这种方法多应用于包装成本分析和包装结构优化等。有时还可以结合有限元法进行优化分析。

2. 可靠性设计

可靠性设计是指在规定时间内、规定的条件下，以概率论和数理统计为理论基础，以失效分析、失效预测及各种可靠性试验为依据，以完成产品规定功能为目标的现代设计方法。可以用来研究运输包装件的疲劳问题、包装机械重要零件的可靠性问题等。

3. 反求工程设计

反求工程设计是与将实物转变为CAD模型相关的数字化技术和几何模型重建技术的总称。它是通过实物或技术资料对已有的先进产品进行分析、解剖、试验，了解其材料、组成、结构、性能、功能，掌握其工艺原理和工作机理，用以进行消化仿制、改进或发展、创造新产品的一种方法和技术。它是针对消化吸收先进技术的系列分析方法和应用技术的组合。在包装容器的创新设计与数字化加工、包装机械关键零件的反求设计方面发挥作用。

4. 人机工程设计

从产品包装设计的规律出发，人机工程设计主要体现在两个方面：一是包装产品的宜人化设计，即以人（消费者）为本进行包装产品的结构、外形和其他要素设计；二是从人机工程学的角度考虑包装产品与包装机械、包装机械与人（操作者）的关系，以提高生产效率、更好地满足人的需求。

5. 有限元法

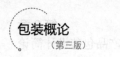

有限元法是以计算机为工具的一种数值计算方法。目前，该方法不仅能用于工程中复杂的非线性问题、非稳态问题（如结构力学、流体力学、热传导、电磁场等方面的问题）的求解，还可以用于工程设计中进行复杂结构的静态和动力学分析，并能准确地计算复杂零件的应力分布和变形，成为计算复杂零件强度和刚度的有利分析工具。在包装结构分析、包装工艺分析中得到了广泛应用。

## 本章思考题

（1）产品包装整体解决方案包含什么内容？以你的理解，它对产品包装设计人员提出了什么要求？

（2）试选择一种典型产品的包装，运用现代包装设计的方法概念进行分析和评价。

# 第10章 军品包装综述

## 第一节 概述

军品包装是整个包装体系中的重要一环。本章主要介绍军品包装的含义、重要性、军民融合发展的背景及军品包装标准化等内容。

### 一、军品的定义

军品是对军事装备、军用物资的统称。

1. 军事装备

军事装备是一个发展中的概念。1997 年版《中国人民解放军军语》中有明确定义。

装备——武器装备的简称。

武器装备——用于实施和保证作战行动的武器、武器系统和军事技术器材的统称。

2002 年总装备部组织编写的《军事装备管理学》把武器装备划分为战斗装备和综合保障装备两大类。其中，战斗装备又分为主战装备和电子信息作战装备；综合保障装备又分为专用保障装备、通用保障装备和阵地工程设施。

《中国军事后勤百科全书》中定义如下。

后勤装备——军队为实施后勤保障所编配的专用车辆、运输工具、设备、器材、装具等的统称。是构成军队战斗力的重要因素，是遂行后勤保障任务的基本条件。

后勤装备按使用范围分为通用后勤装备与专用后勤装备。

2. 军用物资

军用物资在《中国人民解放军军语》中分为通用物资和专用物资，定义如下。

通用物资——诸军兵种均可使用的物资。例如：弹药、油料、被装、粮秣、药品、钢材、水泥等。

专用物资——军兵种的特种装备和具有特殊用途的物资。例如：飞行服、舰艇主机、坦克发动机、特种食品等。

## 二、军品包装的定义

军品包装（Military Package，亦称军用包装）指符合军事要求的产品包装。即使用适当的材料、容器和方法对军事技术装备进行专门的工艺处理，使其在军事装卸、运输、储存、管理和使用等过程中，保证产品在全寿命周期内能够抵御外来的物理、化学、生物等影响，达到保护产品、方便保障和方便使用的目的而采取的技术措施。

军品包装是指军事装备、物资的包装，它是包装领域的一个重要分支。军品包装应符合军事要求，它是确保军事装备高可靠、长寿命的重要措施，是对军事物资实施科学管理的基础，是军事装备进入作战使用的必要条件，尤其是现代军事装备，包装是其转化为战斗力、保障力的必要技术手段。

## 三、军品包装的作用和意义

### （一）军品包装是提高装备可靠性的重要手段

质量虽然是军品可靠性的基础，但装备所处的环境对可靠性的影响也十分重要。为此，许多国家的军队都把装备器材质量与环境因素综合在一起考虑，并称之为质量环境。而在整个质量环境工程系统中，包装有着特殊的、不可或缺的用途，成为在复杂环境条件下，通过材料工程技术与包装工程技术，提高装备器材可靠性的重要手段。包装在提高装备器材可靠性方面，基本上要通过三个途径来实现。一是通过材料特性和容器结构缓冲来降低外力因素对内装物造成的可靠性降低；二是通过密闭性材料和各种防护包装技术阻隔外界条件对内装物造成的可靠性降低；三是通过包装实现实时检测临近内装物的可靠性状态，以便及时采取保证可靠性的措施。

### （二）军品包装是提高保障效能的重要因素

保障效能通常是指保障的效率和能力，具体来说，就是保障的及时性、准确性、适量性。包装在提高保障效能方面主要通过以下几个途径来实现。

（1）通过包装对散乱的器材特别是形状特殊或尺寸过小的器材进行规整，使保障中的搬运、装卸等操作得以顺利完成，从而提高保障效率。

（2）通过包装对基于使用消耗基数之上的内装物数量的确定，变请领工作中的计数为计件，方便清点和分发，可有效地缩短保障时限。

（3）利用包装标志、标签、条码等标识手段，变形状特征识别为文字、数字表述识别，使保障工作更加直观，易于操作。

（4）利用包装容器与运输工具、装卸工具尺寸模数配比，可最大限度地节省空间和利用运力。

（5）利用同类物资器材集装化和多种物资器材的组合化包装，可以更好地实现综合快速保障。

### （三）军品包装是提高整体经济效益的重要途径

保障工作的整体经济效益的优劣评价主要依据费效比原理，也就是用最小的投入，带来最大的整体经济效益。在这方面包装的作用是显而易见的，适度地增加包装投入，将产生较好的整体经济效益。原因如下。

（1）包装经费的投入可有效地增强装备器材包装的防护功能，降低由于包装不善造成的损失；

（2）包装经费的投入可有效地提高装备器材包装的合理性，减少二次包装的工作量和经费投入；

（3）包装经费的投入可有效增强装备器材包装的储存功能，节省用于改善仓储条件的仓库改造、扩建、维修费用；

（4）包装经费的投入可有效地改善装备器材包装的封存功能，延长装备、器材及物资的封存期限和维修、保养周期，节省维护、保养经费；

（5）包装经费的投入可有效地提高装备器材包装的综合功能，节省储存和运输的空间，提高储存和运输的容重率，降低储运费用。

一般来说，包装可以通过降低装备器材的破损率来提高效益。包装的投入一般只占装备器材价值的3%～8%，一旦内装物发生严重的损坏或丢失，其费效比将成为无穷大，甚至会造成无法弥补的损失；包装可以通过降低储存条件，从而节省仓储费用来提高效益。包装防护设计的小气候环境，相当于改善了仓储条件，可大量节约用于改建库房、购置保养控温控湿设备的费用；包装可以通过提高储存期限，延长订购周期来提高效益。良好的包装一般可使战备储存器材的储存周期平均延长 2 ～ 3 年，投入虽有所增加，但订购周期随之延长，效益仍会有较大提高；包装可以通过提高保养年限，节约保养费用来提高效益；包装可以通过对消耗数量的分析，合理确定内包装的数量，减少启封使用过程中的不必要浪费。

### （四）军品包装是提高装备器材管理水平的重要措施

良好的包装不仅能很好地保护装备器材，便于搬运、装卸和储存，而且可以有效地推动和促进军品管理水平的提高。这是因为：首先，对每件器材的管理，必须落实在具有一定数量的单元上，而包装就是这一单元的载体；其次，对物资器材管理的各项措施和手段，如统计、清点、分发等，通常要通过包装得以实现。

## 四、军品包装领域军民融合发展的背景

军民结合、寓军于民是军品包装发展的必由之路。积极采用先进成熟的包装技术、包装材料和包装设计，以节约包装费用，是美军军品包装工作的一贯原则。美军标 MIL-STD—1367《装备包装、贮存、装卸和运输性大纲》规定：只有在现有包装容器均不适用也无现成包装设计可参考时才进行新的包装设计，并专门研发了“容器设计检索系统”，系统内储存有得到批准且证明是成熟的包装容器设计。通过该系统，就可在进行包装设计前，根据需求查找有无相关可参考的包装设计。

我军军品包装作为装备、器材和物资保障的一个组成部分，需要国家包装资源的有力支撑。目前，国家包装工业已经发展到了较高水平，坚持军民结合、寓军于民，共同推进我军军品包装工作，必将有利于节约研发资源、避免标准冲突、提高发展速度，是发展我军军品包装的有效途径之一。军品包装可以从以下几个方面来加强军民合作：借鉴采用国家已有的包装标准，规范军用装备和物资的包装；利用地方包装管理制度、检测机构和管理机构，实施军品包装质量管理；建立军品包装定点生产制度，利用地方包装企业的优势，为军品包装提供配套服务；应用民用包装技术成果，协作解决军品包装问题，不断提高军品包装的防护技术水平；利用地方包装院校，培养军品包装人才，开展包装技术培训；利用地方包装期刊杂志，宣传军品包装工作，交流军品包装经验和需求等。

# 第二节　军品包装的特点和要求

## 一、军品包装的特点

军品包装工作是后勤保障和技术保障的重要基础工作，它贯穿于军事装备、物资和器材从生产到使用的全部过程，涉及军事装备、物资的研制、生产、储存、运输、管理、供应等多个环节，是实现“保障有力”和提高部队战斗力的重要影响因素之一。具体来讲，军品包装主要有以下六个方面的特点。

### （一）装备器材构成复杂，包装种类繁多

我军装备、物资和器材经过多年发展和不断更新换代，存在着新老几代装备同时服役的现象。总体来看，一是包装种类繁多。保障器材和物资种类相当繁杂且数量庞大。此外，还有一些先进装备，其备件种类都在十几万种以上，每一种备件又有不同的包装。二是包装情况千差万别。这些物资既有精密贵重器材，又有普通备件；既有七八十年代的老产品，又有新出厂的物资；既有国产的，也有进口的。物资之间差别较大，对包装的要求也各不相同。三是包装材料多种多样。现有物资的包装材料有金属、玻璃、橡胶、皮草毛毡、纸、木材、塑料、陶瓷及复合材料等。四是包装规格大小不一。小到几厘米，大到几米；形状多样，有规则的，也有复杂的；重量差别大，小到几克，大到几百甚至上千千克。

### （二）气候条件恶劣，储存使用环境复杂

从气候环境来看，军品包装既要适应南方高温高湿气候，也要适应北方的寒冷干燥气候；既要适应沿海的海洋性气候，又要适应各种不同的内陆性气候；此外海军、空军的装备和器材还要经历世界各地复杂气候，战时的保障还要经历化学、辐射等特殊环境的考验。从储存环境来看，军品储存主要有阵地露天存放，战役、战术仓库和国防战略仓库存放等几种情况。由于仓库储存条件的不同，对军品储存就会造成一定程度的影响。

### （三）流通环节多，补给方式多样

军品一经检验出厂，一般要用汽车、火车、飞机、轮船等各种运输工具的多式联运，经过工厂、基地、仓库等多级分发转运才能到达部队。多次装卸、搬运、转库对装备、物资和器材本身的质量及其包装防护的要求十分苛刻。此外，我军目前的补给方式也是多种多样，既有集中补给，也有零散补给；既有陆地补给，也有空中或海上补给，不同的补给方式对包装也提出了不同的要求。

（四）库存周期不一致，包装封存要求高

军用物资库存周期受其周转率的影响，而周转率受在役装备的数量、器材的可靠性、供货渠道的难易、生产装备器材的工艺复杂性等诸多因素的影响。有些器材和保障物资年进年出，周转频繁，库存周期短，而有些器材和保障物资平时极少动用，库存周期长，有的长达10年甚至20年以上，如此长的库存周期，对于封存包装工艺的要求就会相当高。

（五）物资保障要求高，包装管理难度大

军品包装伴随于军品自生产到使用全过程的各个环节，而且在各个环节中的功能和作用具有分阶段体现的特点。例如，在军品的运输环节中，包装的防护功能和运输功能发挥作用；在仓储环节中包装仓储功能发挥作用；在军品的请领、分发、使用等环节中，包装的军事功能开始发挥作用；伴随性这一特点，为包装的管理带来了一定的困难，因涉及多个部门和单位，质量控制等方面经常出现考虑不周，各自为政的情况。因此，应加强军品包装的寿命周期管理和全面质量管理，以保证军品包装多项功能的实现。

（六）目的用途不同，与民品包装有差异

军品包装与民品包装相比，民品包装运输、储存条件好，因而更侧重于销售性包装；而军品包装主要是适应战场恶劣环境条件的防护需求，因而对包装的要求更高，更侧重于运输性包装。军品包装与民品包装存在的差异主要体现在以下三个方面。

（1）设计要求不同。军品包装必须确保其防护功能，保证100%的使用可靠性，其内装物的损坏，将直接影响到军事行动的成功，其损失无法弥补；而民品允许有一定的损失，其内装物的损坏可以通过降低包装成本进行弥补。

（2）运输条件不同。军品周转环节多、运输条件复杂、不确定因素多，而民品根据订货合同一般都有确定的运输方式和目的地。

（3）存储条件不同。军品必须考虑在训练和作战的恶劣条件下使用，要经过高温、低温、高湿、干燥、风、雨、雪、霉菌、盐雾、有害气体及核环境下的考验；民品则用户明确，储存条件单一。

军品包装与民品包装的主要差别见表10-1。

由表10-1可知，军品包装与民品包装既有共性又有特性。在军品包装工作中应积极采用民品包装的先进成果和经验，按照军品包装特点，研究提高军品包装技术水平，使军品包装与军事技术装备发展相适应，与实施军队后勤保障相适应，与部队现代化建设相适应。

表10-1 军品包装与民品包装的主要差别

| 序号 | 军品包装 | 民品包装 |
|---|---|---|
| 1 | 军品包装的根本目的是适应战场，保证作战胜利 | 民品包装是适应市场、促进销售、增加附加值 |
| 2 | 军品包装的对象是军事装备、器材和物资 | 民品包装对象是国民经济建设和人民生活中的各类物资 |
| 3 | 军品包装开启后必须发挥其预定功能，必须保证100%的使用可靠性 | 通常按照产品的成本、利润等情况，允许有某一百分比的损失率 |
| 4 | 运输环境恶劣（特别是战地运输），并且通常不知道运输的方法和目的地。可能会有多种运输方式和多个装卸场地 | 运输装卸环境良好，并在订货合同上一般都确定运输方式和目的地 |
| 5 | 储存条件一般严酷（特别是野战仓储时）。并且通常预先不知道储存的方式和时间，可能会有多种储存方式和很长的时间 | 储存方式良好，一般时间不长，并且预先知道具体的方式和时间 |
| 6 | 在符合包装防护要求、确保产品质量的情况下，使包装费用最低 | 在考虑物品的成本、利润，允许的损坏率和销售包装的情况下，使包装费用最低 |
| 7 | 在许多情况下，由于库存周期长等原因，不能得到评价 | 可直接从批发商和零销商得到包装质量的评价 |
| 8 | 采用适合人工、机械装卸、搬运的最小体积的最佳包装外形，使包装重量最轻，体积最小 | 由推销条件（如为了引人注目，将货物放在陈列架上）决定包装最小重量和体积 |

## 二、军品包装与军品生产、流通和使用的关系

### （一）军品包装与军品生产之间的关系

军品包装是军品生产的重要组成部分，是军品生产过程中的最后一道工序。例如，军用油料、军用食品、军用弹药，以及军用航天、航空、车辆的液体、气体等产品，在生产中必须经过袋、盒、瓶、筒、罐等容器包装后才具有外观形态，才算完成生产任务。再如，各种军事技术装备、军用被服装具等产品，当生产任务完成时虽具有一定形态，但是这种产品必须经包装合格后才能出厂，才能适应军事物流和使用的要求。由此可见，军品包装对绝大多数军品都是必需的。

随着军事技术装备的发展，现代包装已把产品研制、生产与产品包装紧密的结合在一起，同步论证、同步研制、同步鉴定定型、同步生产验收，组成生产到包装的整体系统，实现产品生产的全系统最佳化的质量管理。

### （二）军品包装与军品装卸之间的关系

军品从生产到使用，中间要经过多次的装卸和搬运作业。在作业过程中，由于碰撞、

跌落的缘故，常常使产品受到外力作用而损坏，所以包装件的尺寸、重量和防振包装设计必须方便人工、机械装卸，并经受装卸产生的惯性力。

在人工装卸、搬运时，包装单元尺寸、重量必须满足人体工程学的要求，包装件的重量一般为 20 ～ 30kg，包装件体积一般为 600mm×400mm×400mm，并做到轻拿轻放。

在机械装卸、搬运时，包装件的外形尺寸和重量必须适应装卸机械性能的要求。包装件的重量一般为 1 ～ 2 吨，包装件的底平面最大外廓尺寸一般为 1200mm×1000mm 或 1100mm×1100mm。

由上可知，军品包装是军品装卸机械化的重要技术保证。

### （三）军品包装与军品运输之间的关系

军品在运输过程中，受到的振动、冲击、压力、温度、湿度的变化影响很大，然而造成损坏的主要因素是汽车、火车、舰船、飞机的振动、冲击作用。根据国家有关部门统计，因包装不善造成全国每年货物的损失在 500 亿元以上，其中 70% 是在运输过程中发生的。

对一般产品来说，运输中的冲击力，不会有装卸时那么大，但振动所引起的破坏概率就大得多。所以要求包装必须具有一定的抗振动性能，才能保证产品运输的安全。

为了提高军品的运输效率，降低运输费用，包装件的尺寸、形态必须与运输工具的载货结构、尺寸及其承载量相匹配。

为了便于军事运输工作的顺利进行，运输包装标志的统一化、规范化也是必不可少的条件之一。

总之，军品包装是军品的载体，是组织良好军事运输勤务的重要前提条件。

### （四）军品包装与军品储存之间的关系

军品在各种各样的仓库储存中，要求堆码的方式科学合理，堆码的状态整齐美观、稳固可靠，维修、检查作业方便，并能充分利用储存空间。这就要求包装容器的结构、强度、几何形状等与之相适应。既要保证军品在规定的堆码高度情况下不倒塌，又要避免堆码下层的军品被压坏。

对于长期储存的产品，更要考虑储存环境的影响。积极采取相应的防水、防潮、防霉等防护包装技术和方法，保证产品安全，并便于军品维修、收发、管理作业的实施。

因此，可以说：军品包装是军用物资的“小库房”“微气候环境”，是军品储存的物质、技术保证。对野战仓库来说，军品包装是军品储存的重要技术工作，是军品赖以“生存”的唯一条件。

### （五）军品包装与军品供应保障的关系

现代战争的突发性、快速性、破坏性增强，对后勤保障的及时性、准确性和有效性提出了更高要求，军品包装必须根据各种部队不同的作战样式、物资消耗限额、物资储存、携运行量等，采取系列化、通用化、集装化包装等形式，以满足部队快速保障的需求。

此外，由于高新技术装备技术复杂、精度高、价格贵，对包装的保护性提出了更高要求。军品包装的一般防护包装方法，远远不能满足需要，军品包装必须采取防辐射包装、隐蔽包装、智能化包装等高科技包装技术与方法，才能适应对高新技术装备的保护和保障的需要。

所以说，军品包装是军品质量的保证，是军品实施部队快速保障的重要手段。

### （六）军品包装与军品使用之间的关系

军品从工厂生产出来到部队使用，一般要经过较长时间、较大空间的传递，要经受物理、化学、生物等作用，将会产生不同程度的影响和破坏，包装的首要作用是保证产品在需要时能迅速投入使用，其战术技术指标达到原设计要求。这就要求包装材料、容器、方法、程序等适应被包装的产品，使被包装产品质量得到有效的保证；包装容器或内装物资数量要考虑储存、搬运、携带、使用方便；对于严密封口的包装，包装的封口开启简便，产品取出、使用和再封存方便快捷；产品包装标志及其使用说明等简明易懂，以便正确地指导产品装卸、储存、保养和使用。

## 三、军品包装的基本要求

军品包装的要求，主要包括研制要求、设计要求、流通要求、防护要求、适应性要求、包装件尺寸要求、包装件质量要求、包装标志要求、包装材料要求、包装作业环境要求。

1. 研制要求

军品包装科研计划应纳入各部门的军事装备发展规划、计划，并保证所需经费。研制新装备必须认真贯彻国家、军队有关包装政策、法规和标准。使用部门在提出产品战术技术指标时，必须同时提出军品包装的战术技术指标。

2. 设计要求

设计单位必须完成新产品包装设计任务，并提供必要的产品包装图样和技术文件。包装图样应能清楚地表示其结构、尺寸、相互关系、装箱数量、包装件质量等必要的数据与技术要求。新产品定型前，设计单位需提出新产品包装技术报告，并随产品一起鉴定定型。产品包装不合格不得通过鉴定定型，不得进入流通环节。新产品正式投入使用前必须具有相应的包装标准及其设计文件。

3. 流通要求

包装应为物资器材在流通过程中提供保护并方便装卸、运输、储存、管理和使用。物资器材应有相应的包装，不允许裸装、裸运。包装件应符合国家交通运输部门的货运规定，通常为直方体。外包装规格、内包装方法视装备器材具体情况确定，包装等级按标准规定合理选用。做到防护周密、包装紧凑、牢固可靠、文件齐全，标志完备。

4. 防护要求

军品包装应根据产品特性、储运条件和使用要求，采取相应的防护包装等级和装箱等级，使产品具有防水、防潮、防锈、防霉、防振等一般防护性能。剧毒品、危险品、易碎品等具有特殊要求的产品，必须按照国家、军队有关法规和标准进行包装。

5. 适应性要求

军品包装应满足不同地区、不同气候、不同作战条件下的储运保障要求。能在一般库房（无温、湿度调控设备）或简易库房条件下，在包装等级规定的有效防护期限内，保护军品不腐蚀、不变质、不失效、不损坏。

6. 包装件尺寸要求

包装件尺寸应符合 GJB 182A—2000《军用物资直方体运输包装尺寸系列》及国家相关标准的规定。有特殊要求的按合同规定。包装件的单元尺寸、结构形式应适应机械和人工搬运作业。同一产品系列应采用相同包装形式，不同类别产品应单独包装。除非另有规定，一般产品均应集装单元货载包装。

7. 包装件质量要求

包装件质量应综合考虑人工搬运和机械作业的要求。需人工搬运的，包装件质量一般为 20 ～ 30kg，多件合箱的包装件质量以 50kg 以下为宜，最大应不超过 70kg；单件装箱的包装件质量根据实际情况确定。

8. 包装标志要求

包装标志应符合 GJB 1765—1993《军用物资包装标志》的规定。标志应齐全、牢固、清晰，应便于识别、统计和分发。

9. 包装材料要求

包装材料的理化性能与产品应具有良好的相容性，不允许影响产品功能、危害人身健康、污染环境。使用再生材料，应有鉴定部门的合格鉴定证明书。

10. 包装作业环境要求

包装作业环境应清洁、干燥、无有害介质，应避开强电场、磁场。包装场所的相对湿度不大于 70%，温度不大于 30℃，精密仪器器材包装环境要求相对湿度不大于

60%，温度不大于 25℃，无粉尘及有害气体，操作人员应戴手套并保持洁净。产品包装应严格按照包装工艺及程序进行。产品在装入容器时，应检查其品种、件号、标志和数量的正确性。

# 第三节　军品包装标准化概况

军品是“军用产品”的简称，与“民品”相对应，是军事装备、军用物资的统称。军品包装是一个由多种因素相互配合而成的系统，是在军事物流过程中，为了保护军品、方便储运、方便使用、交流信息、循环再用，按一定技术方法而采用的容器、材料及辅助物等的总体名称；也指为了达到上述目的在采用容器、材料和辅助物的过程中施加一定技术方法等的操作活动。

《中华人民共和国标准化法实施条例》第 41 条规定：“军用标准化管理条例由国务院、中央军委另行制定。”我国军用标准是从标准化对象的使用需求和研制生产条件的实际出发，由法规或标准的使用者规定其实施和执行的具体要求，国家军用标准是独立的标准体系。

国家军用标准按标准文件类型可分为军用标准、军用规范和指导性技术文件；按标准的级别可分为：国家军用标准和部门军用标准。见图 10-1。

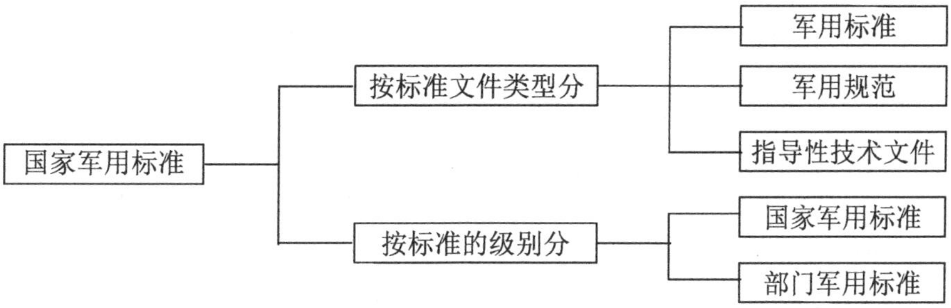


**图 10-1　国家军用标准分类和层次结构**

军品包装标准体系主要由技术标准构成。

## 军品包装标准及标准化

### 1. 军品包装标准及标准化的定义

军品包装标准是指以军品包装活动为对象，为了在军品包装活动中获得最佳秩序，经有关方面协商一致制定，并由军队主管部门批准，共同使用和重复使用的一种规范性文件。

军品包装标准化是以军用物资包装相关要素为对象，通过制定、发布和实施相关标准，以实现军品包装相关要素为对象，以及实现包装系统的协调统一，并获得最佳的军事效益的过程。

军品包装标准是要素，是实现军品包装标准化的基本依据。军品包装标准体系是系统，是由相互作用和相互依赖的若干组成部分（标准）结合而成的具有特定功能的有机整体，特定功能即实现军品包装标准化管理。

2. 我军军品包装标准化发展现状

我军的军品包装国家军用标准起步于20世纪80年代，从无到有，从少到多，逐步形成具有我军特色的军用包装标准体系。

1986年，国防科工委颁布了GJB 145—1986《封存包装通则》，这是第一项军品包装国家军用标准，标志着军品包装标准化工作的起步。

20世纪八九十年代制定的军品包装标准主要涉及军品包装的防护、运输、标志、试验检验等，如GJB 1181—1991《军用装备包装、装卸、贮存和运输通用大纲》、GJB 1182—1991《防护包装和装箱等级》、GJB 1765—1993《军用物资包装标志》、GJB/Z 85—1997《缓冲包装设计手册》、GJB/Z 86—1997《防静电包装设计手册》、GJB 1918—1994《托盘单元货载》、GJB 1361—1992《产品装箱缓冲、固定、支撑和防水要求》、GJB 2683—1996《影响运输性、包装和装卸设备设计的产品特性》、GJB 2711—1996《军用运输包装件试验方法》、GJB 179A—1996《计数抽样检验程序及表》等。

到2000年，我军军品包装标准中近一半采用了国际标准和美军标准。美国是发展军品包装标准较早的国家之一，已经建立了比较完善的军品包装标准体系，如图10-2所示。

我军参考美军标准体系并结合具体情况，构建了自己的军品标准体系。其通用包装标准体系框架如图10-3所示。

目前，我军共颁布军品包装标准200余项，包括包装标志、包装尺寸、包装防护、包装材料、包装容器、包装检测与试验、集合包装等内容，专业涉及陆海空三军所有相关专业。

3. 我军军品包装标准化发展趋势

目前，我军军品包装已成体系，从产品的生产到装备使用全过程都涉及包装。优良的军品要发挥战斗力，关键时刻“好用、耐用”，包装维护起着关键的作用。随着储存方式的进步及作战方式的变革，军品包装朝着更好的安全防护性、更强的操作适用性、最佳的经济节约性和结构方式的多样性方面发展。发展重点如下。

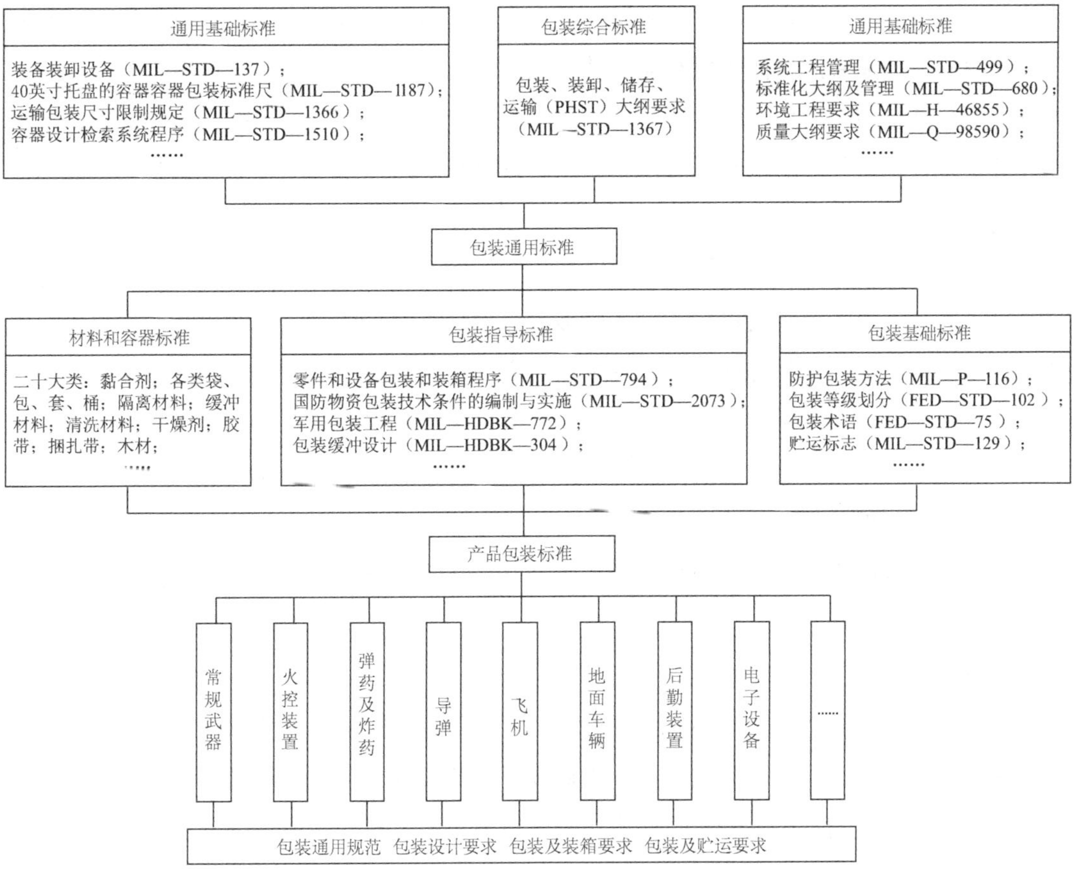


**图 10-2 美军包装标准体系框架**

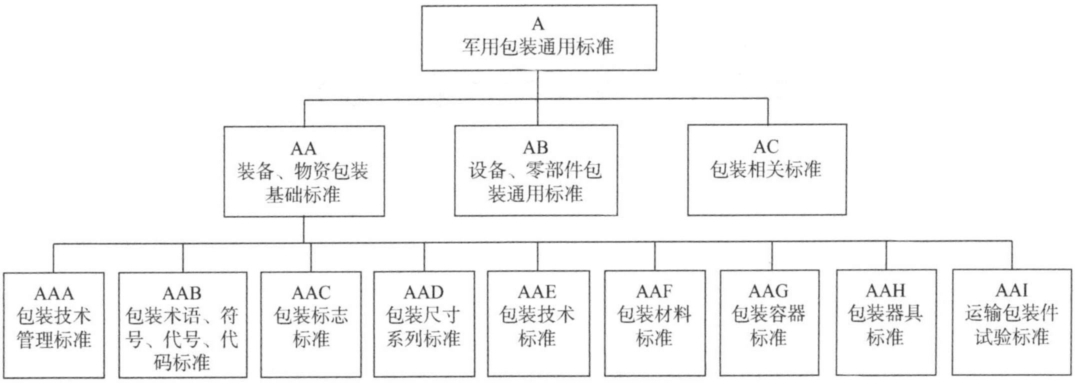


**图 10-3 我军军品包装标准体系框架**

（1）立足基础，完善军品包装标准体系。

军用包装标准体系是一个完整的体系，军品包装标准化设计要建立全生命周期的设计理念。即考虑到军品出厂包装、运输、产品使用维护、备件使用维护包装等环节。军品包装的全生命设计还必须充分考虑费效比，以全生命周期包装为目的，充分考虑包装成本和收益之间的辩证关系，从而实现军品包装效益最大化。还必须完善和发展现有的包装标准体系，把军品包装标准体系建设在具体标准的项目设置上，把顶层标准、基础标准、创新性标准和装备建设急需的包装标准作为重点，以提高军品包装标准化的整体效益为目标，构建系统完整、结构合理、协调配套、科学先进、实际管用的军品包装标准体系。

（2）发展重点，加快重要标准的制修订速度。

一是重点解决物资、器材的防护及野战供应保障中的包装问题，如部队作战急需的集装化、配套化、封存包装等标准；二是重点研究现代信息技术，如条码、射频标签等在军品包装上的应用，力求包装信息化建设取得突破，提高包装信息标准的整体水平；三是加快对军品包装的基础标准，包括新技术、新材料、新方法标准的重点攻关和研编。

（3）把握关键，贯彻实施军品包装标准。

军品包装件中很多含有易燃易爆等危险物品，在流通过程中如果不严格执行标准，包装件破损，将对人体健康、生命安全、财产安全产生严重危害。因此，必须重视军品包装标准的宣贯。

目前，我军的标准化工作尚属初见成效阶段，但是军用标准化的作用正在被越来越多的科研人员所认识，标准化意识正在逐步提高。在这种形势下我们要以新的思路、新的工作方法，完善现有的军用包装标准体系，紧跟世界科技发展，完成一批起点高、技术含量高、军事经济效益好、科学适用的军用包装标准和规范，提高军品包装整体技术水平，实现军事保障有力的总目标。

# 第四节　典型军品包装示例

本节简介外军及我军相对成熟的军品包装案例。

## 一、美军作战口粮的包装

翻开历史，美国对士兵的口粮一直十分重视。无论是1775年的美国独立战争，抑或第二次世界大战，或是现代的海湾战争，每一次战争都有新的口粮和包装食品供给士兵。

一般而言，军用作战口粮的研制改进，周期较短。特别在战时更是如此。在1941～1945年的“二战”四年间，美军研制了23种不同的口粮和补充口粮，其中最著名的有D口粮、C口粮和K口粮，以供美军士兵在世界范围内使用。为了适应现代作战部队的高机动性和高度分散性，以及对军用食品接受性和方便性的更高要求，现代口粮设计概念已发生了显著变化。为了保证在预想未来作战条件下的可用性，所有口粮不仅在体积和重量上要尽量小，而且要使供应、储存、发放和制作口粮所需的人力和装备减至最少。不易储藏的普通食品不能满足当前和未来作战口粮的要求，需要采用新的和创造性的包装方法。最近 50 年来，美军作战口粮的改进，虽无确切的统计数字，但最保守的估计也在 300 种以上。其中具有划时代意义的技术，有冷冻脱水技术、可复原压缩技术、蒸煮袋食品技术、复合罐技术等。

20 世纪 40 年代，美国率先对蒸煮袋进行探索，先后研究了包括聚酯薄膜在内的 9 种包装材料。50 年代，美国陆军纳狄克（Natick）研究所，率先制成了蒸煮袋食品供军队使用。但一直到了 1977 年，美国食品与药品管理局（FDA）、美国农业部（VSDA）方批准生产部分蒸煮袋食品进入市场销售，供应广大民众食用。在 1977 年，日本厚生省也制定了蒸煮袋食品的定义及标准。应该指出的是，复合罐技术亦是为了避免金属罐在战场暴露军事目标而大力发展起来的。

纵观美军作战口粮包装，有一个共同的特点就是营养全面、多功能和小而全。例如，有 21 种餐谱的快餐口粮，以 7 天为一个循环周期。它包括主食、主菜、蔬菜、凉拌菜、烤品、汤料和小吃包（包括甜饼、无花果块、粉块、葡萄干、果仁、胡桃巧克力、橘子果仁糕等），享受品有咖啡、奶油、糖、洁齿糖、饮料、鸡肉面条、果子糊、可可粉、柠檬茶；各种餐具有小匙、多用饭盒；还有香烟和烟具包、刮脸具和牙具包，信封信笺和糖果包、针线和鞋带、圆珠笔用品包，真是应有尽有。口粮包装容器，既要便于战时使用，又是一物能够多用。例如，T 口粮浅盘，既是食物容器，又是加热容器，还是食用餐具。份餐小包装底座既是密封盖，又可用作烧水容器。而作战口粮的包装，要重量轻，体积小，贮运方便，发放和所需人力、装备最少，则是战场最基本的要求。种种作战口粮包装设计和包装特点，包装工作者是可以借鉴或受到启示的。

## 二、我军军品药材的包装

军品药材包装具有保护内容物、利于装运和储存、方便供应和使用的功能，对于提高军用药材防护水平具有重要作用，其中包装材料的合理选择是决定药材包装质量优劣的主要因素之一。军用药材按其特性可分为药品、卫生材料和卫生装备，它们对包装材料的需求有共性也有特性。

随着科技的进步，各种新型包装材料不断涌现，高性能、多功能、美观经济、绿色环保的包装材料在药材包装领域显示出良好的应用前景，也是今后发展的必然趋势。

（1）高阻隔性包装材料。

高阻隔包装就是利用阻隔性优良的材料阻止气体、水汽、颗粒物、光线等进入包装内，保证药材的有效性。高阻隔药品包装常常用多层复合结构树脂膜，一般包括接触层、阻隔层和黏结层，其中关键材质是阻透性聚合物树脂，常用的材料有聚偏二氯乙烯、乙烯 / 乙烯醇共聚物、聚丙烯腈共聚物和PET等，目前，聚偏二氯乙烯复合膜作为高阻隔包装材料，使用量居世界首位。

聚萘二甲酸乙二醇酯（Polyethylenenaphthalate，PEN）材料以较高的防水性、气密性、抗紫外线性及耐热性、耐化学性、耐辐射性而著称，但受合成技术限制，其应用成本较高，目前研究显示，合金化有望成为扩大PEN应用范围的有效途径之一。

（2）绿色环保包装材料。

发展绿色包装已成业界共识，但开发可降解、易回收、不污染环境、不影响药材性能的环保型药材包装新材料是一项任重而道远的任务。

充分利用天然生物资源，扩大品种，提高技术含量是包装生态化的重要方向之一。目前应用较多的当属蜂窝纸板，其空间结构优，具有缓冲性能较好、平压性能和静态弯曲强度较高，隔音、隔热性能优良，易回收利用，成本低等一系列优点。3D折叠型蜂窝纸芯方便加工、质量小且具有较好的保护作用。

用甲壳素加工制备的包装材料具有较好的化学稳定性、耐光性、耐药品性、耐油脂性、耐有机溶液性、耐寒性等，在性能方面优于纸张。合成可降解高分子材料是发展绿色包装的另一个重要途径。低醇解度的聚乙烯醇（Polyvinylalcohol，PVA）是水溶性包装膜的主要原料，具有水和生物两种降解特性，有较好的包装特性及环保特性。日、美、法等国已大批量生产销售此类产品，如美国W.T.P公司和C.C.I.P公司、法国GREENSOL公司及日本合成化学公司等。日本研发出一种木粉塑料包装材料，经木粉制取多元醇，与异氰酸酯反应，合成聚氨酯。其抗热能力极强，可用于制作耐温型包装袋，此包装袋废弃后被土壤中的微生物重新分解为无害物质。聚乳酸（Polylacticacid，PLA）作为可吸收塑料，在药材包装方面的应用也正快速发展。

（3）纳米复合包装材料。

纳米复合包装材料与传统包装材料相比，具有明显的优越性，如较高的机械性能、优异的物理化学性能、优良的加工性能、较好的生态性，预示了纳米材料在包装领域未来的广泛应用前景。

① 纳米抗菌包装材料。纳米二氧化钛（$TiO_2$）具有抗菌杀毒、吸收紫外线、自清洁、阻隔性良好等优异特性，与塑料复合可制成抗菌效果优良的包装材料。纳米银（Ag）粒

子和低密度聚乙烯（Lowdensitypolye-thylene，LDPE）树脂共混后制造的包装薄膜对细菌杀伤能力可达 98%，且吸附能力、渗透能力也很强。纳米氧化锌（ZnO）粒子与聚合物共混后得到的复合包装材料不仅具有良好的力学性能、紫外吸收性，其抗菌性能也非常优异。

② 纳米控温包装材料。纳米二氧化钒（$VO_2$）具有热致相变特性，与高分子材料复合可制成新型控温包装材料。研究表明，在纳米 $VO_2$ 中掺杂钨、氟元素，可有效降低其相变温度至需要值。

## 三、我军雷达备件的包装

雷达装备进入部队以后，必然需要相应的备件（用于维修或战略储备等）提供保障，做好雷达备件的防护包装，保证雷达备件在经历了不同条件的运输、装卸和储存后不发生变质、损坏，就成为备件生产中的一个重要环节。同时，做好雷达备件的防护包装，也可以极好地满足部队集装化运输、装卸、储存和野战化保障的要求，从而保持和增强雷达装备的战斗力。对雷达备件（以下简称备件）进行包装，需要明确备件的包装要求，合理地进行包装设计，规范包装操作生产。

对备件进行包装，首先应明确防护包装等级和装箱等级（有的备件还需明确备件包装的类别），这可以按照订购备件的合同或订货单的要求来执行，在合同或订货单没有规定时，可以按照相关标准和文件要求来执行。其次，确定防护包装等级和装箱等级时应对备件的特性和储存期，以及备件到达使用单位之前遇到的运输、装卸和储存条件进行分析，各等级的确定应与相应的条件恰当对应，要能保护备件，又不出现过度保护。

防护包装方法，首先应符合合同或订货单中的要求，在合同或订货单中未作明确要求时，通常可按表 10-2 选用防护包装方法。其次，对特殊备件（如室外使用的天线、传动系统及其他较大型的机柜等），防护包装可在征得使用方认可的情况下选用特殊的防护包装方法。防护包装方法有 5 种主要方法和 21 种辅助方法，详见表 10-2。

## 四、海军舰艇环境的冷冻冷藏食品包装

海军舰艇执行远海护航任务，具有距离本土远、护航时间长、随舰人数多、海况条件恶劣、天气变化异常和海上高温、高湿、高盐雾等特点，冷冻冷藏食品保障面临着消耗大、要求高、冷冻冷藏难、冷藏链衔接性差等诸多问题，对冷冻冷藏食品包装提出了更高、更新的要求。加强冷冻冷藏食品包装，提高食品冷冻冷藏质量，是提高护航舰艇饮食保障水平的重要环节。

表 10-2　雷达产品防护包装的常用方法

<table>
<tr><td></td><td>Ⅰ</td><td colspan="4">Ⅱ</td><td colspan="2">Ⅲ</td><td>Ⅳ</td><td colspan="2">Ⅴ</td></tr>
<tr><td>主要方法</td><td>物理和机械防护包装（不涂防锈剂）</td><td colspan="4">涂覆防锈剂的包装（按要求涂防锈剂）</td><td colspan="2">可剥性塑料涂层</td><td>充氮包装</td><td colspan="2">带干燥剂的防潮包装</td></tr>
<tr><td rowspan="9">辅助方法</td><td rowspan="9"></td><td colspan="2">ⅡA</td><td colspan="2">ⅡB</td><td>Ⅲ-1</td><td>涂覆热浸型可剥性塑料</td><td rowspan="9"></td><td>Ⅴ-1</td><td>密封刚性金属容器</td></tr>
<tr><td colspan="2">防潮包装</td><td colspan="2">防水耐油包装</td><td>Ⅲ-2</td><td>包扎后涂覆热浸型可剥性辅料</td><td>Ⅴ-2</td><td>密封刚性非金属容器</td></tr>
<tr><td>ⅡA-1</td><td>密封的刚性金属容器</td><td>ⅡB-1</td><td>防水耐油密封袋</td><td>Ⅲ-3</td><td>涂覆溶剂型可剥性塑料</td><td>Ⅴ-3</td><td>密封防潮袋</td></tr>
<tr><td>ⅡA-2</td><td>浸入盛放防锈剂的刚性容器密封</td><td>ⅡB-2</td><td>防水密封袋</td><td colspan="2" rowspan="6"></td><td>Ⅴ-4</td><td>容器-密封袋</td></tr>
<tr><td>ⅡA-3</td><td>密封的非金属刚性容器</td><td>ⅡB-3</td><td>容器-防水密封袋</td><td>Ⅴ-5</td><td>容器-密封袋-容器</td></tr>
<tr><td>ⅡA-4</td><td>密封的防潮袋</td><td>ⅡB-4</td><td>泡罩包装</td><td>Ⅴ-6</td><td>悬浮式密封袋</td></tr>
<tr><td>ⅡA-5</td><td>容器-密封袋</td><td>ⅡB-5</td><td>收缩包装</td><td colspan="2" rowspan="3"></td></tr>
<tr><td>ⅡA-6</td><td>容器-密封袋-容器</td><td colspan="2" rowspan="2"></td></tr>
<tr><td>ⅡA-7</td><td>悬浮式密封袋</td></tr>
</table>

我海军护航行动的常态化，对护航舰艇冷冻冷藏食品包装及其配套建设提出了新的、较高要求，食品包装多样化，采用新材料、新技术研制新型食品包装，加强舰艇航行期间的食品管理和配套设施设备建设，是满足护航舰艇食品保障需要、提高舰艇人员饮食保障水平的重要举措。

（1）实现食品包装多样化。

对于舰艇远航时的冷冻冷藏食品供应尽量实行成品化，合理确定包装形式。包装过大不利于搬运和存储，过小会造成包装成本的浪费，增加舰上的废弃物。对鱼肉禽类食品，可根据饮食保障需求在岸上进行精细加工、处理成型后，装入小包装袋，再进行二次包装，这样既减轻了舰艇饮食保障人员的劳动强度，还可以节约舰艇用水，食用也方便。食品包装应根据不同食品的形状、规格及防护性能要求，充分考虑海上特点，尽量选用强度高、包装便捷、方便周转存取、易于开启、环保型的包装材料。冷冻食品还可在一次性包装基础上采用1t海军保温补给集装箱，集装箱既便于搬运、储存，不易破损，又能保温、防潮，还可提高存储、运输、补给和周转效率，如果周转时间较长或环境温度过高，也可采用在保温集装箱内配置适当数量的蓄冷板充冷延长冷冻效果。果蔬类食品采用吸湿纸做内保鲜膜外衬包装，并采用海军食品周转箱作为外包装，既避免了因搬运、储存带来的冷藏食品破损，还可增加食品保鲜效果，也可在周转箱内添加蓄冷剂等，使周转箱内能长期维持低温冷藏环境。

（2）采用新材料、新技术研制食品新包装。

随着新技术、新材料、新方法的发展，冷冻冷藏食品包装新技术、新材料的应用也更加广泛。就冷冻冷藏食品包装材料而言，目前应用较多的是采用低温瓦楞纸箱、防水纸箱等进行食品保鲜。目前，冷冻食品的包装形式有软质和硬质两大类，软质包装材料以塑料薄膜为主，硬质包装材料则以瓦楞纸箱、复合铝箔冲压型容器等为主，前者占较大比例。冷藏食品的包装形式从早期的筐、箱、篓等，已发展到采用各种不同性能的塑料薄膜，塑料薄膜品种之多，足以满足各种食品对包装的要求。海军舰艇冷冻冷藏食品包装综合性能要求特殊，必须根据每种食品的特殊要求进行分类分层多次包装，以达到食品冷冻冷藏的要求。在冷冻冷藏食品包装技术方面，除了传统的保鲜瓦楞纸箱、保鲜膜、保鲜剂外，近年来冷冻冷藏食品包装技术层出不穷，诸如高压保鲜、减压冷藏保鲜技术、冰温冷藏保鲜技术、涂膜保鲜技术、辐射保鲜、超声波保鲜、纳米技术等研究成果不断出现，但任何一种冷冻冷藏措施都各有其优缺点，必须多种技术综合运用，才能发挥各种冷冻冷藏技术的优势，大大延长冷冻冷藏效果，提高舰艇人员的饮食保障水平。

（3）加强食品冷冻冷藏存储设施设备建设。

冷冻冷藏储存是食品冷藏链中重要的环节，也是常常容易被忽视的环节。在食品储存过程中，温湿度的变化是引起食品质量下降的主要原因，因此，加强食品冷冻冷藏配套设施建设显得异常重要。冷冻冷藏存储设施必须具有良好的温湿度防护能力和调节能力，不但要保持在规定的低温环境，更切忌大的温度波动。针对现有舰上冷冻冷藏储存设施设备存在的问题，一是要对舰上存储设施进行改造，根据食品分类和储存要求设定改造库容，防止因食品混贮而引起的“交叉感染”；二是增加配套的预冷、消毒、除湿和保鲜设备等，确保食品进库温度达到要求，定期进行库房消毒、除湿，避免因湿度过大而引起酵母、霉菌和细菌等微生物的滋生，延长食品的保鲜期。

（4）强化舰艇航行期间食品管理。

护航舰艇在海上航行条件下，如何在高温、潮湿、气候多变的情况下，有效延长储藏时间，确保食品质量，是舰上食品管理人员重要的职责。一是要充分考虑环境因素、食品周转环节，预测各种食品的损耗，如由于舰艇海上运动和食品运输、装卸、补给、输转加速食品损耗量，以及因海区气温、湿度的影响而导致食品损耗量增加，在补给需求基础上应考虑增加一定比例的携带量；二是要加强库存食品的管理，对入库的食品按照“先吃后入、后吃先入”的原则，对于冷冻冷藏要求较高的食品要严格按要求进行加工、处理、预冷和包装。航行期间实行库存食品定期检查、消毒制度，建立食品安全应急组织与作业规程，一旦发现问题，确保能够及时、有效处理。此外，航行期间还可根据食品消耗情况，调整库存食品存储布局和食用先后顺序，延长食品的保鲜期和储存期限，减少损耗。

# 参考文献


[1] 张新昌等 . 包装概论（第二版）[M]. 北京：印刷工业出版社，2011.

[2] 中国包装联合会 . 中国包装行业发展报告（2017 年度）[R].

[3] 苏靓 . 智能化包装设计研究 [D]. 长沙： 湖南工业大学，2013.

[4] 刘雪涛 . 论包装与环境保护 [J] 湖南工业大学学报（社会科学版），2009.

[5] 黄俊彦 . 现代商品包装技术 [M]. 北京：化学工业出版社，2007.

[6] 潘松年等 . 包装工艺学（第四版）[M]. 北京：印刷工业出版社，2011.

[7] 蔡惠平等 . 包装概论（第二版）. 北京：中国轻工业出版社，2018. 7.

[8] 卜杨 . 小型家电产品的整体包装方案及其成本控制模型研究 [D]. 无锡：江南大学，2017.

[9] 马桃林等 . 包装技术（第二版）[M]. 武汉：武汉大学出版社，2009.

[10] 张理，李萍 . 包装学 [M]. 北京：清华大学出版社，2015.

[11] 刘安静等 . 包装工艺与设备 [M]. 北京：中国轻工业出版社，2017.

[12] 汤伯森等 . 防护包装原理 [M]. 北京：化学工业出版社，2011.

[13] 孙怀远，顾青青等 . 药品泡罩包装技术及工艺分析 [J]. 机电信息，2015（8）.

[14] 杨虎林，姬志杰等 . 浅谈无菌软塑包装技术工艺 [J]. 广东包装，2008（2）.

[15] 孟丽 . 包装工艺与技术的发展趋势 [J]. 上海包装，2010（2）.

[16] 中国标准出版社第一编辑室，中国包装技术协会信息中心 . 中国包装标准汇编（第三版）[M]. 北京：中国标准出版社，2019.

[17] 赵吉敏，刘小平，陈文阁，周晓敏 . 军品包装标准体系构建研究 [J]. 包装工程，2011，23（32）：66-72.

[18] 穆彤娜 . 我军军用物资包装及包装标准的现状与发展趋势 [J]. 包装工程，2009，10（30）：51-53.

[19] 刘振华，周昕，陈文阁 . 加强我军军品包装标准化工作的对策与建议 [J]. 包装工程，2009，10（30）：49-53.

[20] 吴旭辉，张广辉 . 军品包装标准化 [J]. 包装工程，2016，9（37）：171-174.

[21] 郭彦峰等 . 缓冲包装件的运输包装性能测试与评价 [J]. 包装工程，2006.

[22] 中国包装年鉴编辑部 . 中国包装年鉴（2007—2008）. 北京：中国包装联合会，2008. 9.

[23] 刘喜生 . 包装材料学 [M]. 吉林：吉林大学出版社， 2004.

[24] 孙凤兰等 . 包装机械概论 [M]. 北京：印刷工业出版社， 1998.

[25] 金国斌 . 现代包装技术 [M]. 上海：上海大学出版社， 2001.

[26] 章建浩 . 食品包装大全 [M]. 北京：中国轻工业出版社，2000.
[27] M. 贝克 . 包装技术大全 [M]. 北京：科学技术出版社，1992.
[28] 尹章伟 . 商品包装概论 [M]. 武汉：武汉大学出版社，2003.
[29] 金国斌 . 包装商品保质期（货架寿命）的概念、影响因素及确定方法 [J]. 出口商品包装（软包装），2003.
[30] 宋宝丰等 . 关于包装的跨学科研究 [J]. 株洲工学院学报，2001（1）.
[31] 向红，曾仁侠等 . 包装概论 [M]. 长沙：国防科技大学出版社，2002.
[32] 骆光林 . 绿色包装材料 [M]. 北京：化学工业出版社，2005.
[33] 戴宏民 . 绿色包装 [M]. 北京：化学工业出版社，2002.
[34] 张新昌等 . 酱腌菜食品包装 [M]. 北京：化学工业出版社，2005.
[35] 彭国勋等 . 运输包装 [M]. 北京：印刷工业出版社，1999.
[36] 金银河 . 包装印刷 [M]. 北京：印刷工业出版社，1996.
[37] 孙诚等 . 包装结构设计（第四版）[M]. 北京：中国轻工业出版社，2014. 5.
[38] 邓江玉，曹国荣 . 试论包装工程学科的特征与包装工程专业的建设 [J]. 包装工程，2002（5）.
[39] 向红，刘玉生等 . 包装学理论及包装教育实践 [J]. 中国包装工业，1998（6）.
[40] 许彩国 . 商品包装、造型和色彩对消费者心理影响研究 [J]. 财经理论与实践，2002（118）.
[41] 刘志一 . 包装设计原理与方法 [M]. 合肥：安徽科学技术出版社，1994.
[42] 肖禾 . 包装造型与装潢设计基础 [M]. 北京：印刷工业出版社，2000.
[43] 葛饶民 . 包装设计中的色彩运用 [J]. 中国包装，2003（4）.
[44] 梁燕君 . 食品包装色彩对促销的作用 [J]. 商业科技，1994（1）.
[45] 章建浩，戴有谋 . 食品包装大全 [M]. 北京：中国轻工业出版社，2000.
[46] 杨福馨，吴龙奇 . 食品包装实用新材料新技术 [M]. 北京：化学工业出版社，2001.
[47] 周金奎 . 国际贸易包装指南 [M]. 北京：化学工业出版社，1997.
[48] 苗小娟 . 食品包装设计研究 [D]. 无锡：江南大学学士学位论文，2004（6）.
[49] 尚召辉 . 面向市场与营销的食品包装设计研究 [D]. 无锡：江南大学学士学位论文，2004（6）.
[50] 蒋辉 . 咸秧草产品的包装设计 [D]. 无锡：江南大学学士学位论文，2005（6）.
[51] 汪维丁 . 包装设计的视觉传达要素 [J]. 中国包装工业，2002（6）.
[52] 林东腾，杨敏如 . 简析食品包装材料 [J]. 广东包装，2002（6）.
[53] 王润如 . 新世纪食品包装的发展趋势 [J]. 扬州大学烹饪学报，2002（2）.
[54] 陈敬良 . 包装设计与市场效益浅谈 [J]. 湖南包装，2002（1）.
[55] 聂维芬 . 论商标的作用及设计中应遵循的原则 [J]. 牡丹江师范学院（哲学社会科学版），2003（3）.
[56] 杨福馨，杨婷 . 食品包装的促销设计及研究 [J]. 包装世界，2001（1）.
[57] 彭珊珊，刘国凌 . 食品包装的图案与文字设计 [J]. 包装工程，2003（6）.
[58] 尹伟章等 . 包装概论（第二版）[M]. 北京：化学工业出版社，2008.
[59] 王敏 . 包装设计的当地化策略与国际市场开发 [J]. 湖南包装，2003（2）.
[60] 杨祖彬 . 运输包装设计过程探讨 [J]. 渝州大学学报（自然科学版），1991（4）.

[61] 宋海燕 . 绿色运输包装设计 [J]. 中国包装工业，2003（12）.

[62] 姜锐 . “包装设计要素”之我见 [J]. 中国包装，1994（1）.

[63] 华印传媒集团 . 全球年度包装奖集萃，2005.

[64] 全国包装展览资料图片集编委会 . 全国包装展览资料图片集 [M]. 北京：1982.

[65] 北京正普科技发展有限公司 . 素材 2000（10）包装设计 [M]. 北京：电子工业出版社，2000.

[66] Joseph F. Hanlon 等 . HANDBOOK OF PACKAGE ENGINEERING （第三版）[M]. CRC PRESS，1998.

[67] 陆佳平 . 包装标准化与质量法规 [M]. 北京：印刷工业出版社，2007.

[68] 马学林，赵富荣 . 中国包装立法对策研究 [J]. 包装世界，1996（5）.

[69] 朱秋云 . 德国避免和利用包装废弃物法（包装法）（一）、（二）[J]. 再生资源研究，2000（4）.

[70] 陈思，朱海龙 . 德国包装法第五修正版及影响 [J]. 市场，2009（5）.

[71] 白殿一等 . 标准的编写 [M]. 北京：中国标准出版社，2009.

[72] 标准化基础知识培训教材 . 国家标准化管理委员会 [M]. 北京：中国标准出版社，2005.

[73] 中国印刷科学技术研究所，《印刷技术》杂志社 . 2009 中国印刷业年度报告 [M]. 北京：印刷工业出版社，2009.

[74] 自由呼网 http：//www4. ziyouhu. com/.

[75] 塑料产业网 http：//www. suliaoye. com/.

[76] 国际包装网 http：//www. interpack. com. cn/.

[77] 海德堡中国有限公司官方网 http：//www. hcn. heidelberg. com/.

[78] 中国造纸装备网 http：//www. paperchina. org. cn/.

[79] 科印网 http：//www. keyin. cn/.

[80] 中华机械网 http：//china. machine365. com/.

[81] 哈尔滨商业大学食品工程学院 http：//jingpinke. hrbcu. edu. cn/.

[82] 中国食品机械设备网 http：//www. foodjx. com/.

[83] 中国食品设备网 http：//www. cnfe. net/.


本书编著过程中还参考了其他专业互联网网站以及相关企业的网站，恕不一一列出。